山东小麦图鉴

第一卷：地方品种

SHANDONG XIAOMAI TUJIAN

DIYIJUAN: DIFANG PINZHONG

黄承彦　楚秀生　等　编著

U0254080

中国农业出版社

编著委员会

主　　编：黄承彦　楚秀生

副 主 编：李根英　隋新霞　李玉莲　樊庆琦

编著人员（以姓氏笔画为序）：

吕建华　刘爱峰　李玉莲　李永波

李根英　宋国琦　张　林　张　秋

高　洁　郭凤芝　郭　栋　黄承彦

隋新霞　楚秀生　崔德周　樊庆琦

序

中国小麦种植已有5 000多年的历史，是世界小麦次生起源中心，种质资源类型丰富。新中国成立以来，中国农业科学院组织了多次全国小麦种质资源调查、征集、鉴定、评价、整理和目录编制工作，并建立了长期库、中期库等保存设施，拯救了一大批濒危小麦种质资源，摸清了我国小麦种质资源的数量、类型特点、区域分布等，为我国小麦种质资源的深入研究奠定了坚实基础。

小麦种质资源研究是一项公益性基础研究，其目标就是为小麦的遗传改良、新品种培育提供育种材料和信息支撑，通过资源共享，方便育种家在浩瀚的种质资源海洋中筛选出目标亲本材料。《山东小麦图鉴·第一卷：地方品种》的编纂就是一种有益的尝试。该书的特点：一是图文并茂、直观真切，对每一份地方品种都提供了比较规范的照片，包括植株、穗和籽粒，有助于读者更好地了解品种特性。二是跟踪发展、注重时效，提供了各品种的分子遗传信息，包括品质、抗病性、光周期反应、冬春性等重要性状的分子标记检测信息，为相关性状的分子标记辅助选择育种提供参考。三是体现传承和开放共享，正像作者在前言中提到的，种质资源的"深入研究、信息公开、资源共享"是其努力方向。本书包括了山东省所有地方品种，及其国库编号、省库编号、原产地等信息，方便库存种子的查找和索取，有利于种质资源及其信息的共享。同时作者还计划编著山东省育成品种、创新种质等后续分卷。完成这样一套信息齐全、形式新颖的著作实属不易，作为一直参与牵头组织我国小麦种质资源研究的科技工作者，我为该书的出版感到欣慰并为此点赞。

作物种质资源研究与保存的目的在于应用，只有让育种家及其他研究人员掌握和了解种质资源及其信息，才能最大程度地实现种质资源的应用价值，这也是我一直所倡导的。随着分子遗传学的飞速发展，对小麦种质资源的研究也在不断深入，越来越多的重要性状相关基因及其分子标记被开发出来，希望作者在续写其他分卷时，更多地挖掘小麦种质资源携带的各类性状的遗传和基因信息，进一步提高种质资源的利用效率，为我国小麦育种和现代种业发展提供支撑。

中国工程院副院长、院士

2016 年 2 月 26 日

前　　言

　　中国是世界小麦次生起源中心，小麦种植已有5 000多年的历史，在漫长的进化过程中，形成了丰富多样的品种类型。山东是我国小麦主产区之一，小麦种植历史悠久，品种资源丰富。20世纪50年代，山东小麦遗传育种及资源研究工作者对全省各地种植的小麦农家品种进行了征集、鉴定和保存，70年代又进行了补充征集。之后，不断征集全省各育种单位育成的优良小麦品种、创新的育种材料和引进的国内外小麦遗传材料。目前，山东省小麦种质资源库保存小麦品种资源3 000余份，包括农家品种、育成品种、创新的种质材料和引进的品种资源。

　　众所周知，丰富的种质资源是育种的基础。但仅仅拥有种质资源还远远不够，更重要的是了解种质资源，全面掌握种质资源表型性状、生理特性、品质及基因构成等各方面的信息，特别是随着分子育种技术的兴起，更需要了解重要性状相关基因的分子标记信息。只有这样，才能更好地评价所拥有种质资源的价值，才能根据育种目标较准确地选配杂交亲本，才能知道还缺少什么种质资源以便努力创新或引进。种质资源研究的目的在于育种应用，所拥有的种质资源及其全部信息只有为育种者所了解、所应用，才能实现其价值，研究才具有意义。因此，对于小麦种质资源研究这一公益性事业来讲，种质资源的大量拥有、深入研究、信息公开、资源共享是我们努力的方向。

　　基于此，我们在前辈们研究的基础上，在对山东小麦品种资源进行繁种更新和表型性状调查的同时，采集了每份品种资源的植株、穗和籽粒图像信息，进行了品质性状和谷蛋白亚基分析，以及部分重要性状相关基因的分子标记检测等。以图为鉴，附之表型性状、品质和基因分子标记的全部已知信息，编撰成《山东小麦图鉴》，献给广大小麦育种工作者，以期达到信息公开、资源共享、便于应用之目的。《山东小麦图鉴》计划按照地方品种、育成品种、创新种质和引进种质分册出版，本书为第一卷：地方品种。

　　本书农艺性状信息经过多年反复的调查核对，并参考了农业出版社1964年

1

出版的《中国小麦品种志》、1980年出版的《全国小麦品种资源目录》和山东省农业科学院作物研究所1987年编印的《小麦种质资源蛋白质及农艺性状鉴定》等书的有关内容。

　　编写小麦图鉴对于我们是一个新的尝试和探索，经验不足，水平有限，加之品种资源经过多次的繁种更新，错误遗漏之处在所难免，尚希读者指正，以便于修订补充以及后续分卷编写中借鉴。

　　本书的撰写与出版，得到山东省现代农业产业技术体系建设项目、山东省良种工程项目、公益性行业（农业）科研专项等项目的资助。刘旭院士欣然为本书作序，对我们的工作给予肯定和鼓励，并提出宝贵意见和建议，在此一并致以衷心的感谢！

编著者

2015年10月

编写说明

1. 品种名称：品种普查搜集时的名称。有些来源地不同的品种可能具有相同的品种名称，为方便区别，本书对名称相同的品种根据其在国家种质资源库编号的大小，在品种名称后增加了(1)、(2)……编号。

2. 品种来源：为原行政区划地名，现已变更的以"*"号标记，并在"品种来源地变更注释"中统一说明。

3. 生物学习性：以1987年山东省农业科学院作物研究所编印的《小麦种质资源蛋白质及农艺性状鉴定》为基础，并参考农业出版社1964年出版的《中国小麦品种志》和1980年出版的《全国小麦品种资源目录》，补充有关性状信息。由于许多性状如株高、千粒重、抗寒性、品质等受气候条件和田间管理等多因素的影响，不同年份间有一定差异，书中数据为当年观察测定数据。

4. 麦谷蛋白亚基组成：高分子量麦谷蛋白亚基带型以1A/1B/1D的形式表示，低分子量麦谷蛋白仅检测了3A和3B上的亚基，其带型以3A/3B的形式表示。

5. 分子标记：近年来小麦性状分子标记开发与应用研究日新月异，我们对部分重要性状公开发表的分子标记进行了反复实验对比，筛选比较稳定的分子标记用于品种资源的检测。因受文字篇幅所限，采取了简化表达方式，例如：

八氢番茄红素合成酶（PSY）基因：所用分子标记为YP7A，在基因型*PSY-A1a*扩增出194bp的DNA带型，表示高黄色素含量，本书以"标记YP7A/*PSY-A1a*"表示；在基因型*PSY-A1b*扩增出231bp的DNA带型，表示低黄色素含量，以"标记YP7A/*PSY-A1b*"表示。

多酚氧化酶（PPO）基因：所用分子标记为PPO33，在基因型*PPO-A1a*扩增出685bp的DNA带型，表示高PPO含量；在基因型*PPO-A1b*扩增出876bp的DNA带型，表示低PPO含量。

光周期基因标记：在基因型*Ppd-D1a*扩增出288bp的DNA带型，表示光周期非敏感型；在基因型*Ppd-D1b*扩增出414bp的DNA带型，表示光周期敏感型。

穗发芽相关基因标记：在基因型*VP1b3a*扩增出652bp的DNA带型，表示野生型，不抗穗发芽；在基因型 *VP1b3b* 扩增出845bp的DNA带型，表示突变型，抗穗发芽；在基因型 *VP1b3c* 扩增出569bp的DNA带型，表示突变型，抗穗发芽。

春化基因标记：在基因型 *vrnA1* 扩增出1 068bp的DNA带型，表示春化基因为隐性。在基因型 *VrnB1* 扩增出709bp的DNA带型，表示春化基因为显性；扩增出1 149bp的DNA带型，表示春化基因为隐性。在基因型 *VrnB3* 扩增出1 200bp的DNA带型，表示春化基因为显性；扩增出1 140bp的DNA带型，表示春化基因为隐性。在基因型 *VrnD1* 扩增出1 671bp的DNA带型，表示春化基因为显性；扩增出997bp的DNA带型，表示春化基因为隐性。

在抗病基因分子标记方面，只对抗白粉病基因 *Pm4*、*Pm8*、*Pm13* 和 *Pm21*，以及抗叶锈病基因 *Lr10*、*Lr19* 和 *Lr20* 等进行了检测，由于不同年份病原生理小种的变化，小麦抗病性会发生相应的变化。

1B/1R易位系通过籽粒低分子量麦谷蛋白亚基带型检测。

编著者

2015年10月

品种来源地变更注释

五龙：原五龙县，在今莱阳市南部，1945年置县，县人民政府驻地今莱阳市团旺镇。1950年3月撤销，并入莱阳县。

恩县：原恩县，1956年划归平原、夏津和武城三县。旧恩县人民政府驻地在今山东省平原县西恩城镇。

滨县：原滨县，在今滨州市，包括滨城区的全部和开发区除小营、旧镇的全部。1987年撤销滨县。

益都：原益都县，即今青州市，1986年撤销益都县，设立青州市。

长山：原长山县，在今邹平县境内。1956年撤销长山县，并入邹平县，旧长山县人民政府在今长山镇。

馆陶：原馆陶县，其辖区包括今河北省馆陶县全部和山东省冠县西部。1965年，馆陶县属漳卫河东岸区域划归冠县，其余划归河北省。

邹县：原邹县，即今邹城市。1992年10月撤销邹县，设立邹城市。

黄县：原黄县，即今龙口市。1986年9月撤销黄县，设立龙口市。

胶县：原胶县，即今胶州市。1987年撤销胶县，设立胶州市。

渤海农场：位于山东省东营市利津县境内，成立于新中国建立初期，为国营大型农场。

昌南：原昌南县，在今昌邑市境内。1945年拆昌邑分置昌邑、昌南两县，1956年昌南县重新并入昌邑县。1994年6月撤销昌邑县，设立昌邑市(县级市)。

潍北：原潍北县，在今潍坊市寒亭区境内。1945年置县，1953年撤销，并入潍县。1983年潍县改为寒亭区。

潍南：原潍南县，在今潍坊市坊子区境内。1943年置县，1950年撤销，并入潍北县。1953年潍北县并入潍县。1983年潍县改为寒亭区，其中原潍南县的部分区域(如涌泉村、眉村等)划归新设的坊子区。

潍县：原潍县，即今潍坊市寒亭区、潍城区、坊子区。1958年11月，潍县并入潍坊市；1962年1月，原潍县辖区从潍坊市分出，恢复潍县建制。1983年9月撤销潍县。

掖县：原掖县，即今莱州市。1988年2月撤销掖县，设立莱州市。

石岛：原石岛县，即今荣成市石岛管理区。原石岛县1954年设立，1956年3月撤销，1957年改名为石岛镇，2005年石岛撤镇设管理区，副县级。

滋阳：原滋阳县，即今兖州市。1962年滋阳县更名为兖州县，1992年兖州撤县设市。

滕县：原滕县，其辖区包括今滕州市全部和山亭区的山亭镇、徐庄镇以北区域。1983

年滕县东部的8个公社划归山亭区，1988年撤销滕县，更名为滕州市。

德平：原德平县，1956年撤销，分割划归商河县、乐陵县、临邑县。今临邑县北部设有德平镇。

峄县：原峄县，区域包括今枣庄市峄城区全部和市中区的一部分。1960年峄县改为县级枣庄市，1961年枣庄市改建山东省直辖市。1962年枣庄市设立峄城区。

凫山：原凫山县，设立于1944年，驻地为今滕州市大坞镇，1956年撤县，分割划入滕县、微山县和邹县。

蒲台：原蒲台县，1956年撤销，其黄河以北属地划归滨县（现滨州市滨城区），黄河以南分别划归博兴县和齐东县。1958年齐东县撤销，其领域大部划归邹平，其余划归博兴和高青。

栖东：原栖东县，在今栖霞市东部。1940年拆旧栖霞县，东部设栖东县，1953年撤销复并入栖霞县，1995年撤销栖霞县设立栖霞市（县级市）。

齐东：原齐东县，在今邹平县。1956年齐东县、高青县合并为齐东县（驻地在今高青县田镇）。1958年撤销齐东县，其大部划归邹平，恢复高青县，另一部划归博兴。

南招：原南招县，属今招远市。1941年前招远县拆为南招县、招北县，1950年又合并为招远县，1992年撤县设市。

濮县：原濮县，原是山东省的一个县，1956年撤销，全部并入范县，1964年随范县划归河南省。

昌潍：原昌潍专区，即今潍坊市。原昌潍专区设于1950年，1981年5月昌潍地区改为潍坊地区。1983年撤销潍坊地区，改为潍坊市。

目　　录

序

前言

编写说明

品种来源地变更注释

地方品种

地方品种
DIFANG PINZHONG

小白芒子糙

省库编号：LM 001　　国库编号：ZM 2004　　品种来源：山东曹县

【生物学习性】幼苗匍匐；弱冬性；抗寒性2级；生育期243d；株高106cm；穗长7.8cm，纺锤形，长芒，白壳；白粒，角质，千粒重25.7g。

【品质特性】籽粒粗蛋白含量（干基）15.45%，赖氨酸0.38%，铁16.0mg/kg，锌20.2mg/kg，SKCS硬度指数46；面粉白度值74.1，沉降值（14%）39.14mL；面团流变学特性：形成时间2.4min，稳定时间1.3min，弱化度158BU，峰高595BU，衰弱角40°；淀粉糊化特性（RVA）：峰值黏度2 348cP，保持黏度1 633cP，稀懈值715cP，终黏度2 839cP，回升值1 206cP，峰值时间6.3min，糊化温度67.8℃；麦谷蛋白亚基组成：n/7+8/2+12，Glu-A3b/Glu-B3d。

【已测分子标记结果】非1B/1R；八氢番茄红素合成酶（PSY）基因：YP7A标记/*PSY-A1a*；多酚氧化酶（PPO）基因：PPO33标记/*PPO-A1a*；抗白粉病基因*Pm4*、*Pm8*、*Pm13*、*Pm21*的标记均为阴性；抗叶锈病基因*Lr10*、*Lr19*、*Lr20*的标记均为阴性；光周期基因：Ppd标记/*Ppd-D1b*；春化基因：*vrn-A1*、*vrn-B1*、*vrn-B3*、*vrn-D1*；穗发芽相关基因：Vp1B3标记/*Vp1B3a*。

10cm

火麦（6）

省库编号：LM 002　　国库编号：ZM 2010　　品种来源：山东定陶

【生物学习性】幼苗匍匐；弱冬性；抗寒性2级；生育期243d；株高107cm；穗长9.6cm，纺锤形，长芒，白壳；白粒，角质，千粒重27.3g。

【品质特性】籽粒粗蛋白含量（干基）14.70%，赖氨酸0.35%，铁18.6mg/kg，锌21mg/kg，SKCS硬度指数49；面粉白度值74.1，沉降值（14%）38.6mL；面团流变学特性：形成时间2.4min，稳定时间2.0min，弱化度122BU，峰高610BU，衰弱角28°；淀粉糊化特性（RVA）：峰值黏度2 520cP，保持黏度1 793cP，稀懈值727cP，终黏度3 094cP，回升值1 301cP，峰值时间6.3min，糊化温度67.0℃；麦谷蛋白亚基组成：n/7+22/2+12，Glu-A3b/Glu-B3d。

【已测分子标记结果】非1B/1R；八氢番茄红素合成酶（PSY）基因：YP7A标记/*PSY-A1a*；多酚氧化酶（PPO）基因：PPO33标记/*PPO-A1a*；抗白粉病基因*Pm4*、*Pm8*、*Pm13*、*Pm21*的标记均为阴性；抗叶锈病基因*Lr10*、*Lr19*、*Lr20*的标记均为阴性；光周期基因：Ppd标记/*Ppd-D1b*；春化基因：*vrn-A1*、*vrn-B1*、*vrn-B3*、*vrn-D1*；穗发芽相关基因：Vp1B3标记/*Vp1B3a*。

10cm

大白麦（1）

省库编号：LM 003 国库编号：ZM 1671 品种来源：山东济南

【生物学习性】幼苗匍匐；冬性；抗寒性2级；生育期245d；株高113cm；穗长10.2cm，圆锥形，长芒，白壳；白粒，角质，千粒重27.4g。

【品质特性】籽粒粗蛋白含量（干基）13.80%，赖氨酸0.38%，铁11.1mg/kg，锌19.8mg/kg，SKCS硬度指数59；面粉白度值70.4，沉降值（14%）30.3mL；面团流变学特性：形成时间2.6min，稳定时间2.3min，弱化度133BU，峰高550BU，衰弱角27°；淀粉糊化特性（RVA）：峰值黏度2 396cP，保持黏度1 526cP，稀懈值870cP，终黏度2 827cP，回升值1 301cP，峰值时间6.0min，糊化温度67.9℃；麦谷蛋白亚基组成：2*/7+8/2+12，Glu-A3b/Glu-B3d。

【已测分子标记结果】非1B/1R；八氢番茄红素合成酶（PSY）基因：YP7A标记/*PSY-A1a*；多酚氧化酶（PPO）基因：PPO33标记/*PPO-A1a*；抗白粉病基因*Pm4*、*Pm8*、*Pm13*、*Pm21*的标记均为阴性；抗叶锈病基因*Lr10*、*Lr19*、*Lr20*的标记均为阴性；光周期基因：Ppd标记/*Ppd-D1b*；春化基因：*vrn-A1*、*vrn-B1*、*vrn-B3*、*vrn-D1*；穗发芽相关基因：Vp1B3标记/*Vp1B3a*。

长芒透垄白

省库编号：LM 004　　国库编号：ZM 1882　　品种来源：山东莱芜

【生物学习性】幼苗匍匐；冬性；抗寒性2级；生育期245d；株高106cm；穗长9.7cm，纺锤形，长芒，白壳；白粒，角质，千粒重24.9g。

【品质特性】籽粒粗蛋白含量（干基）14.90％，赖氨酸0.38％，铁9.4mg/kg，锌18.6mg/kg，SKCS硬度指数60，面粉白度值76.0，沉降值（14%）46.5mL；面团流变学特性：形成时间4.6min，稳定时间3.8min，弱化度90BU，峰高640BU，衰弱角33°；淀粉糊化特性（RVA）：峰值黏度2 590cP，保持黏度1 824cP，稀懈值766cP，终黏度3 165cP，回升值1 341cP，峰值时间6.2min，糊化温度67.0℃；麦谷蛋白亚基组成：2*/7+8/2+12，Glu-A3b/Glu-B3d。

【已测分子标记结果】非1B/1R；八氢番茄红素合成酶（PSY）基因：YP7A标记/PSY-A1a；多酚氧化酶（PPO）基因：PPO33标记/PPO-A1a；抗白粉病基因Pm4、Pm8、Pm13、Pm21的标记均为阴性；抗叶锈病基因Lr10、Lr19、Lr20的标记均为阴性；光周期基因：Ppd标记/Ppd-D1b；春化基因：vrn-B1、vrn-B3；穗发芽相关基因：Vp1B3标记/Vp1B3c。

大青芒（2）

省库编号：LM 005   国库编号：ZM 1971   品种来源：山东武城

【生物学习性】幼苗匍匐；弱冬性；抗寒性2级；生育期245d；株高114cm；穗长10.4cm，圆锥形，长芒，白壳，白粒，角质，千粒重27.4g。

【品质特性】籽粒粗蛋白含量（干基）13.90%，赖氨酸0.34%，铁11.7mg/kg，锌50.4mg/kg，SKCS硬度指数57；面粉白度值72.0，沉降值（14%）33.3mL；面团流变学特性：形成时间3.0min，稳定时间4.0min，弱化度96BU，峰高580BU，衰弱角24°；淀粉糊化特性（RVA）：峰值黏度2 581cP，保持黏度1 669cP，稀懈值912cP，终黏度3 062cP，回升值1 393cP，峰值时间6.07min，糊化温度67.8℃；麦谷蛋白亚基组成：2*/7+8/2+12，Glu-A3b/Glu-B3d。

【已测分子标记结果】非1B/1R；八氢番茄红素合成酶（PSY）基因：YP7A标记/PSY-A1a；抗白粉病基因Pm4的标记为阳性，Pm8、Pm13、Pm21的标记为阴性；抗叶锈病基因Lr10、Lr19、Lr20标记均为阴性；光周期基因：Ppd标记/Ppd-D1b；春化基因：vrn-A1、Vrn-B1、vrn-D1；穗发芽相关基因：Vp1B3标记/Vp1B3a。

小白芒（8）

省库编号：LM 006　　国库编号：ZM 1981　　品种来源：山东恩县*

【生物学习性】幼苗匍匐；弱冬性；抗寒性2级；生育期244d；株高108cm；穗长9.3cm，纺锤形，长芒，白壳；白粒，角质，千粒重27.2g。

【品质特性】籽粒粗蛋白含量（干基）15.80%，赖氨酸0.30%，铁12.4mg/kg，锌15.1mg/kg，SKCS硬度指数54；面粉白度值74.5，沉降值（14%）46.0mL；面团流变学特性：形成时间3.7min，稳定时间4.6min，弱化度63BU，峰高710BU，衰弱角47°；淀粉糊化特性（RVA）：峰值黏度2 669cP，保持黏度1 697cP，稀懈值972cP，终黏度2 961cP，回升值1 264cP，峰值时间6.0min，糊化温度67.1℃；麦谷蛋白亚基组成：n/7+8/2+12，Glu-A3b/Glu-B3d。

【已测分子标记结果】非1B/1R；八氢番茄红素合成酶（PSY）基因：YP7A标记/PSY-A1a；多酚氧化酶（PPO）基因：PPO33标记/PPO-A1b；抗白粉病基因Pm4、Pm8、Pm13、Pm21的标记均为阴性；抗叶锈病基因Lr10、Lr19、Lr20的标记均为阴性；光周期基因：Ppd标记/Ppd-D1b；春化基因：vrn-B1、vrn-B3；穗发芽相关基因：Vp1B3标记/Vp1B3c。

小白芒（2）

省库编号：LM 007　　国库编号：ZM 1929　　品种来源：山东滨县*

【生物学习性】幼苗匍匐；冬性；抗寒性2级；生育期244d；株高115cm；穗长10.9cm，纺锤形，长芒，白壳；白粒，角质，千粒重21.0g。

【品质特性】籽粒粗蛋白含量（干基）13.90%，赖氨酸0.37%，铁12.2mg/kg，锌17.3mg/kg，SKCS硬度指数62；面粉白度值71.5，沉降值（14%）36.9mL；面团流变学特性：形成时间4.0min，稳定时间3.7min，弱化度102BU，峰高505BU，衰弱角25°；淀粉糊化特性（RVA）：峰值黏度2 226cP，保持黏度1 385cP，稀懈值841cP，终黏度2 649cP，回升值1 264cP，峰值时间5.9min，糊化温度67.9℃；麦谷蛋白亚基组成：2*/7+8/2+12，Glu-A3b/Glu-B3d。

【已测分子标记结果】非1B/1R；八氢番茄红素合成酶（PSY）基因：YP7A标记/PSY-A1a；抗白粉病基因Pm4的标记为阳性，Pm8、Pm13、Pm21的标记为阴性；抗叶锈病基因Lr10、Lr19、Lr20的标记均为阴性；光周期基因：Ppd标记/Ppd-D1b；春化基因：vrn-A1、vrn-B1、vrn-B3、vrn-D1；穗发芽相关基因：Vp1B3标记/Vp1B3a。

小芒麦（2）

省库编号：LM 008　　国库编号：ZM 1931　　品种来源：山东阳信

【生物学习性】幼苗匍匐；弱冬性；抗寒性3级；生育期246d；株高120cm；穗长10.0cm，纺锤形，长芒，白壳；白粒，角质，千粒重21.1g。

【品质特性】籽粒粗蛋白含量（干基）16.80%，赖氨酸0.37%，铁12.7mg/kg，锌17.5mg/kg，SKCS硬度指数27；面粉白度值81.6，沉降值（14%）42.4mL；面团流变学特性：形成时间2.5min，稳定时间1.3min，弱化度137BU，峰高585BU，衰弱角22°；淀粉糊化特性（RVA）：峰值黏度2 380cP，保持黏度1 691cP，稀懈值689cP，终黏度3 072cP，回升值1 381cP，峰值时间6.2min，糊化温度86.7℃；麦谷蛋白亚基组成：n/7+8/2+12，Glu-A3d/Glu-B3d。

【已测分子标记结果】非1B/1R；八氢番茄红素合成酶（PSY）基因：YP7A标记/PSY-A1a；多酚氧化酶（PPO）基因：PPO33标记/PPO-A1a；抗白粉病基因Pm4、Pm8、Pm13、Pm21的标记均为阴性；抗叶锈病基因Lr10、Lr19、Lr20的标记均为阴性；光周期基因：Ppd标记/Ppd-D1b；春化基因：vrn-A1、Vrn-B1、vrn-B3、vrn-D1；穗发芽相关基因：Vp1B3标记/Vp1B3b。

大白芒（2）

省库编号：LM 009　　国库编号：ZM 1936　　品种来源：山东广饶

【生物学习性】适应盐碱地区种植；幼苗匍匐；弱冬性；抗寒性3级；生育期245d；株高125cm；穗长10.0cm，纺锤形，短芒，白壳；红粒，角质，千粒重25.0g。

【品质特性】籽粒粗蛋白含量（干基）16.30%，赖氨酸0.37%，铁11.4mg/kg，锌19.3mg/kg，SKCS硬度指数67；面粉白度值71.8，沉降值（14%）36.4mL；面团流变学特性：形成时间3.5min，稳定时间2.7min，弱化度105BU，峰高545BU，衰弱角28°；淀粉糊化特性（RVA）：峰值黏度2 186cP，保持黏度1 370cP，稀懈值816cP，终黏度2 614cP，回升值1 244cP，峰值时间5.9min，糊化温度67.0℃；麦谷蛋白亚基组成：n/7+8/2+12，Glu-A3e/Glu-B3g。

【已测分子标记结果】非1B/1R；八氢番茄红素合成酶（PSY）基因：YP7A标记/*PSY-A1a*；多酚氧化酶（PPO）基因：PPO33标记/*PPO-A1b*；抗白粉病基因*Pm4*、*Pm8*、*Pm13*、*Pm21*的标记均为阴性；抗叶锈病基因*Lr10*、*Lr19*、*Lr20*的标记均为阴性；光周期基因：Ppd标记/*Ppd-D1b*；春化基因：*vrn-A1*、*vrn-B1*、*vrn-B3*、*vrn-D1*；穗发芽相关基因：Vp1B3标记/*Vp1B3c*。

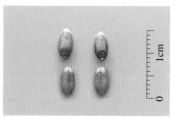

小 样 麦

省库编号：LM 010　　国库编号：ZM 1841　　品种来源：山东高密

【生物学习性】幼苗匍匐；弱冬性；抗寒性2级；生育期245d；株高125cm；穗长10.7cm，纺锤形，短芒，白壳；白粒，角质，千粒重24.3g。

【品质特性】籽粒粗蛋白含量（干基）15.30%，赖氨酸0.33%，铁14.5mg/kg，锌18.5mg/kg，SKCS硬度指数20；面粉白度值79.3，沉降值（14%）31.4mL；面团流变学特性：形成时间4.0min，稳定时间3.4min，弱化度51BU，峰高470BU，衰弱角17°；淀粉糊化特性（RVA）：峰值黏度2 550cP，保持黏度1 622cP，稀懈值928cP，终黏度2 882cP，回升值1 260cP，峰值时间6.2min，糊化温度70.4℃；麦谷蛋白亚基组成：n/7+8/2+12，Glu-A3a/Glu-B3g。

【已测分子标记结果】非1B/1R；八氢番茄红素合成酶（PSY）基因：YP7A标记/*PSY-A1a*；多酚氧化酶（PPO）基因：PPO标记/*PPO-A1a*；抗白粉病基因*Pm4*、*Pm8*、*Pm13*、*Pm21*的标记均为阴性；抗叶锈病基因*Lr10*、*Lr19*、*Lr20*的标记均为阴性；光周期基因：Ppd标记/*Ppd-D1b*；春化基因：*vrn-A1*、*vrn-B1*、*vrn-B3*、*vrn-D1*；穗发芽相关基因：Vp1B3标记/*Vp1B3a*。

小 落 麦

省库编号：LM 011　　国库编号：ZM 1834　　品种来源：山东昌邑

【生物学习性】幼苗匍匐；弱冬性；抗寒性2级；生育期246d；株高115cm；穗长8.2cm，纺锤形，短芒，白壳；白粒，角质，千粒重26.7g。

【品质特性】籽粒粗蛋白含量（干基）15.70％，赖氨酸0.46％，铁22.2mg/kg，锌23.8mg/kg，SKCS硬度指数54；面粉白度值72.4，沉降值（14％）37.1mL；面团流变学特性：形成时间3.4min，稳定时间1.9min，弱化度124BU，峰高580BU，衰弱角35°；淀粉糊化特性（RVA）：峰值黏度2 186cP，保持黏度1 417cP，稀懈值769cP，终黏度2 673cP，回升值1 256cP，峰值时间6.0min，糊化温度67.1℃；麦谷蛋白亚基组成：1/7+8/2+12，Glu-A3b/Glu-B3d。

【已测分子标记结果】非1B/1R；八氢番茄红素合成酶（PSY）基因：YP7A标记/PSY-A1a；多酚氧化酶（PPO）基因：PPO33标记/PPO-A1a；抗白粉病基因Pm4、Pm8、Pm13、Pm21的标记均为阴性；抗叶锈病基因Lr10、Lr19、Lr20的标记均为阴性；光周期基因：Ppd标记/Ppd-D1b；春化基因：vrn-A1、vrn-B1、vrn-B3、vrn-D1；穗发芽相关基因：Vp1B3标记/Vp1B3b。

山 麦

省库编号：LM 012　　国库编号：ZM 1814　　品种来源：山东益都[*]

【生物学习性】幼苗匍匐；弱冬性；抗寒性2级；生育期245d；株高120cm；穗长10.0cm，纺锤形，短芒，白壳；白粒，角质，千粒重25.0g。

【品质特性】籽粒粗蛋白含量（干基）15.70％，赖氨酸0.30％，铁16.8mg/kg，锌18.5mg/kg，SKCS硬度指数56；面粉白度值74.4，沉降值（14％）38.9mL；面团流变学特性：形成时间3.3min，稳定时间4.4min，弱化度39BU，峰高540BU，衰弱角19°；淀粉糊化特性（RVA）：峰值黏度2 657cP，保持黏度1 691cP，稀懈值966cP，终黏度2 984cP，回升值1 293cP，峰值时间6.1min，糊化温度67.8℃；麦谷蛋白亚基组成：n/7+8/2+12，Glu-A3a/Glu-B3d。

【已测分子标记结果】非1B/1R；八氢番茄红素合成酶（PSY）基因：YP7A标记/PSY-A1a；多酚氧化酶（PPO）基因：PPO33标记/PPO-A1a；抗白粉病基因Pm4、Pm8、Pm13、Pm21的标记均为阴性；抗叶锈病基因Lr10、Lr19、Lr20的标记均为阴性；光周期基因：Ppd标记/Ppd-D1b；春化基因：vrn-A1、vrn-B1、vrn-B3、vrn-D1；穗发芽相关基因：Vp1B3标记/Vp1B3a。

鱼鳞白（2）

省库编号：LM 013　　国库编号：ZM 1988　　品种来源：山东冠县

【生物学习性】幼苗匍匐；弱冬性；抗寒性2级；生育期245d；株高114cm；穗长11.0cm，纺锤形，长芒，白壳；白粒，角质，千粒重26.7g。

【品质特性】籽粒粗蛋白含量（干基）14.10%，赖氨酸0.33%，铁11.2mg/kg，锌18.8mg/kg，SKCS硬度指数60；面粉白度值73.6，沉降值（14%）41.4mL；面团流变学特性：形成时间3.5min，稳定时间5.3min，弱化度68BU，峰高610BU，衰弱角33°；淀粉糊化特性（RVA）：峰值黏度2 350cP，保持黏度1 547cP，稀懈值803cP，终黏度2 897cP，回升值1 350cP，峰值时间5.9min，糊化温度66.9℃；麦谷蛋白亚基组成：2*/7+8/2+12，Glu-A3b/Glu-B3d。

【已测分子标记结果】非1B/1R；八氢番茄红素合成酶（PSY）基因：YP7A标记/*PSY-A1a*；多酚氧化酶（PPO）基因：PPO33标记/*PPO-A1b*；抗白粉病基因*Pm4*、*Pm8*、*Pm13*、*Pm21*的标记均为阴性；抗叶锈病基因*Lr10*、*Lr19*、*Lr20*的标记均为阴性；光周期基因：Ppd标记/*Ppd-D1b*；春化基因：*vrn-B1*、*vrn-B3*；穗发芽相关基因：Vp1B3标记/*Vp1B3c*。

大黄区火麦

省库编号：LM 014　品种来源：产地不详

【生物学习性】幼苗匍匐；抗寒性2级；生育期246d；株高114cm；穗长10.2cm，纺锤形，长芒，白壳，红粒，角质。

【品质特性】籽粒铁含量11.6mg/kg，锌15.8mg/kg，SKCS硬度指数53；面粉白度值76.7，沉降值（14%）41.7mL；面团流变学特性：形成时间3.5min，稳定时间2.7min，弱化度52BU，峰高580BU，衰弱角25°；淀粉糊化特性（RVA）：峰值黏度2 863cP，保持黏度1 777cP，稀懈值1 086cP，终黏度3 122cP，回升值1 345cP，峰值时间6.1min，糊化温度67.8℃；麦谷蛋白亚基组成：n/7+8/2+12，Glu-A3c/Glu-B3d。

【已测分子标记结果】非1B/1R；八氢番茄红素合成酶（PSY）基因：YP7A标记/*PSY-A1a*；多酚氧化酶（PPO）基因：PPO33标记/*PPO-A1a*；抗白粉病基因*Pm4*、*Pm8*、*Pm13*、*Pm21*的标记均为阴性；抗叶锈病基因*Lr10*、*Lr19*、*Lr20*的标记均为阴性；光周期基因：Ppd标记/*Ppd-D1b*；春化基因：*vrn-A1*、*vrn-B1*、*vrn-B3*、*vrn-D1*；穗发芽相关基因：Vp1B3标记/*Vp1B3a*。

江西白麦

省库编号：LM 015　　国库编号：ZM 1963　　品种来源：山东禹城

【生物学习性】幼苗匍匐；弱冬性；抗寒性3⁻级；生育期246d；株高114cm；穗长9.6cm，纺锤形，长芒，白壳；白粒，角质，千粒重27.0g。

【品质特性】籽粒粗蛋白含量（干基）15.50%，赖氨酸0.38%，铁7.3mg/kg，锌13.9mg/kg，SKCS硬度指数57；面粉白度值75.5，沉降值（14%）47.9mL；面团流变学特性：形成时间4.0min，稳定时间3.5min，弱化度106BU，峰高620BU，衰弱角36°；淀粉糊化特性（RVA）：峰值黏度2 663cP，保持黏度1 718cP，稀懈值945cP，终黏度3 104cP，回升值1 386cP，峰值时间5.9min，糊化温度66.2℃；麦谷蛋白亚基组成：n/7+8/2+12，Glu-A3b/Glu-B3d。

【已测分子标记结果】非1B/1R；八氢番茄红素合成酶（PSY）基因：YP7A标记/PSY-A1a；多酚氧化酶（PPO）基因：PPO33标记/PPO-A1b；抗白粉病基因Pm4、Pm8、Pm13、Pm21的标记均为阴性；抗叶锈病基因Lr10、Lr19、Lr20的标记均为阴性；光周期基因：Ppd标记/Ppd-D1b；春化基因：vrn-B1、vrn-B3；穗发芽相关基因：Vp1B3标记/Vp1B3c。

白蚂蚱头（2）

省库编号：LM 016　　国库编号：ZM 1960　　品种来源：山东禹城

【生物学习性】幼苗匍匐；弱冬性；抗寒性3⁻级；生育期247d；株高118cm；穗长7.6cm，纺锤形，长芒，白壳；白粒，角质，千粒重27.8g。

【品质特性】籽粒粗蛋白含量（干基）13.90%，赖氨酸0.44%，铁10.8mg/kg，锌14.9mg/kg，SKCS硬度指数59；面粉白度值73.4，沉降值（14%）35.5mL；面团流变学特性：形成时间3.4min，稳定时间6.0min，弱化度75BU，峰高605BU，衰弱角30°；淀粉糊化特性（RVA）：峰值黏度2 594cP，保持黏度1 582cP，稀懈值1 012cP，终黏度2 858cP，回升值1 276cP，峰值时间6.1min，糊化温度67.8℃；麦谷蛋白亚基组成：n/23+22/2+12，Glu-A3b/Glu-B3d。

【已测分子标记结果】非1B/1R；八氢番茄红素合成酶（PSY）基因：YP7A标记/*PSY-A1a*；多酚氧化酶（PPO）基因：PPO33标记/*PPO-A1a*；抗白粉病基因*Pm4*、*Pm8*、*Pm13*、*Pm21*的标记均为阴性；抗叶锈病基因*Lr10*、*Lr19*、*Lr20*的标记均为阴性；光周期基因：Ppd标记/*Ppd-D1b*；春化基因：*vrn-B1*、*vrn-B3*；穗发芽相关基因：Vp1B3标记/*Vp1B3a*。

小白芒（5）

省库编号：LM 017　　国库编号：ZM 1943　　品种来源：山东博兴

【生物学习性】幼苗匍匐；弱冬性；抗寒性3级；生育期246d；株高125cm；穗长9.4cm，纺锤形，长芒，白壳；白粒，角质，千粒重26.2g。

【品质特性】籽粒粗蛋白含量（干基）14.50%，赖氨酸0.38%，铁14.8mg/kg，锌12.2mg/kg，SKCS硬度指数53；面粉白度值78.5，沉降值（14%）40.9mL；面团流变学特性：峰高550BU，衰弱角16°；淀粉糊化特性（RVA）：峰值黏度3112cP，保持黏度1880cP，稀懈值1232cP，终黏度3269cP，回升值1389cP，峰值时间6.1min，糊化温度67.9℃。

【已测分子标记结果】八氢番茄红素合成酶（PSY）基因：YP7A标记/*PSY-A1a*；多酚氧化酶（PPO）基因：PPO33标记/*PPO-A1a*；抗白粉病基因*Pm4*、*Pm8*、*Pm13*、*Pm21*的标记均为阴性；抗叶锈病基因*Lr10*、*Lr19*、*Lr20*的标记均为阴性；光周期基因：Ppd标记/*Ppd-D1b*；春化基因：*vrn-A1*、*vrn-B1*、*vrn-B3*、*vrn-D1*；穗发芽相关基因：Vp1B3标记/*Vp1B3a*。

小白芒（4）

省库编号：LM 018　　国库编号：ZM 1942　　品种来源：山东博兴

【生物学习性】幼苗匍匐；冬性；抗寒性3⁻级；生育期246d；株高125cm；穗长9.2cm，纺锤形，长芒，白壳；白粒，角质，千粒重23.8g。

【品质特性】籽粒粗蛋白含量（干基）15.50%，赖氨酸0.43%，铁14.3mg/kg，锌13.8mg/kg，SKCS硬度指数45；面粉白度值76.5，沉降值（14%）37.6mL；面团流变学特性：形成时间3.6min，稳定时间2.4min，弱化度120BU，峰高585BU，衰弱角27°；淀粉糊化特性（RVA）：峰值黏度2 631cP，保持黏度1 691cP，稀懈值940cP，终黏度3 005cP，回升值1 314cP，峰值时间6.2min，糊化温度67.8℃；麦谷蛋白亚基组成：n/6*+8/2+12，Glu-A3a/Glu-B3g。

【已测分子标记结果】非1B/1R；八氢番茄红素合成酶（PSY）基因：YP7A标记/*PSY-A1a*；多酚氧化酶（PPO）基因：PPO33标记/*PPO-A1a*；抗白粉病基因*Pm4*、*Pm8*、*Pm13*、*Pm21*的标记均为阴性；抗叶锈病基因*Lr10*、*Lr19*、*Lr20*的标记均为阴性；光周期基因：Ppd标记/*Ppd-D1b*；春化基因：*vrn-A1*、*vrn-B1*、*vrn-B3*、*vrn-D1*；穗发芽相关基因：Vp1B3标记/*Vp1B3a*。

半芒子

省库编号：LM 019　　国库编号：ZM 1806　　品种来源：山东长山*

【生物学习性】幼苗匍匐；弱冬性；抗寒性3⁻级；生育期246d；株高128cm；穗长8.6cm，纺锤形，长芒，白壳；白粒，角质，千粒重25.3g。

【品质特性】籽粒粗蛋白含量（干基）15.60%，赖氨酸0.34%，铁10.1mg/kg，锌14.5mg/kg；面粉白度值75.5，沉降值（14%）43.8mL；面团流变学特性：形成时间6.4min，稳定时间13min，弱化度20BU，峰高500BU，衰弱角6°；淀粉糊化特性（RVA）：峰值黏度2825cP，保持黏度1795cP，稀懈值1030cP，终黏度3132cP，回升值1337cP，峰值时间6.2min，糊化温度67.9℃；麦谷蛋白亚基组成：n/6*+8/2+12，Glu-A3a/Glu-B3g。

【已测分子标记结果】非1B/1R；多酚氧化酶（PPO）基因：PPO33标记/*PPO-A1a*；抗白粉病基因*Pm4*、*Pm8*、*Pm13*、*Pm21*的标记均为阴性；抗叶锈病基因*Lr10*、*Lr19*、*Lr20*的标记均为阴性；穗发芽相关基因：Vp1B3标记/*Vp1B3a*。

二 大 麦

省库编号：LM 020　　国库编号：ZM 1710　　品种来源：山东淄川

【生物学习性】幼苗匍匐；弱冬性；抗寒性3⁻级；生育期246d；株高125cm；穗长8.2cm，纺锤形，长芒，白壳；白粒，角质，千粒重25.2g。

【品质特性】籽粒粗蛋白含量（干基）15.50%，赖氨酸0.31%，铁27.4mg/kg，锌15.5mg/kg，SKCS硬度指数56；面粉白度值75.4，沉降值（14%）41.2mL；面团流变学特性：形成时间5.2min，稳定时间3.4min，弱化度116BU，峰高580BU，衰弱角18°；淀粉糊化特性（RVA）：峰值黏度2 736cP，保持黏度1 764cP，稀懈值972cP，终黏度3 038cP，回升值1 274cP，峰值时间6.1min，糊化温度67.0℃；麦谷蛋白亚基组成：n/7+8/2+12，Glu-A3a/Glu-B3g。

【已测分子标记结果】非1B/1R；八氢番茄红素合成酶（PSY）基因：YP7A标记/*PSY-A1a*；多酚氧化酶（PPO）基因：PPO33标记/*PPO-A1a*；抗白粉病基因*Pm4*、*Pm8*、*Pm13*、*Pm21*的标记均为阴性；抗叶锈病基因*Lr10*、*Lr19*、*Lr20*的标记均为阴性；光周期基因：Ppd标记/*Ppd-D1b*；春化基因：*vrn-A1*、*vrn-B1*、*vrn-B3*、*vrn-D1*；穗发芽相关基因：Vp1B3标记/*Vp1B3c*。

小麦（1）

省库编号：LM 021　　国库编号：ZM 1717　　品种来源：山东博山

【生物学习性】幼苗匍匐；弱冬性；抗寒性2级；生育期245d；株高130cm；穗长8.4cm，纺锤形，长芒，白壳；白粒，角质，千粒重24.7g。

【品质特性】籽粒粗蛋白含量（干基）15.10%，赖氨酸0.38%，铁17.5mg/kg，锌17.3mg/kg，SKCS硬度指数49；面粉白度值76.5，沉降值（14%）43.3mL；面团流变学特性：形成时间4.5min，稳定时间3.0min，弱化度115BU，峰高760BU，衰弱角25°；淀粉糊化特性（RVA）：峰值黏度2 832cP，保持黏度1 924cP，稀懈值908cP，终黏度3 236cP，回升值1 312cP，峰值时间6.3min，糊化温度67.9℃；麦谷蛋白亚基组成：n/7+8/2+12，Glu-A3b/Glu-B3d。

【已测分子标记结果】非1B/1R；八氢番茄红素合成酶（PSY）基因：YP7A标记/*PSY-A1a*；多酚氧化酶（PPO）基因：PPO33标记/*PPO-A1a*；抗白粉病基因*Pm4*、*Pm8*、*Pm13*、*Pm21*的标记均为阴性；抗叶锈病基因*Lr10*、*Lr19*、*Lr20*的标记均为阴性；光周期基因：Ppd标记/*Ppd-D1b*；春化基因：*vrn-B1*、*vrn-B3*；穗发芽相关基因：Vp1B3标记/*Vp1B3a*。

白麦（2）

省库编号：LM 022　　国库编号：ZM 1887　　品种来源：山东宁阳

【生物学习性】幼苗匍匐；弱冬性；抗寒性2级；生育期246d；株高104cm；穗长9.3cm，纺锤形，长芒，白壳；白粒，角质，千粒重25.7g。

【品质特性】籽粒粗蛋白含量（干基）15.40%，赖氨酸0.28%，铁9.8mg/kg，锌10.5mg/kg，SKCS硬度指数52；面粉白度值73.4，沉降值（14%）42.7mL；面团流变学特性：形成时间3.3min，稳定时间6.1min，弱化度68BU，峰高760BU，衰弱角30°；淀粉糊化特性（RVA）：峰值黏度2 526cP，保持黏度1 604cP，稀懈值922cP，终黏度2 944cP，回升值1 340cP，峰值时间5.9min，糊化温度66.1℃；麦谷蛋白亚基组成：n/7+8/2+12，Glu-A3b/Glu-B3d。

【已测分子标记结果】非1B/1R；八氢番茄红素合成酶（PSY）基因：YP7A标记/*PSY-A1a*；多酚氧化酶（PPO）基因：PPO33标记/*PPO-A1b*；抗白粉病基因*Pm4*、*Pm8*、*Pm13*、*Pm21*的标记均为阴性；抗叶锈病基因*Lr10*、*Lr19*、*Lr20*的标记均为阴性；光周期基因：Ppd标记/*Ppd-D1a*；春化基因：*vrn-B1*、*vrn-B3*；穗发芽相关基因：Vp1B3标记/*Vp1B3c*。

白穗白麦

省库编号：LM 023　　国库编号：ZM 2040　　品种来源：山东郯城

【生物学习性】幼苗匍匐；弱冬性；抗寒性2级；生育期245d；株高107cm；穗长9.7cm，纺锤形，长芒，白壳；白粒，角质，千粒重26.2g。

【品质特性】籽粒粗蛋白含量（干基）15.30%，赖氨酸0.41%，铁10.6mg/kg，锌15.2mg/kg，SKCS硬度指数57；面粉白度值72.6，沉降值（14%）36.1mL；面团流变学特性：形成时间2.5min，稳定时间2.3min，弱化度136BU，峰高600BU，衰弱角35°；淀粉糊化特性（RVA）：峰值黏度2 350cP，保持黏度1 547cP，稀懈值803cP，终黏度2 897cP，回升值1 350cP，峰值时间5.9min，糊化温度66.9℃；麦谷蛋白亚基组成：n/7+8/2+12，Glu-A3b/Glu-B3d。

【已测分子标记结果】非1B/1R；八氢番茄红素合成酶（PSY）基因：YP7A标记/PSY-A1a；多酚氧化酶（PPO）基因：PPO33标记/PPO-A1a；抗白粉病基因Pm4、Pm8、Pm13、Pm21的标记均为阴性；抗叶锈病基因Lr10、Lr19、Lr20的标记均为阴性；光周期基因：Ppd标记/Ppd-D1b；春化基因：vrn-A1、vrn-B1、vrn-B3、vrn-D1；穗发芽相关基因：Vp1B3标记/Vp1B3c。

10cm

鱼鳞白（3）

省库编号：LM 024   国库编号：ZM 2006   品种来源：山东定陶

【生物学习性】幼苗匍匐；弱冬性；抗寒性2级；生育期244d；株高109cm；穗长9.4cm，纺锤形，长芒，白壳；白粒，角质，千粒重29.3g。

【品质特性】籽粒粗蛋白含量（干基）14.90%，赖氨酸0.38%，铁12.5mg/kg，锌13.3mg/kg，SKCS硬度指数61；面粉白度值74.8，沉降值（14%）39.4mL；面团流变学特性：形成时间2.2min，稳定时间3.0min，弱化度110BU，峰高680BU，衰弱角46°；淀粉糊化特性（RVA）：峰值黏度2 615cP，保持黏度1 683cP，稀懈值932cP，终黏度2 975cP，回升值1 292cP，峰值时间5.9min，糊化温度66.2℃；麦谷蛋白亚基组成：n/7+8/2+12，Glu-A3b/Glu-B3d。

【已测分子标记结果】非1B/1R；八氢番茄红素合成酶（PSY）基因：YP7A标记/PSY-A1a；抗白粉病基因Pm4、Pm8、Pm13、Pm21的标记均为阴性；抗叶锈病基因Lr10、Lr19、Lr20的标记均为阴性；光周期基因：Ppd标记/Ppd-D1b；春化基因：vrn-B1、vrn-B3；穗发芽相关基因：Vp1B3标记/Vp1B3c。

紫秸白麦

省库编号：LM 025　　国库编号：ZM 1888　　品种来源：山东宁阳

【生物学习性】幼苗匍匐；弱冬性；抗寒性2级；生育期244d；株高114cm；穗长10.2cm，圆锥形，长芒，白壳；白粒，角质，千粒重27.7g。

【品质特性】籽粒粗蛋白含量（干基）15.70%，赖氨酸0.34%，铁30.3mg/kg，锌16.6mg/kg，SKCS硬度指数52；面粉白度值76.3，沉降值（14%）36.1mL；面团流变学特性：形成时间5.5min，稳定时间6.0min，弱化度76BU，峰高560BU，衰弱角22°；淀粉糊化特性（RVA）：峰值黏度2 711cP，保持黏度1 695cP，稀懈值1 016cP，终黏度2 979cP，回升值1 284cP，峰值时间6.3min，糊化温度68.7℃；麦谷蛋白亚基组成：n/23+22/2+12，Glu-A3c/Glu-B3d。

【已测分子标记结果】非1B/1R；八氢番茄红素合成酶（PSY）基因：YP7A标记/*PSY-A1a*；多酚氧化酶（PPO）基因：PPO33标记/*PPO-A1a*；抗白粉病基因*Pm4*、*Pm8*、*Pm13*、*Pm21*的标记均为阴性；抗叶锈病基因*Lr10*、*Lr19*、*Lr20*的标记均为阴性；光周期基因：Ppd标记/*Ppd-D1b*；春化基因：*vrn-A1*、*vrn-B1*、*vrn-B3*、*vrn-D1*；穗发芽相关基因：Vp1B3标记/*Vp1B3c*。

小白芒（10）

省库编号：LM 026　　国库编号：ZM 2002　　品种来源：山东馆陶[*]

【生物学习性】 幼苗匍匐；冬性；抗寒性2级；生育期244d；株高113cm；穗长8.7cm，纺锤形，长芒，白壳；红粒，角质，千粒重26.1g。

【品质特性】 籽粒粗蛋白含量（干基）14.70％，赖氨酸0.34％，铁13.9mg/kg，锌17.0mg/kg，SKCS硬度指数57；面粉白度值75.1，沉降值（14％）38.4mL；面团流变学特性：形成时间3.5min，稳定时间3.7min，弱化度63BU，峰高660BU，衰弱角42°；淀粉糊化特性（RVA）：峰值黏度2 827cP，保持黏度1 705cP，稀懈值1 122cP，终黏度3 057cP，回升值1 352cP，峰值时间5.9min，糊化温度66.2℃；麦谷蛋白亚基组成：n/7+8/2+12，Glu-A3b/Glu-B3d。

【已测分子标记结果】 非1B/1R；八氢番茄红素合成酶（PSY）基因：YP7A标记/*PSY-A1a*；抗白粉病基因*Pm4*、*Pm8*、*Pm13*、*Pm21*的标记均为阴性；抗叶锈病基因*Lr10*、*Lr19*、*Lr20*的标记均为阴性；光周期基因：Ppd标记/*Ppd-D1b*；春化基因：*vrn-B1*、*vrn-B3*；穗发芽相关基因：Vp1B3标记/*Vp1B3c*。

紫秸白（3）

省库编号：LM 027   国库编号：ZM 1968   品种来源：山东齐河

【生物学习性】幼苗匍匐；抗寒性2级；生育期244d；株高111cm；穗长8.5cm，纺锤形，长芒，白壳，白粒，角质，千粒重24.8g。

【品质特性】籽粒粗蛋白含量（干基）14.50%，赖氨酸0.34%，铁17.5mg/kg，锌18.6mg/kg，SKCS硬度指数50；面粉白度值75.4，沉降值（14%）35.4mL；面团流变学特性：形成时间2.8min，稳定时间4.5min，弱化度77BU，峰高595BU，衰弱角35°；淀粉糊化特性（RVA）：峰值黏度2 387cP，保持黏度1 629cP，稀懈值758cP，终黏度2 919cP，回升值1 290cP，峰值时间6.1min，糊化温度66.1℃；麦谷蛋白亚基组成：n/7+8/2+12，Glu-A3a/Glu-B3g。

【已测分子标记结果】非1B/1R；八氢番茄红素合成酶（PSY）基因：YP7A标记/*PSY-A1a*；多酚氧化酶（PPO）基因：PPO33标记/*PPO-A1b*；抗白粉病基因*Pm4*的标记为阳性，*Pm8*、*Pm13*、*Pm21*的标记为阴性；抗叶锈病基因*Lr10*、*Lr19*、*Lr20*的标记均为阴性；光周期基因：Ppd标记/*Ppd-D1b*；春化基因：*vrn-A1*、*vrn-B1*、*vrn-B3*、*vrn-D1*；穗发芽相关基因：Vp1B3标记/*Vp1B3a*。

紫秸白小麦

省库编号：LM 028　　国库编号：ZM 1961　　品种来源：山东禹城

【生物学习性】幼苗匍匐；弱冬性；抗寒性2级；生育期244d；株高115cm；穗长9.7cm，纺锤形，长芒，白壳；白粒，角质，千粒重29.3g。

【品质特性】籽粒粗蛋白含量（干基）15.60%，赖氨酸0.36%，铁10.6mg/kg，锌10.3mg/kg，SKCS硬度指数43；面粉白度值77.2，沉降值（14%）39.9mL；面团流变学特性：形成时间3.3min，稳定时间4.8min，弱化度70BU，峰高670BU，衰弱角40°；淀粉糊化特性（RVA）：峰值黏度2 393cP，保持黏度1 646cP，稀懈值747cP，终黏度2 969cP，回升值1 323cP，峰值时间6.1min，糊化温度66.2℃；麦谷蛋白亚基组成：n/7+8/2+12，Glu-A3b/Glu-B3d。

【已测分子标记结果】非1B/1R；八氢番茄红素合成酶（PSY）基因：YP7A标记/*PSY-A1a*；多酚氧化酶（PPO）基因：PPO33标记/*PPO-A1b*；抗白粉病基因*Pm4*的标记为阳性，*Pm8*、*Pm13*、*Pm21*的标记为阴性；抗叶锈病基因*Lr10*、*Lr19*、*Lr20*的标记均为阴性；光周期基因：Ppd标记/*Ppd-D1a*；春化基因：*vrn-A1*、*vrn-B1*、*vrn-B3*、*vrn-D1*；穗发芽相关基因：Vp1B3标记/*Vp1B3a*。

10cm

大白麦（3）

省库编号：LM 029　　国库编号：ZM 2041　　品种来源：山东郯城

【生物学习性】幼苗匍匐；弱冬性；抗寒性2级；生育期244d；株高106cm；穗长9.3cm，纺锤形，长芒，白壳；白粒，角质，千粒重25.9g。

【品质特性】籽粒粗蛋白含量（干基）14.70％，赖氨酸0.31％，铁13.2mg/kg，锌15.9mg/kg，SKCS硬度指数55；面粉白度值73.2，沉降值（14％）39.4mL；面团流变学特性：形成时间5.4min，稳定时间4.3min，弱化度95BU，峰高605BU，衰弱角39°；淀粉糊化特性（RVA）：峰值黏度2 505cP，保持黏度1 618cP，稀懈值887cP，终黏度2 952cP，回升值1 334cP，峰值时间6.0min，糊化温度66.2℃；麦谷蛋白亚基组成：n/7+8/2+12，Glu-A3b/Glu-B3d。

【已测分子标记结果】非1B/1R；八氢番茄红素合成酶（PSY）基因：YP7A标记/PSY-A1a；多酚氧化酶（PPO）基因：PPO33标记/PPO-A1b；抗白粉病基因Pm4、Pm8、Pm13、Pm21的标记均为阴性；抗叶锈病基因Lr10、Lr19、Lr20的标记均为阴性；光周期基因：Ppd标记/Ppd-D1b；春化基因：vrn-B1、vrn-B3；穗发芽相关基因：Vp1B3标记/Vp1B3c。

10cm

白穗白（2）

省库编号：LM 030　　国库编号：ZM 2072　　品种来源：山东金乡

【生物学习性】幼苗匍匐；弱冬性；抗寒性2级；生育期248d；株高117cm；穗长9.6cm，纺锤形，长芒，白壳；白粒，角质，千粒重26.5g。

【品质特性】籽粒粗蛋白含量（干基）14.40%，赖氨酸0.36%，铁7.5mg/kg，锌10.3mg/kg，SKCS硬度指数54；面粉白度值75.3，沉降值（14%）39.9mL；面团流变学特性：形成时间4.0min，稳定时间2.3min，弱化度130BU，峰高680BU，衰弱角48°；淀粉糊化特性（RVA）：峰值黏度2 827cP，保持黏度1 705cP，稀懈值1 122cP，终黏度3 057cP，回升值1 352cP，峰值时间5.9min，糊化温度66.2℃；麦谷蛋白亚基组成：n/7+8/2+12，Glu-A3b/Glu-B3d。

【已测分子标记结果】非1B/1R；八氢番茄红素合成酶（PSY）基因：YP7A标记/*PSY-A1a*；多酚氧化酶（PPO）基因：PPO33标记/*PPO-A1b*；抗白粉病基因*Pm4*、*Pm8*、*Pm13*、*Pm21*的标记均为阴性；抗叶锈病基因*Lr10*、*Lr19*、*Lr20*的标记均为阴性；光周期基因：Ppd标记/*Ppd-D1b*；春化基因：*vrn-B1*、*vrn-B3*；穗发芽相关基因：Vp1B3标记/*Vp1B3a*。

白麦（5）

省库编号：LM 031　　国库编号：ZM 2082　　品种来源：山东曲阜

【生物学习性】幼苗匍匐；弱冬性；抗寒性2级；生育期248d；株高132cm；穗长9.0cm，纺锤形，长芒，白壳；白粒，角质，千粒重23.9g。

【品质特性】籽粒粗蛋白含量（干基）14.20%，赖氨酸0.34%，铁11.6mg/kg，锌20.7mg/kg，SKCS硬度指数56；面粉白度值73.3，沉降值（14%）39.9mL；面团流变学特性：形成时间4.5min，稳定时间2.8min，弱化度107BU，峰高615BU，衰弱角21°；淀粉糊化特性（RVA）：峰值黏度2 687cP，保持黏度1 677cP，稀懈值1 010cP，终黏度2 939cP，回升值1 262cP，峰值时间6.2min，糊化温度67.9℃；麦谷蛋白亚基组成：n/23+22/2+12，Glu-A3c/Glu-B3d。

【已测分子标记结果】非1B/1R；八氢番茄红素合成酶（PSY）基因：YP7A标记/*PSY-A1a*；多酚氧化酶（PPO）基因：PPO33标记/*PPO-A1a*；抗白粉病基因*Pm4*、*Pm8*、*Pm13*、*Pm21*的标记均为阴性；抗叶锈病基因*Lr10*、*Lr19*、*Lr20*的标记均为阴性；光周期基因：Ppd标记/*Ppd-D1b*；春化基因：*vrn-B1*、*vrn-B3*；穗发芽相关基因：Vp1B3标记/*Vp1B3c*。

10cm

白芒垛麦

省库编号：LM 032　　国库编号：ZM 2083　　品种来源：山东邹县[*]

【生物学习性】幼苗匍匐；弱冬性；抗寒性2级；生育期248d；株高117cm；穗长8.4cm，纺锤形，长芒，白壳；白粒，半角质，千粒重26.9g。

【品质特性】籽粒粗蛋白含量（干基）14.30%，赖氨酸0.43%，铁11.1mg/kg，锌11.4mg/kg，SKCS硬度指数59；面粉白度值73.3，沉降值（14%）38.9mL；面团流变学特性：形成时间3.2min，稳定时间1.7min，弱化度145BU，峰高670BU，衰弱角42°；淀粉糊化特性（RVA）：峰值黏度2 391cP，保持黏度1 456cP，稀懈值935cP，终黏度2 629cP，回升值1 173cP，峰值时间6.1min，糊化温度67.9℃；麦谷蛋白亚基组成：n/23+22/2+12，Glu-A3b/Glu-B3d。

【已测分子标记结果】非1B/1R；八氢番茄红素合成酶（PSY）基因：YP7A标记/PSY-A1a；多酚氧化酶（PPO）基因：PPO33标记/PPO-A1a；抗白粉病基因Pm4、Pm8、Pm13、Pm21的标记均为阴性；抗叶锈病基因Lr10、Lr19、Lr20的标记均为阴性；光周期基因：Ppd标记/Ppd-D1b；春化基因：vrn-B1、vrn-B3；穗发芽相关基因：Vp1B3标记/Vp1B3a。

白 垛 麦

省库编号：LM 033　国库编号：ZM 1889　品种来源：山东宁阳

【生物学习性】幼苗匍匐；弱冬性；抗寒性2级；生育期248d；株高115cm；穗长7.2cm，纺锤形，长芒，白壳；白粒，角质，千粒重28.0g。

【品质特性】籽粒粗蛋白含量（干基）14.50%，赖氨酸0.41%，铁13.1mg/kg，锌17.0mg/kg，SKCS硬度指数59；面粉白度值73.8，沉降值（14%）33.3mL；面团流变学特性：形成时间2.8min，稳定时间1.6min，弱化度155BU，峰高630BU，衰弱角43°；淀粉糊化特性（RVA）：峰值黏度2 383cP，保持黏度1 520cP，稀懈值836cP，终黏度2 758cP，回升值1 238cP，峰值时间6.1min，糊化温度67.8℃；麦谷蛋白亚基组成：n/7+9/2+12，Glu-A3d/Glu-B3g。

【已测分子标记结果】非1B/1R；八氢番茄红素合成酶（PSY）基因：YP7A标记/*PSY-A1a*；多酚氧化酶（PPO）基因：PPO33标记/*PPO-A1a*；抗白粉病基因*Pm4*、*Pm8*、*Pm13*、*Pm21*的标记均为阴性；抗叶锈病基因*Lr10*、*Lr19*、*Lr20*的标记均为阴性；光周期基因：Ppd标记/*Ppd-D1b*；春化基因：*vrn-A1*、*vrn-B1*、*vrn-B3*、*Vrn-D1*；穗发芽相关基因：Vp1B3标记/*Vp1B3a*。

鱼鳞白（1）

省库编号：LM 034　　国库编号：ZM 1686　　品种来源：山东历城

【生物学习性】幼苗匍匐；弱冬性；抗寒性2⁺级；生育期245d；株高116cm；穗长10.5cm，纺锤形，长芒，白壳；白粒，角质，千粒重28.3g。

【品质特性】籽粒粗蛋白含量（干基）14.30%，赖氨酸0.36%，铁10.4mg/kg，锌16.0mg/kg，SKCS硬度指数58；面粉白度值71.7，沉降值（14%）32.8mL；面团流变学特性：形成时间3.0min，稳定时间3.3min，弱化度110BU，峰高615BU，衰弱角27°；淀粉糊化特性（RVA）：峰值黏度2 209cP，保持黏度1 448cP，稀懈值761cP，终黏度2 715cP，回升值1 267cP，峰值时间6.0min，糊化温度67.0℃；麦谷蛋白亚基组成：2*/7+8/2+12，Glu-A3a/Glu-B3b。

【已测分子标记结果】非1B/1R；八氢番茄红素合成酶（PSY）基因：YP7A标记/PSY-A1a；多酚氧化酶（PPO）基因：PPO33标记/PPO-A1a；抗白粉病基因Pm4、Pm8、Pm13、Pm21的标记均为阴性；抗叶锈病基因Lr10、Lr19、Lr20的标记均为阴性；光周期基因：Ppd标记/Ppd-D1a；春化基因：vrn-A1、vrn-B1、vrn-B3、vrn-D1；穗发芽相关基因：Vp1B3标记/Vp1B3a。

紫秸白（2）

省库编号：LM 035　国库编号：ZM 1926　品种来源：山东惠民

【生物学习性】幼苗匍匐；弱冬性；抗寒性3级；生育期244d；株高122cm；穗长9.0cm，长方形，长芒，白壳；白粒，角质，千粒重29.7g。

【品质特性】籽粒铁含量14.6mg/kg，锌13.3mg/kg，SKCS硬度指数60；面粉白度值73.8，沉降值（14%）35.4mL；面团流变学特性：形成时间4.9min，稳定时间2.9min，弱化度99BU，峰高580BU，衰弱角32°；淀粉糊化特性（RVA）：峰值黏度2 625cP，保持黏度1 725cP，稀懈值900cP，终黏度3 072cP，回升值1 347cP，峰值时间6.1min，糊化温度67.9℃；麦谷蛋白亚基组成：2*/7+8/2+12，Glu-A3a/Glu-B3g。

【已测分子标记结果】非1B/1R；八氢番茄红素合成酶（PSY）基因：YP7A标记/*PSY-A1a*；多酚氧化酶（PPO）基因：PPO33标记/*PPO-A1a*；抗白粉病基因*Pm4*、*Pm8*、*Pm13*、*Pm21*的标记均为阴性；抗叶锈病基因*Lr10*、*Lr19*、*Lr20*的标记均为阴性；光周期基因：Ppd标记/*Ppd-D1b*；春化基因：*vrn-B1*、*vrn-B3*；穗发芽相关基因：Vp1B3标记/*Vp1B3a*。

小白芒麦（1）

省库编号：LM 036   国库编号：ZM 1945   品种来源：山东博兴

【生物学习性】幼苗匍匐；弱冬性；抗寒性2级；生育期245d；株高130cm；穗长8.1cm，纺锤形，长芒，白壳；白粒，角质，千粒重27.5g。

【品质特性】籽粒粗蛋白含量（干基）15.80%，赖氨酸0.38%，铁12.2mg/kg，锌10.0mg/kg，SKCS硬度指数53；面粉白度值75.8，沉降值（14%）42.2mL；面团流变学特性：形成时间4.3min，稳定时间5.0min，弱化度64BU，峰高690BU，衰弱角45°；淀粉糊化特性（RVA）：峰值黏度2 628cP，保持黏度1 750cP，稀懈值878cP，终黏度3 045cP，回升值1 295cP，峰值时间6.1min，糊化温度66.1℃；麦谷蛋白亚基组成：n/7+8/2+12，Glu-A3b/Glu-B3d。

【已测分子标记结果】非1B/1R；八氢番茄红素合成酶（PSY）基因：YP7A标记/*PSY-A1a*；多酚氧化酶（PPO）基因：PPO33标记/*PPO-A1a*；抗白粉病基因*Pm4*、*Pm8*、*Pm13*、*Pm21*的标记均为阴性；抗叶锈病基因*Lr10*、*Lr19*、*Lr20*的标记均为阴性；光周期基因：Ppd标记/*Ppd-D1a*；春化基因：*vrn-A1*、*vrn-B1*、*vrn-B3*、*vrn-D1*；穗发芽相关基因：Vp1B3标记/*Vp1B3b*。

时 麦

省库编号：LM 037　　国库编号：ZM 1855　　品种来源：山东临朐

【生物学习性】幼苗匍匐；弱冬性；抗寒性2级；生育期245d；株高125cm；穗长10.6cm，纺锤形，长芒，白壳；白粒，角质，千粒重25.4g。

【品质特性】籽粒粗蛋白含量（干基）15.60%，赖氨酸0.37%，铁14.5mg/kg，锌13.8mg/kg，SKCS硬度指数62；面粉白度值74.2，沉降值（14%）33.3mL；面团流变学特性：形成时间3.3min，稳定时间2.8min，弱化度110BU，峰高560BU，衰弱角29°；淀粉糊化特性（RVA）：峰值黏度2 720cP，保持黏度1 745cP，稀懈值975cP，终黏度3 000cP，回升值1 255cP，峰值时间6.2min，糊化温度67.8℃；麦谷蛋白亚基组成：n/7+8/2+12，Glu-A3b/Glu-B3d。

【已测分子标记结果】非1B/1R；八氢番茄红素合成酶（PSY）基因：YP7A标记/*PSY-A1a*；多酚氧化酶（PPO）基因：PPO33标记/*PPO-A1a*；抗白粉病基因*Pm4*、*Pm8*、*Pm13*、*Pm21*的标记均为阴性；抗叶锈病基因*Lr10*、*Lr19*、*Lr20*的标记均为阴性；光周期基因：Ppd标记/*Ppd-D1b*；春化基因：*vrn-A1*、*vrn-B1*、*vrn-B3*、*vrn-D1*；穗发芽相关基因：Vp1B3标记/*Vp1B3a*。

小白穗（1）

省库编号：LM 038　　国库编号：ZM 1815　　品种来源：山东益都*

【生物学习性】幼苗匍匐；弱冬性；抗寒性2级；生育期245d；株高128cm；穗长11.2cm，纺锤形，长芒，白壳；白粒，角质，千粒重27.2g。

【品质特性】籽粒粗蛋白含量（干基）14.80％，赖氨酸0.35％，铁16.8mg/kg，锌25.4mg/kg，SKCS硬度指数54；面粉白度值74.2，沉降值（14％）34.0mL；面团流变学特性：形成时间3.0min，稳定时间1.8min，弱化度160BU，峰高610BU，衰弱角38°；淀粉糊化特性（RVA）：峰值黏度2 719cP，保持黏度1 706cP，稀懈值1 013cP，终黏度3 020cP，回升值1 314cP，峰值时间6.0min，糊化温度66.2℃；麦谷蛋白亚基组成：n/7+8/2+12，Glu-A3b/Glu-B3d。

【已测分子标记结果】非1B/1R；八氢番茄红素合成酶（PSY）基因：YP7A标记/PSY-A1a；多酚氧化酶（PPO）基因：PPO33标记/PPO-A1a；抗白粉病基因Pm4的标记为阳性，Pm8、Pm13、Pm21的标记为阴性；抗叶锈病基因Lr10、Lr19、Lr20的标记均为阴性；光周期基因：Ppd标记/Ppd-D1b；春化基因：vrn-A1、vrn-B1、vrn-B3、vrn-D1；穗发芽相关基因：Vp1B3标记/Vp1B3c。

紫秸透垄白

省库编号：LM 039　　国库编号：ZM 1712　　品种来源：山东博兴

【生物学习性】幼苗匍匐；弱冬性；抗寒性2级；生育期244d；株高130cm；穗长10.6cm，纺锤形，长芒，白壳，白粒，角质，千粒重27.1g。

【品质特性】籽粒粗蛋白含量（干基）14.80%，赖氨酸0.36%，铁13.4mg/kg，锌18.1mg/kg，SKCS硬度指数55；面粉白度值75.5，沉降值（14%）38.4mL；面团流变学特性：形成时间2.6min，稳定时间4.1min，弱化度88BU，峰高615BU，衰弱角37°；淀粉糊化特性（RVA）：峰值黏度2 889cP，保持黏度1 754cP，稀懈值1 135cP，终黏度3 055cP，回升值1 301cP，峰值时间6.1min，糊化温度67.0℃；麦谷蛋白亚基组成：2*/7+8/2+12，Glu-A3a/Glu-B3g。

【已测分子标记结果】非1B/1R；八氢番茄红素合成酶（PSY）基因：YP7A标记/*PSY-A1a*；多酚氧化酶（PPO）基因：PPO33标记/*PPO-A1a*；抗白粉病基因*Pm4*的标记为阳性，*Pm8*、*Pm13*、*Pm21*的标记为阴性；抗叶锈病基因*Lr10*、*Lr19*、*Lr20*的标记均为阴性；光周期基因：Ppd标记/*Ppd-D1b*；春化基因：*vrn-A1*、*vrn-B1*、*vrn-B3*、*vrn-D1*；穗发芽相关基因：Vp1B3标记/*Vp1B3a*。

稻田品种

省库编号：LM 040　　国库编号：ZM 1858　　品种来源：山东临朐

【生物学习性】幼苗匍匐；弱冬性；抗寒性2级；生育期244d；株高125cm；穗长11.0cm，纺锤形，长芒，白壳，白粒，角质，千粒重24.7g。

【品质特性】籽粒粗蛋白含量（干基）15.40%，赖氨酸0.32%，铁11.2mg/kg，锌14.7mg/kg，SKCS硬度指数60；面粉白度值72.5，沉降值（14%）36.4mL；面团流变学特性：形成时间4.4min，稳定时间1.9min，弱化度121BU，峰高620BU，衰弱角33°；淀粉糊化特性（RVA）：峰值黏度2 716cP，保持黏度1 612cP，稀懈值1 104cP，终黏度2 820cP，回升值1 208cP，峰值时间6.1min，糊化温度67.0℃；麦谷蛋白亚基组成：n/7+8/2+12，Glu-A3a/Glu-B3g。

【已测分子标记结果】非1B/1R；八氢番茄红素合成酶（PSY）基因：YP7A标记/*PSY-A1a*；多酚氧化酶（PPO）基因：PPO33标记/*PPO-A1a*；抗白粉病基因*Pm4*、*Pm8*、*Pm13*、*Pm21*的标记均为阴性；抗叶锈病基因*Lr10*、*Lr19*、*Lr20*的标记均为阴性；光周期基因：Ppd标记/*Ppd-D1b*；春化基因：*vrn-B1*、*vrn-B3*；穗发芽相关基因：Vp1B3标记/*Vp1B3a*。

模 范 麦

省库编号：LM 041　　国库编号：ZM 1811　　品种来源：山东益都[*]

【生物学习性】幼苗匍匐；弱冬性；抗寒性2级；生育期245d；株高129cm；穗长9.8cm，纺锤形，长芒，白壳；白粒，角质，千粒重25.0g。

【品质特性】籽粒粗蛋白含量（干基）14.70%，赖氨酸0.34%，铁12.6mg/kg，锌15.1mg/kg，SKCS硬度指数56；面粉白度值75.8，沉降值（14%）38.6mL；面团流变学特性：形成时间5.0min，稳定时间2.7min，弱化度89BU，峰高670BU，衰弱角51°；淀粉糊化特性（RVA）：峰值黏度2 781cP，保持黏度1 756cP，稀懈值1 025cP，终黏度3 083cP，回升值1 327cP，峰值时间5.7min，糊化温度65.2℃；麦谷蛋白亚基组成：n/7+8/2+12，Glu-A3b/Glu-B3d。

【已测分子标记结果】八氢番茄红素合成酶（PSY）基因：YP7A标记/*PSY-A1a*；多酚氧化酶（PPO）基因：PPO33标记/*PPO-A1b*；抗白粉病基因 *Pm4*、*Pm8*、*Pm13*、*Pm21* 的标记均为阴性；抗叶锈病基因 *Lr10*、*Lr19*、*Lr20* 的标记均为阴性；光周期基因：Ppd标记/*Ppd-D1b*；春化基因：*vrn-B1*、*vrn-B3*；穗发芽相关基因：Vp1B3标记/*Vp1B3c*。

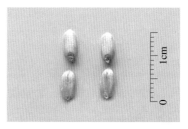

10cm

紫秸芒（2）

省库编号：LM 043　　国库编号：ZM 1736　　品种来源：山东黄县[*]

【生物学习性】幼苗匍匐；弱冬性；抗寒性2级；生育期246d；株高123cm；穗长10.5cm，纺锤形，长芒，白壳；白粒，半角质，千粒重28.2g。

【品质特性】籽粒粗蛋白含量（干基）14.40％，赖氨酸0.36％，铁13.8mg/kg，锌18.8mg/kg，SKCS硬度指数57；面粉白度值75.4，沉降值（14％）44.3mL；面团流变学特性：形成时间4.8min，稳定时间3.5min，弱化度110BU，峰高620BU，衰弱角22°；淀粉糊化特性（RVA）：峰值黏度2 788cP，保持黏度1 743cP，稀懈值1 045cP，终黏度2 961cP，回升值1 218cP，峰值时间6.2min，糊化温度67.0℃；麦谷蛋白亚基组成：n/7+8/2+12，Glu-A3b/Glu-B3d。

【已测分子标记结果】非1B/1R；八氢番茄红素合成酶（PSY）基因：YP7A标记/PSY-A1a；多酚氧化酶（PPO）基因：PPO33标记/PPO-A1a；抗白粉病基因Pm4、Pm8、Pm13、Pm21的标记均为阴性；抗叶锈病基因Lr10、Lr19、Lr20的标记均为阴性；光周期基因：Ppd标记/Ppd-D1b；春化基因：vrn-B1、vrn-B3；穗发芽相关基因：Vp1B3标记/Vp1B3a。

心 里 俊

省库编号：LM 044　　国库编号：ZM 1748　　品种来源：山东蓬莱

【生物学习性】幼苗匍匐；弱冬性；抗寒性2级；生育期246d；株高130cm；穗长11.4cm，圆锥形，长芒，白壳；白粒，角质，千粒重23.8g。

【品质特性】籽粒粗蛋白含量（干基）13.20%，赖氨酸0.29%，铁10.8mg/kg，锌19.3mg/kg，SKCS硬度指数34；面粉白度值79.7，沉降值（14%）34.0mL；面团流变学特性：形成时间2.5min，稳定时间3.6min，弱化度100BU，峰高55BU，衰弱角25°；淀粉糊化特性（RVA）：峰值黏度2 542cP，保持黏度1 476cP，稀懈值1 066cP，终黏度2 685cP，回升值1 209cP，峰值时间6.0min，糊化温度69.5℃；麦谷蛋白亚基组成：n/7+8/2+12，Glu-A3b/Glu-B3d。

【已测分子标记结果】非1B/1R；八氢番茄红素合成酶（PSY）基因：YP7A标记/PSY-A1a；多酚氧化酶（PPO）基因：PPO33标记/PPO-A1a；抗白粉病基因Pm4、Pm8、Pm13、Pm21的标记均为阴性；抗叶锈病基因Lr10、Lr19、Lr20的标记均为阴性；光周期基因：Ppd标记/Ppd-D1b；春化基因：vrn-A1、vrn-B1、vrn-B3、vrn-D1；穗发芽相关基因：Vp1B3标记/Vp1B3a。

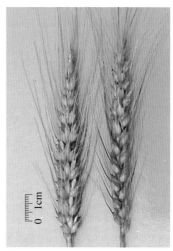

红秸白麦

省库编号：LM 045　　国库编号：ZM 1753　　品种来源：山东莱阳

【生物学习性】幼苗匍匐；弱冬性；抗寒性2级；生育期245d；株高120cm；穗长9.8cm，圆锥形，长芒，白壳；白粒，角质，千粒重25.6g。

【品质特性】籽粒粗蛋白含量（干基）14.70%，赖氨酸0.34%，铁13.9mg/kg，锌17.0mg/kg，SKCS硬度指数57；面粉白度值75.1，沉降值（14%）38.4mL；面团流变学特性：形成时间3.5min，稳定时间3.7min，弱化度63BU，峰高660BU，衰弱角42°；淀粉糊化特性（RVA）：峰值黏度2 827cP，保持黏度1 705cP，稀懈值1 122cP，终黏度3 057cP，回升值1 352cP，峰值时间5.9min，糊化温度66.2℃；麦谷蛋白亚基组成：n/7+8/2+12，Glu-A3b/Glu-B3d。

【已测分子标记结果】非1B/1R；八氢番茄红素合成酶（PSY）基因：YP7A标记/*PSY-A1a*；抗白粉病基因*Pm4*、*Pm8*、*Pm13*、*Pm21*的标记均为阴性；抗叶锈病基因*Lr10*、*Lr19*、*Lr20*的标记均为阴性；光周期基因：Ppd标记/*Ppd-D1b*；春化基因：*vrn-B1*、*vrn-B3*；穗发芽相关基因：Vp1B3标记/*Vp1B3c*。

白芒白麦（2）

省库编号：LM 046　　国库编号：ZM 2046　　品种来源：山东莒县

【生物学习性】幼苗匍匐；强冬性；抗寒性2级；生育期245d；株高112cm；穗长9.4cm，纺锤形，长芒，白壳；白粒，角质，千粒重26.7g。

【品质特性】籽粒粗蛋白含量（干基）15.70%，赖氨酸0.38%，铁11.1mg/kg，锌15.3mg/kg，SKCS硬度指数59；面粉白度值75.6，沉降值（14%）42.5mL；面团流变学特性：形成时间3.7min，稳定时间6.2min，弱化度60BU，峰高640BU，衰弱角38°；淀粉糊化特性（RVA）：峰值黏度2 570cP，保持黏度1 676cP，稀懈值894cP，终黏度2 941cP，回升值1 265cP，峰值时间6.1min，糊化温度66.1℃；麦谷蛋白亚基组成：n/7+8/2+12，Glu-A3b/Glu-B3d。

【已测分子标记结果】非1B/1R；八氢番茄红素合成酶（PSY）基因：YP7A标记/PSY-A1a；多酚氧化酶（PPO）基因：PPO33标记/PPO-A1a；抗白粉病基因*Pm4*、*Pm8*、*Pm13*、*Pm21*的标记均为阴性；抗叶锈病基因*Lr10*、*Lr19*、*Lr20*的标记均为阴性；光周期基因：Ppd标记/*Ppd-D1b*；春化基因：*vrn-B1*、*vrn-B3*；穗发芽相关基因：Vp1B3标记/*Vp1B3a*。

长芒白麦

省库编号：LM 047　　国库编号：ZM 2053　　品种来源：山东沂源

【生物学习性】幼苗匍匐；冬性；抗寒性3级；生育期246d；株高115cm；穗长10.5cm，纺锤形，长芒，白壳，白粒，角质，千粒重28.1g。

【品质特性】籽粒粗蛋白含量（干基）14.90%，赖氨酸0.38%，铁10.6mg/kg，锌15.3mg/kg，SKCS硬度指数65；面粉白度值75.0，沉降值（14%）42.2mL；面团流变学特性：形成时间4.5min，稳定时间4.7min，弱化度78BU，峰高650BU，衰弱角31°；淀粉糊化特性（RVA）：峰值黏度2 630cP，保持黏度1 652cP，稀懈值978cP，终黏度2 936cP，回升值1 284cP，峰值时间6.1min，糊化温度66.9℃；麦谷蛋白亚基组成：n/7+8/2+12，Glu-A3b/Glu-B3d。

【已测分子标记结果】非1B/1R；八氢番茄红素合成酶（PSY）基因：YP7A标记/*PSY-A1a*；多酚氧化酶（PPO）基因：PPO33标记/*PPO-A1b*；抗白粉病基因*Pm4*、*Pm8*、*Pm13*、*Pm21*的标记均为阴性；抗叶锈病基因*Lr10*、*Lr19*、*Lr20*的标记均为阴性；光周期基因：Ppd标记/*Ppd-D1b*；春化基因：*vrn-A1*、*vrn-B1*、*vrn-B3*、*vrn-D1*；穗发芽相关基因：Vp1B3标记/*Vp1B3c*。

白芒白麦（1）

省库编号：LM 048　　国库编号：ZM 2013　　品种来源：山东巨野

【生物学习性】幼苗匍匐；冬性；抗寒性3级；生育期245d；株高116cm；穗长8.8cm；纺锤形，长芒，白壳；白粒，角质，千粒重29.7g。

【品质特性】籽粒粗蛋白含量（干基）15.00%，赖氨酸0.38%，铁10.3mg/kg，锌14.5mg/kg，SKCS硬度指数58；面粉白度值75.0，沉降值（14%）42.2mL；面团流变学特性：形成时间4.5min，稳定时间2.6min，弱化度100BU，峰高650BU，衰弱角39°；淀粉糊化特性（RVA）：峰值黏度2 641cP，保持黏度1 709cP，稀懈值932cP，终黏度2 972cP，回升值1 263cP，峰值时间6.1min，糊化温度66.9℃；麦谷蛋白亚基组成：n/7+8/2+12，Glu-A3b/Glu-B3d。

【已测分子标记结果】非1B/1R；八氢番茄红素合成酶（PSY）基因：YP7A标记/PSY-A1a；多酚氧化酶（PPO）基因：PPO33标记/PPO-A1b；抗白粉病基因Pm4、Pm8、Pm13、Pm21的标记均为阴性；抗叶锈病基因Lr10、Lr19、Lr20的标记均为阴性；光周期基因：Ppd标记/Ppd-D1b；春化基因：vrn-B1、vrn-B3；穗发芽相关基因：Vp1B3标记/Vp1B3c。

10cm

白 臭 麦

省库编号：LM 049　　国库编号：ZM 2071　　品种来源：山东金乡

【生物学习性】幼苗匍匐；冬性；抗寒性3级；生育期247d；株高115cm；穗长7.1cm，纺锤形，长芒，白壳；白粒，角质，千粒重25.3g。

【品质特性】籽粒粗蛋白含量（干基）15.10％，赖氨酸0.47％，铁15.6mg/kg，锌18.5mg/kg，SKCS硬度指数55；面粉白度值73.9，沉降值（14%）43.3mL；面团流变学特性：形成时间4.5min，稳定时间2.8min，弱化度118BU，峰高810BU，衰弱角35°；淀粉糊化特性（RVA）：峰值黏度2 634cP，保持黏度1 707cP，稀懈值927cP，终黏度2 992cP，回升值1 285cP，峰值时间6.1min，糊化温度67.0℃；麦谷蛋白亚基组成：n/23+22/2+12，Glu-A3b/Glu-B3d。

【已测分子标记结果】非1B/1R；八氢番茄红素合成酶（PSY）基因：YP7A标记/*PSY-A1a*；多酚氧化酶（PPO）基因：PPO33标记/*PPO-A1a*；抗白粉病基因*Pm4*、*Pm8*、*Pm13*、*Pm21*的标记均为阴性；抗叶锈病基因*Lr10*、*Lr19*、*Lr20*的标记均为阴性；光周期基因：Ppd标记/*Ppd-D1b*；春化基因：*vrn-B1*、*vrn-B3*；穗发芽相关基因：Vp1B3标记/*Vp1B3a*。

大青秸（3）

省库编号：LM 050　　国库编号：ZM 2086　　品种来源：山东汶上

【生物学习性】幼苗匍匐；弱冬性；抗寒性2级；生育期247d；株高125cm；穗长9.4cm，纺锤形，长芒，白壳；白粒，角质，千粒重29.1g。

【品质特性】籽粒粗蛋白含量（干基）15.00%，赖氨酸0.35%，铁14.3mg/kg，锌14.1mg/kg，SKCS硬度指数61；面粉白度值73.2，沉降值（14%）42.2mL；面团流变学特性：形成时间4.5min，稳定时间3.8min，弱化度98BU，峰高650BU，衰弱角28°；淀粉糊化特性（RVA）：峰值黏度2 641cP，保持黏度1 717cP，稀懈值924cP，终黏度2 936cP，回升值1 219cP，峰值时间6.3min，糊化温度67.9℃；麦谷蛋白亚基组成：n/7+8/2+12，Glu-A3b/Glu-B3d。

【已测分子标记结果】非1B/1R；八氢番茄红素合成酶（PSY）基因：YP7A标记/PSY-A1a；多酚氧化酶（PPO）基因：PPO33标记/PPO-A1a；抗白粉病基因Pm4、Pm8、Pm13、Pm21的标记均为阴性；抗叶锈病基因Lr10、Lr19、Lr20的标记均为阴性；光周期基因：Ppd标记/Ppd-D1b；春化基因：vrn-B1、vrn-B3；穗发芽相关基因：Vp1B3标记/Vp1B3a。

透灵白麦

省库编号：LM 051　　国库编号：ZM 1883　　品种来源：山东莱芜

【生物学习性】幼苗匍匐；弱冬性；抗寒性2级；生育期246d；株高108cm；穗长8.4cm，纺锤形，长芒，白壳；白粒，半角质，千粒重24.5g。

【品质特性】籽粒粗蛋白含量（干基）17.20%，赖氨酸0.26%，铁13.2mg/kg，锌17.6mg/kg，SKCS硬度指数56；面粉白度值74.6，沉降值（14%）45.3mL；面团流变学特性：形成时间4.0min，稳定时间2.2min，弱化度110BU，峰高615BU，衰弱角27°；淀粉糊化特性（RVA）：峰值黏度2 561cP，保持黏度1 661cP，稀懈值900cP，终黏度2 949cP，回升值1 288cP，峰值时间6.1min，糊化温度67.0℃；麦谷蛋白亚基组成：n/6*+8/2+12，Glu-A3a/Glu-B3g。

【已测分子标记结果】非1B/1R；八氢番茄红素合成酶（PSY）基因：YP7A标记/*PSY-A1a*；多酚氧化酶（PPO）基因：PPO33标记/*PPO-A1b*；抗白粉病基因*Pm4*、*Pm8*、*Pm13*、*Pm21*的标记均为阴性；抗叶锈病基因*Lr10*、*Lr19*、*Lr20*的标记均为阴性；光周期基因：Ppd标记/*Ppd-D1b*；春化基因：*vrn-A1*、*vrn-B1*、*vrn-B3*、*vrn-D1*；穗发芽相关基因：Vp1B3标记/*Vp1B3c*。

大白麦（2）

省库编号：LM 052　　国库编号：ZM 1895　　品种来源：山东平阴

【生物学习性】幼苗匍匐；弱冬性；抗寒性2级；生育期246d；株高108cm；穗长9.9cm，纺锤形，长芒，白壳；白粒，角质，千粒重27g。

【品质特性】籽粒粗蛋白含量（干基）14.90%，赖氨酸0.25%，铁10.3mg/kg，锌13.1mg/kg，SKCS硬度指数57；面粉白度值75.6，沉降值（14%）42.9mL；面团流变学特性：形成时间3.0min，稳定时间2.7min，弱化度104BU，峰高695BU，衰弱角37°；淀粉糊化特性（RVA）：峰值黏度2 739cP，保持黏度1 788cP，稀懈值951cP，终黏度3 073cP，回升值1 285cP，峰值时间6.2min，糊化温度66.9℃；麦谷蛋白亚基组成：n/7+8/2+12，Glu-A3b/Glu-B3d。

【已测分子标记结果】非1B/1R；八氢番茄红素合成酶（PSY）基因：YP7A标记/*PSY-A1a*；多酚氧化酶（PPO）基因：PPO33标记/*PPO-A1b*；抗白粉病基因*Pm4*、*Pm8*、*Pm13*、*Pm21*的标记均为阴性；抗叶锈病基因*Lr10*、*Lr19*、*Lr20*的标记均为阴性；光周期基因：Ppd标记/*Ppd-D1b*；春化基因：*vrn-B1*、*vrn-B3*；穗发芽相关基因：Vp1B3标记/*Vp1B3c*。

透 灵 白

省库编号：LM 053　　国库编号：ZM 1684　　品种来源：山东历城

【生物学习性】幼苗匍匐；弱冬性；抗寒性2级；生育期246d；株高109cm；穗长8.5cm，纺锤形，长芒，白壳；白粒，角质，千粒重30.1g。

【品质特性】籽粒粗蛋白含量（干基）16.80％，赖氨酸0.30％，铁20.6mg/kg，锌13.9mg/kg，SKCS硬度指数58；面粉白度值75.6，沉降值（14%）46.4mL；面团流变学特性：形成时间4.5min，稳定时间3.0min，弱化度68BU，峰高630BU，衰弱角23°；淀粉糊化特性（RVA）：峰值黏度2 528cP，保持黏度1 752cP，稀懈值776cP，终黏度2 943cP，回升值1 191cP，峰值时间6.3min，糊化温度67.9℃；麦谷蛋白亚基组成：n/6*+8/2+12，Glu-A3a/Glu-B3g。

【已测分子标记结果】非1B/1R；八氢番茄红素合成酶（PSY）基因：YP7A标记/*PSY-A1a*；多酚氧化酶（PPO）基因：PPO33标记/*PPO-A1a*；抗白粉病基因*Pm4*、*Pm8*、*Pm13*、*Pm21*的标记均为阴性；抗叶锈病基因*Lr10*、*Lr19*、*Lr20*的标记均为阴性；光周期基因：Ppd标记/*Ppd-D1b*；春化基因：*vrn-A1*、*vrn-B1*、*vrn-B3*、*vrn-D1*；穗发芽相关基因：Vp1B3标记/*Vp1B3a*。

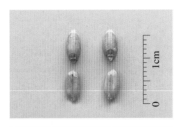

南宫白（2）

省库编号：LM 054　　国库编号：ZM 1741　　品种来源：山东黄县*

【生物学习性】幼苗匍匐；弱冬性；抗寒性2级；生育期246d；株高120cm；穗长9.3cm，纺锤形，长芒，白壳；白粒，角质，千粒重23.5g。

【品质特性】籽粒粗蛋白含量（干基）16.20%，赖氨酸0.29%，铁14.0mg/kg，锌24.3mg/kg，SKCS硬度指数53；面粉白度值75.7，沉降值（14%）25.8mL；面团流变学特性：形成时间2.8min，稳定时间1.0min，弱化度130BU，峰高580BU，衰弱角40°；淀粉糊化特性（RVA）：峰值黏度2 421cP，保持黏度1 562cP，稀懈值859cP，终黏度2 757cP，回升值1 195cP，峰值时间6.1min，糊化温度67.9℃；麦谷蛋白亚基组成：n/7+8/2+12，Glu-A3a/Glu-B3g。

【已测分子标记结果】非1B/1R；八氢番茄红素合成酶（PSY）基因：YP7A标记/*PSY-A1a*；多酚氧化酶（PPO）基因：PPO33标记/*PPO-A1b*；抗白粉病基因*Pm4*、*Pm8*、*Pm13*、*Pm21*的标记均为阴性；抗叶锈病基因*Lr10*、*Lr19*、*Lr20*的标记均为阴性；光周期基因：Ppd标记/*Ppd-D1b*；春化基因：*vrn-B1*、*vrn-B3*；穗发芽相关基因：Vp1B3标记/*Vp1B3a*。

白芒扁穗（2）

省库编号：LM 055　　国库编号：ZM 1852　　品种来源：山东胶南

【生物学习性】幼苗匍匐；弱冬性；抗寒性2级；生育期245d；株高120cm；穗长6.8cm，长方形，长芒，白壳；白粒，角质，千粒重30.6g。

【品质特性】籽粒粗蛋白含量（干基）15.10%，赖氨酸0.25%，铁19.3mg/kg，锌20.3mg/kg，SKCS硬度指数51；面粉白度值75.4，沉降值（14%）42.7mL；面团流变学特性：形成时间4.0min，稳定时间1.5min，弱化度130BU，峰高610BU，衰弱角31°；淀粉糊化特性（RVA）：峰值黏度1 861cP，保持黏度1 264cP，稀懈值597cP，终黏度2 382cP，回升值1 118cP，峰值时间6.1min，糊化温度67.9℃；麦谷蛋白亚基组成：n/7+8/2+12，Glu-A3b/Glu-B3d。

【已测分子标记结果】非1B/1R；八氢番茄红素合成酶（PSY）基因：YP7A标记/*PSY-A1a*；多酚氧化酶（PPO）基因：PPO33标记/*PPO-A1a*；抗白粉病基因*Pm4*、*Pm8*、*Pm13*、*Pm21*的标记均为阴性；抗叶锈病基因*Lr10*、*Lr19*、*Lr20*的标记均为阴性；光周期基因：Ppd标记/*Ppd-D1b*；春化基因：*vrn-A1*、*vrn-B1*、*vrn-B3*、*vrn-D1*；穗发芽相关基因：Vp1B3标记/*Vp1B3b*。

南 来 献

省库编号：LM 056 国库编号：ZM 1874 品种来源：山东胶县

【生物学习性】幼苗匍匐；弱冬性；抗寒性3级；生育期248d；株高134cm；穗长8.9cm，长方形，长芒，白壳；白粒，角质，千粒重26.2g。

【品质特性】籽粒粗蛋白含量（干基）14.50%，赖氨酸0.34%，铁11.7mg/kg，锌13.4mg/kg，SKCS硬度指数55；面粉白度值71.8，沉降值（14%）32.8mL；面团流变学特性：形成时间3.0min，稳定时间1.9min，弱化度140BU，峰高510BU，衰弱角25°；淀粉糊化特性（RVA）：峰值黏度1 813cP，保持黏度962cP，稀懈值851cP，终黏度2 004cP，回升值1 042cP，峰值时间5.9min，糊化温度67.9℃；麦谷蛋白亚基组成：n/7+8/2+12，Glu-A3d/Glu-B3d。

【已测分子标记结果】非1B/1R；八氢番茄红素合成酶（PSY）基因：YP7A标记/*PSY-A1a*；多酚氧化酶（PPO）基因：PPO33标记/*PPO-A1a*；抗白粉病基因*Pm4*、*Pm8*、*Pm13*、*Pm21*的标记均为阴性；抗叶锈病基因*Lr10*、*Lr19*、*Lr20*的标记均为阴性；光周期基因：Ppd标记/*Ppd-D1a*；春化基因：*vrn-A1*、*vrn-B1*、*vrn-D1*；穗发芽相关基因：Vp1B3标记/*Vp1B3c*。

蚰子肚

省库编号: LM 057　　国库编号: ZM 2091　　品种来源: 山东嘉祥

【生物学习性】幼苗匍匐; 弱冬性; 抗寒性2级; 生育期248d; 株高125cm; 穗长9.3cm, 纺锤形, 长芒, 白壳; 白粒, 半角质, 千粒重26.4g。

【品质特性】籽粒粗蛋白含量 (干基) 15.80%, 赖氨酸0.35%, 铁15.1mg/kg, 锌23.4mg/kg, SKCS硬度指数56; 面粉白度值72.3, 沉降值 (14%) 41.9mL; 面团流变学特性: 形成时间5.0min, 稳定时间2.9min, 弱化度58BU, 峰高670BU, 衰弱角30°; 淀粉糊化特性 (RVA): 峰值黏度2 548cP, 保持黏度1 629cP, 稀懈值919cP, 终黏度3 082cP, 回升值1 453cP, 峰值时间6.3min, 糊化温度68.7℃; 麦谷蛋白亚基组成: n/23+22/2+12, Glu-A3b/Glu-B3d。

【已测分子标记结果】非1B/1R; 八氢番茄红素合成酶 (PSY) 基因: YP7A标记/*PSY-A1a*; 多酚氧化酶 (PPO) 基因: PPO33标记/*PPO-A1a*; 抗白粉病基因*Pm4*、*Pm8*、*Pm13*、*Pm21*的标记均为阴性; 抗叶锈病基因*Lr10*、*Lr19*、*Lr20*的标记均为阴性; 光周期基因: Ppd标记/*Ppd-D1b*; 春化基因: *vrn-A1*、*vrn-B1*、*vrn-B3*、*Vrn-D1*; 穗发芽相关基因: Vp1B3标记/*Vp1B3a*。

四棱子白麦（1）

省库编号：LM 058　　国库编号：ZM 2018　　品种来源：山东郓城

【生物学习性】幼苗匍匐；冬性；抗寒性2级；生育期248d；株高108cm；穗长7.1cm，纺锤形，长芒，白壳；白粒，角质，千粒重26.8g。

【品质特性】籽粒粗蛋白含量（干基）15.40%，赖氨酸0.40%，铁10.4mg/kg，锌7.9mg/kg，SKCS硬度指数56；面粉白度值73.3，沉降值（14%）39.4mL；面团流变学特性：形成时间7.4min，稳定时间2.6min，弱化度60BU，峰高660BU，衰弱角28°；淀粉糊化特性（RVA）：峰值黏度2 656cP，保持黏度1 629cP，稀懈值1 027cP，终黏度3 041cP，回升值1 412cP，峰值时间6.3min，糊化温度68.8℃；麦谷蛋白亚基组成：n/23+22/2+12，Glu-A3b/Glu-B3d。

【已测分子标记结果】非1B/1R；八氢番茄红素合成酶（PSY）基因：YP7A标记/PSY-A1a；多酚氧化酶（PPO）基因：PPO33标记/PPO-A1a；抗白粉病基因Pm4、Pm8、Pm13、Pm21的标记均为阴性；抗叶锈病基因Lr10、Lr19、Lr20的标记均为阴性；光周期基因：Ppd标记/Ppd-D1b；春化基因：vrn-A1、vrn-B1、vrn-B3、Vrn-D1；穗发芽相关基因：Vp1B3标记/Vp1B3a。

鲜 麦

省库编号：LM 059 国库编号：ZM 2019 品种来源：山东郓城

【生物学习性】幼苗匍匐；冬性；抗寒性2级；生育期248d；株高114cm；穗长7.7cm，纺锤形，长芒，白壳；红粒，角质，千粒重27.1g。

【品质特性】籽粒粗蛋白含量（干基）15.30％，赖氨酸0.35％，铁17.8mg/kg，锌20.3mg/kg，SKCS硬度指数56；面粉白度值72.3，沉降值（14％）36.4mL；面团流变学特性：形成时间4.3min，稳定时间1.7min，弱化度116BU，峰高650BU，衰弱角36°；淀粉糊化特性（RVA）：峰值黏度2 581cP，保持黏度1 587cP，稀懈值994cP，终黏度2 820cP，回升值1 233cP，峰值时间6.1min，糊化温度67.9℃；麦谷蛋白亚基组成：n/23+22/2+12，Glu-A3b/Glu-B3d。

【已测分子标记结果】非1B/1R；八氢番茄红素合成酶（PSY）基因：YP7A标记/PSY-A1a；多酚氧化酶（PPO）基因：PPO33标记/PPO-A1a；抗白粉病基因Pm4、Pm8、Pm13、Pm21的标记均为阴性；抗叶锈病基因Lr10、Lr19、Lr20的标记均为阴性；光周期基因：Ppd标记/Ppd-D1b；春化基因：vrn-A1、vrn-B1、vrn-B3、Vrn-D1；穗发芽相关基因：Vp1B3标记/Vp1B3a。

白蚂蚱头（1）

省库编号：LM 060　　国库编号：ZM 1901　　品种来源：山东肥城

【生物学习性】幼苗匍匐；弱冬性；抗寒性3级；生育期248d；株高117cm；穗长7.8cm，纺锤形，长芒，白壳；白粒，角质，千粒重27.1g。

【品质特性】籽粒粗蛋白含量（干基）14.40％，赖氨酸0.33％，铁15.0mg/kg，锌22.4mg/kg，SKCS硬度指数65；面粉白度值73.7，沉降值（14％）38.9mL；面团流变学特性：形成时间3.5min，稳定时间2.2min，弱化度110BU，峰高650BU，衰弱角39°；淀粉糊化特性（RVA）：峰值黏度2 523cP，保持黏度1 593cP，稀懈值930cP，终黏度2 892cP，回升值1 299cP，峰值时间6.1min，糊化温度67.9℃；麦谷蛋白亚基组成：n/23+22/2+12，Glu-A3a/Glu-B3d。

【已测分子标记结果】非1B/1R；八氢番茄红素合成酶（PSY）基因：YP7A标记/PSY-A1a；多酚氧化酶（PPO）基因：PPO33标记/PPO-A1a；抗白粉病基因Pm4、Pm8、Pm13、Pm21的标记均为阴性；抗叶锈病基因Lr10、Lr19、Lr20的标记均为阴性；光周期基因：Ppd标记/Ppd-D1b；春化基因：vrn-B1、vrn-B3；穗发芽相关基因：Vp1B3标记/Vp1B3c。

冻麦（2）

省库编号：LM 061　国库编号：ZM 1996　品种来源：山东阳谷

【生物学习性】幼苗匍匐；弱冬性；抗寒性3级；生育期248d；株高117cm；穗长9.5cm，纺锤形，长芒，白壳，白粒，角质，千粒重26.7g。

【品质特性】籽粒粗蛋白含量（干基）14.40%，赖氨酸0.35%，铁16.1mg/kg，锌18.1mg/kg，SKCS硬度指数60，面粉白度值72.8，沉降值（14%）35.0mL；面团流变学特性：形成时间3.9min，稳定时间1.8min，弱化度130BU，峰高650BU，衰弱角45°；淀粉糊化特性（RVA）：峰值黏度2 438cP，保持黏度1 492cP，稀懈值946cP，终黏度2 696cP，回升值1 204cP，峰值时间6.1min，糊化温度67.8℃；麦谷蛋白亚基组成：n/23+22/2+12，Glu-A3b/Glu-B3d。

【已测分子标记结果】非1B/1R；八氢番茄红素合成酶（PSY）基因：YP7A标记/*PSY-A1a*；多酚氧化酶（PPO）基因：PPO33标记/*PPO-A1a*；抗白粉病基因*Pm4*、*Pm8*、*Pm13*、*Pm21*的标记均为阴性；抗叶锈病基因*Lr10*、*Lr19*、*Lr20*的标记均为阴性；光周期基因：Ppd标记/*Ppd-D1b*；春化基因：*vrn-B1*、*vrn-B3*；穗发芽相关基因：Vp1B3标记/*Vp1B3a*。

白麦（3）

省库编号：LM 062　国库编号：ZM 1997　品种来源：山东阳谷

【生物学习性】幼苗匍匐；冬性；抗寒性2级；生育期248d；株高128cm；穗长8.1cm，纺锤形，长芒，白壳；白粒，角质，千粒重23.9g。

【品质特性】籽粒粗蛋白含量（干基）15.50%，赖氨酸0.53%，铁13.2mg/kg，锌14.1mg/kg，SKCS硬度指数56；面粉白度值72.9，沉降值（14%）39.4mL；面团流变学特性：形成时间3.5min，稳定时间1.6min，弱化度148BU，峰高640BU，衰弱角38°；淀粉糊化特性（RVA）：峰值黏度2 405cP，保持黏度1 548cP，稀懈值857cP，终黏度2 753cP，回升值1 205cP，峰值时间6.1min，糊化温度67.9℃；麦谷蛋白亚基组成：n/23+22/2+12，Glu-A3b/Glu-B3d。

【已测分子标记结果】非1B/1R；八氢番茄红素合成酶（PSY）基因：YP7A标记/PSY-A1a；多酚氧化酶（PPO）基因：PPO33标记/PPO-A1a；抗白粉病基因Pm4、Pm8、Pm13、Pm21的标记均为阴性；抗叶锈病基因Lr10、Lr19、Lr20的标记均为阴性；光周期基因：Ppd标记/Ppd-D1b；春化基因：vrn-B1、vrn-B3；穗发芽相关基因：Vp1B3标记/Vp1B3c。

冻麦（3）

省库编号：LM 063　　国库编号：ZM 2000　　品种来源：山东东阿

【生物学习性】幼苗匍匐；冬性；抗寒性2级；生育期247d；株高120cm；穗长7.4cm，纺锤形，长芒，白壳；红粒，角质，千粒重27.7g。

【品质特性】籽粒粗蛋白含量（干基）15.50%，赖氨酸0.32%，铁15.5mg/kg，锌14.4mg/kg，SKCS硬度指数43；面粉白度值77.3，沉降值（14%）25.2mL；面团流变学特性：形成时间3.7min，稳定时间1.6min，弱化度140BU，峰高540BU，衰弱角36°；淀粉糊化特性（RVA）：峰值黏度2 406cP，保持黏度1 552cP，稀懈值854cP，终黏度2 830cP，回升值1 278cP，峰值时间6.1min，糊化温度68.7℃；麦谷蛋白亚基组成：n/23+22/2+12，Glu-A3b/Glu-B3d。

【已测分子标记结果】非1B/1R；八氢番茄红素合成酶（PSY）基因：YP7A标记/PSY-A1a；多酚氧化酶（PPO）基因：PPO33标记/PPO-A1a；抗白粉病基因Pm4、Pm8、Pm13、Pm21的标记均为阴性；抗叶锈病基因Lr10、Lr19、Lr20的标记均为阴性；光周期基因：Ppd标记/Ppd-D1b；春化基因：vrn-A1、Vrn-B1、vrn-B3、vrn-D1；穗发芽相关基因：Vp1B3标记/Vp1B3a。

广宗小麦

省库编号：LM 064　国库编号：ZM11098　品种来源：山东临清

【生物学习性】幼苗匍匐；抗寒性2级；生育期246d；株高120cm；穗长8.5cm，圆锥形；长芒，白壳；白粒，角质。

【品质特性】籽粒粗蛋白含量（干基）14.70%，赖氨酸0.36%，铁18.1mg/kg，锌14.1mg/kg，SKCS硬度指数54；面粉白度值75.4，沉降值（14%）41.7mL；面团流变学特性：形成时间3.1min，稳定时间1.8min，弱化度144BU，峰高670BU，衰弱角42°；淀粉糊化特性（RVA）：峰值黏度2 670cP，保持黏度1 638cP，稀懈值1 032cP，终黏度2 907cP，回升值1 269cP，峰值时间5.8min，糊化温度66.1℃；麦谷蛋白亚基组成：n/7+8/2+12，Glu-A3b/Glu-B3b。

【已测分子标记结果】非1B/1R；八氢番茄红素合成酶（PSY）基因：YP7A标记/*PSY-A1a*；多酚氧化酶（PPO）基因：PPO33标记/*PPO-A1a*；抗白粉病基因*Pm4*、*Pm8*、*Pm13*、*Pm21*的标记均为阴性；抗叶锈病基因*Lr10*、*Lr19*、*Lr20*的标记均为阴性；光周期基因：Ppd标记/*Ppd-D1a*；春化基因：*vrn-A1*、*vrn-B1*、*vrn-B3*、*vrn-D1*；穗发芽相关基因：Vp1B3标记/*Vp1B3a*。

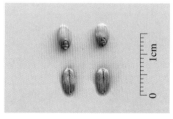

10cm

大白芒（1）

省库编号：LM 065　　国库编号：ZM 1676　　品种来源：山东历城

【生物学习性】幼苗匍匐；弱冬性；抗寒性2级；生育期245d；株高112cm；穗长8.0cm，纺锤形，长芒，白壳；白粒，半角质，千粒重26.4g。

【品质特性】籽粒粗蛋白含量（干基）14.20%，赖氨酸0.34%，铁12.2mg/kg，锌18.9mg/kg，SKCS硬度指数54；面粉白度值71.7，沉降值（14%）38.4mL；面团流变学特性：形成时间2.2min，稳定时间1.2min，弱化度150BU，峰高620BU，衰弱角32°；淀粉糊化特性（RVA）：峰值黏度2 415cP，保持黏度1 525cP，稀懈值890cP，终黏度2 758cP，回升值1 233cP，峰值时间6.1min，糊化温度67.9℃；麦谷蛋白亚基组成：n/6*+8/2+12，Glu-A3a/Glu-B3g。

【已测分子标记结果】非1B/1R；八氢番茄红素合成酶（PSY）基因：YP7A标记/PSY-A1a；多酚氧化酶（PPO）基因：PPO33标记/PPO-A1a；抗白粉病基因Pm4、Pm8、Pm13、Pm21的标记均为阴性；抗叶锈病基因Lr10、Lr19、Lr20的标记均为阴性；光周期基因：Ppd标记/Ppd-D1b；春化基因：vrn-A1、vrn-B1、vrn-B3、vrn-D1；穗发芽相关基因：Vp1B3标记/Vp1B3a。

 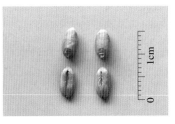 

大白芒（5）

省库编号：LM 066　　国库编号：ZM 2033　　品种来源：山东菏泽

【生物学习性】幼苗半匍匐；冬性；抗寒性3级；生育期243d；株高104cm；穗长8.9cm，纺锤形，长芒，白壳，红粒，角质，千粒重36.0g。

【品质特性】籽粒粗蛋白含量（干基）13.80%，赖氨酸0.21%，铁13.6mg/kg，锌12.2mg/kg，SKCS硬度指数50；面粉白度值73.8，沉降值（14%）37.9mL；面团流变学特性：形成时间4.4min，稳定时间2.9min，弱化度71BU，峰高620BU，衰弱角33°；淀粉糊化特性（RVA）：峰值黏度2 309cP，保持黏度1 607cP，稀懈值702cP，终黏度2 954cP，回升值1 347cP，峰值时间6.1min，糊化温度67.9℃；麦谷蛋白亚基组成：n/7+8/4+12，Glu-A3b/Glu-B3d。

【已测分子标记结果】非1B/1R；八氢番茄红素合成酶（PSY）基因：YP7A标记/PSY-A1a；多酚氧化酶（PPO）基因：PPO33标记/PPO-A1a；抗白粉病基因Pm4、Pm8、Pm13、Pm21的标记均为阴性；抗叶锈病基因Lr10、Lr19、Lr20的标记均为阴性；光周期基因：Ppd标记/Ppd-D1b；春化基因：vrn-A1、vrn-B1、vrn-B3、vrn-D1；穗发芽相关基因：Vp1B3标记/Vp1B3b。

先麦（1）

省库编号：LM 067　　　国库编号：ZM 2012　　　品种来源：山东巨野

【生物学习性】幼苗匍匐；冬性；抗寒性3级；生育期245d；株高119cm；穗长10.2cm，纺锤形，长芒，白壳；红粒，角质，千粒重26.8g。

【品质特性】籽粒粗蛋白含量（干基）15.80%，赖氨酸0.27%，铁18.4mg/kg，锌19.6mg/kg，SKCS硬度指数41；面粉白度值75.6，沉降值（14%）45.8mL；面团流变学特性：形成时间3.5min，稳定时间4.0min，弱化度60BU，峰高620BU，衰弱角28°；淀粉糊化特性（RVA）：峰值黏度2 622cP，保持黏度1 725cP，稀懈值897cP，终黏度3 024cP，回升值1 299cP，峰值时间6.2min，糊化温度68.7℃；麦谷蛋白亚基组成：n/7+8/2+12，Glu-A3b/Glu-B3d。

【已测分子标记结果】非1B/1R；八氢番茄红素合成酶（PSY）基因：YP7A标记/*PSY-A1a*；多酚氧化酶（PPO）基因：PPO33标记/*PPO-A1a*；抗白粉病基因*Pm4*、*Pm8*、*Pm13*、*Pm21*的标记均为阴性；抗叶锈病基因*Lr10*、*Lr19*、*Lr20*的标记均为阴性；光周期基因：Ppd标记/*Ppd-D1b*；春化基因：*vrn-B1*、*vrn-B3*；穗发芽相关基因：Vp1B3标记/*Vp1B3c*。

笨 麦

省库编号：LM 068　　国库编号：ZM 2016　　品种来源：山东巨野

【生物学习性】幼苗匍匐；弱冬性；抗寒性2级；生育期246d；株高114cm；穗长9.7cm，纺锤形，长芒，白壳；红粒，半角质，千粒重26.7g。

【品质特性】籽粒粗蛋白含量（干基）14.20％，赖氨酸0.36％，铁13.3mg/kg，锌20.1mg/kg，SKCS硬度指数28；面粉白度值79.1，沉降值（14％）28.3mL；面团流变学特性：形成时间3.0min，稳定时间2.4min，弱化度112BU，峰高580BU，衰弱角37°；淀粉糊化特性（RVA）：峰值黏度2 707cP，保持黏度1 711cP，稀懈值996cP，终黏度3 036cP，回升值1 325cP，峰值时间6.2min，糊化温度85.8℃；麦谷蛋白亚基组成：n/7+8/2+12，Glu-A3c/Glu-B3d。

【已测分子标记结果】非1B/1R；八氢番茄红素合成酶（PSY）基因：YP7A标记/*PSY-A1a*；多酚氧化酶（PPO）基因：PPO33标记/*PPO-A1b*；抗白粉病基因*Pm4*、*Pm8*、*Pm13*、*Pm21*的标记均为阴性；抗叶锈病基因*Lr10*、*Lr19*、*Lr20*的标记均为阴性；光周期基因：Ppd标记/*Ppd-D1b*；春化基因：*vrn-B1*、*vrn-B3*；穗发芽相关基因：Vp1B3标记/*Vp1B3c*。

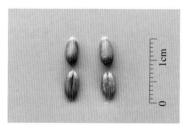

银 包 金

省库编号：LM 069　　国库编号：ZM 2063　　品种来源：山东苍山

【生物学习性】幼苗匍匐；弱冬性；抗寒性2级；生育期246d；株高112cm；穗长9.4cm，纺锤形，长芒，白壳；红粒，角质，千粒重26.3g。

【品质特性】籽粒粗蛋白含量（干基）15.90%，赖氨酸0.34%，铁13.2mg/kg，锌21.3mg/kg，SKCS硬度指数27；面粉白度值79.5，沉降值（14%）45.3mL；面团流变学特性：形成时间2.7min，稳定时间1.9min，弱化度114BU，峰高670BU，衰弱角42°；淀粉糊化特性（RVA）：峰值黏度2 675cP，保持黏度1 810cP，稀懈值865cP，终黏度3 028cP，回升值1 218cP，峰值时间6.4min，糊化温度87.6℃；麦谷蛋白亚基组成：n/7+8/2+12，Glu-A3b/Glu-B3d。

【已测分子标记结果】非1B/1R；八氢番茄红素合成酶（PSY）基因：YP7A标记/*PSY-A1a*；多酚氧化酶（PPO）基因：PPO33标记/*PPO-A1a*；抗白粉病基因*Pm4*、*Pm8*、*Pm13*、*Pm21*的标记均为阴性；抗叶锈病基因*Lr10*、*Lr19*、*Lr20*的标记均为阴性；光周期基因：Ppd标记/*Ppd-D1b*；春化基因：*vrn-B1*、*vrn-B3*；穗发芽相关基因：Vp1B3标记/*Vp1B3a*。

大白芒（6）

省库编号：LM 070　　国库编号：ZM 2084　　品种来源：山东邹县[*]

【生物学习性】幼苗匍匐；弱冬性；抗寒性3级；生育期248d；株高113cm；穗长8.8cm，纺锤形，长芒，白壳；红粒，角质，千粒重26.3g。

【品质特性】籽粒粗蛋白含量（干基）15.80%，赖氨酸0.28%，铁13.4mg/kg，锌14.8mg/kg，SKCS硬度指数56；面粉白度值73.1，沉降值（14%）37.9mL；面团流变学特性：形成时间3.8min，稳定时间2.9min，弱化度73BU，峰高610BU，衰弱角38°；淀粉糊化特性（RVA）：峰值黏度2 567cP，保持黏度1 605cP，稀懈值962cP，终黏度2 840cP，回升值1 235cP，峰值时间6.1min，糊化温度68.6℃；麦谷蛋白亚基组成：n/23+22/2+12，Glu-A3b/Glu-B3d。

【已测分子标记结果】非1B/1R；八氢番茄红素合成酶（PSY）基因：YP7A标记/*PSY-A1a*；多酚氧化酶（PPO）基因：PPO33标记/*PPO-A1a*；抗白粉病基因*Pm4*、*Pm8*、*Pm13*、*Pm21*的标记均为阴性；抗叶锈病基因*Lr10*、*Lr19*、*Lr20*的标记均为阴性；光周期基因：Ppd标记/*Ppd-D1b*；春化基因：*vrn-B1*；穗发芽相关基因：Vp1B3标记/*Vp1B3a*。

红臭麦

省库编号：LM 071　　国库编号：ZM 2073　　品种来源：山东金乡

【生物学习性】幼苗匍匐；弱冬性；抗寒性2级；生育期248d；株高113cm；穗长9.8cm，纺锤形，长芒，白壳；红粒，角质，千粒重26.2g。

【品质特性】籽粒粗蛋白含量（干基）16.80%，赖氨酸0.36%，铁15.4mg/kg，锌17.2mg/kg，SKCS硬度指数56；面粉白度值73.6，沉降值（14%）41.4mL；面团流变学特性：形成时间2.7min，稳定时间2.5min，弱化度87BU，峰高680BU，衰弱角30°；淀粉糊化特性（RVA）：峰值黏度2 631cP，保持黏度1 708cP，稀懈值923cP，终黏度2 978cP，回升值1 270cP，峰值时间6.3min，糊化温度67.8℃；麦谷蛋白亚基组成：n/23+22/2+12，Glu-A3b/Glu-B3d。

【已测分子标记结果】非1B/1R；八氢番茄红素合成酶（PSY）基因：YP7A标记/*PSY-A1a*；多酚氧化酶（PPO）基因：PPO33标记/*PPO-A1a*；抗白粉病基因*Pm4*、*Pm8*、*Pm13*、*Pm21*的标记均为阴性；抗叶锈病基因*Lr10*、*Lr20*的标记为阴性，*Lr19*的标记为阳性；光周期基因：Ppd标记/*Ppd-D1b*；春化基因：*vrn-B1*、*vrn-B3*；穗发芽相关基因：Vp1B3标记/*Vp1B3a*。

芦麦（3）

省库编号：LM 072　国库编号：ZM 2047　品种来源：山东莒县

【生物学习性】幼苗匍匐；弱冬性；抗寒性3级；生育期248d；株高120cm；穗长8.2cm，纺锤形，长芒，白壳；红粒，角质，千粒重29.8g。

【品质特性】籽粒粗蛋白含量（干基）15.10%，赖氨酸0.31%，铁12.0mg/kg，锌17.0mg/kg，SKCS硬度指数58；面粉白度值73.4，沉降值（14%）44.9mL；面团流变学特性：形成时间4.5min，稳定时间2.6min，弱化度81BU，峰高675BU，衰弱角45°；淀粉糊化特性（RVA）：峰值黏度2 433cP，保持黏度1 555cP，稀懈值878cP，终黏度2 739cP，回升值1 184cP，峰值时间6.2min，糊化温度67.8℃；麦谷蛋白亚基组成：n/23+22/2+12，Glu-A3b/Glu-B3d。

【已测分子标记结果】非1B/1R；八氢番茄红素合成酶（PSY）基因：YP7A标记/*PSY-A1a*；多酚氧化酶（PPO）基因：PPO33标记/*PPO-A1a*；抗白粉病基因*Pm4*、*Pm8*、*Pm13*、*Pm21*的标记均为阴性；抗叶锈病基因*Lr10*、*Lr19*、*Lr20*的标记均为阴性；光周期基因：Ppd标记/*Ppd-D1b*；春化基因：*vrn-B1*、*vrn-B3*；穗发芽相关基因：Vp1B3标记/*Vp1B3c*。

红 春 麦

省库编号：LM 073　　国库编号：ZM 2050　　品种来源：山东沂水

【生物学习性】幼苗匍匐；弱冬性；抗寒性2级；生育期246d；株高122cm；穗长9.2cm，纺锤形，长芒，白壳；白粒，角质，千粒重26.2g。

【品质特性】籽粒粗蛋白含量（干基）15.50%，赖氨酸0.30%，铁9.0mg/kg，锌18.6mg/kg，SKCS硬度指数55；面粉白度值75.5，沉降值（14%）45.3mL；面团流变学特性：形成时间4.3min，稳定时间4.4min，弱化度62BU，峰高715BU，衰弱角45°；淀粉糊化特性（RVA）：峰值黏度2 581cP，保持黏度1 664cP，稀懈值917cP，终黏度2 959cP，回升值1 295cP，峰值时间5.9min，糊化温度66.2℃；麦谷蛋白亚基组成：n/7+8/2+12，Glu-A3b/Glu-B3d。

【已测分子标记结果】非1B/1R；八氢番茄红素合成酶（PSY）基因：YP7A标记/PSY-A1a；多酚氧化酶（PPO）基因：PPO33标记/PPO-A1b；抗白粉病基因Pm4、Pm8、Pm13、Pm21的标记均为阴性；抗叶锈病基因Lr10、Lr19、Lr20的标记均为阴性；光周期基因：Ppd标记/Ppd-D1b；春化基因：vrn-B1、vrn-B3；穗发芽相关基因：Vp1B3标记/Vp1B3c。

森 麦

省库编号：LM 074　　国库编号：ZM 2003　　品种来源：山东馆陶[*]

【生物学习性】幼苗匍匐；冬性；抗寒性2级；生育期244d；株高110cm；穗长9.4cm，纺锤形，长芒，白壳；红粒，角质，千粒重25.4g。

【品质特性】籽粒粗蛋白含量（干基）15.10%，赖氨酸0.30%，铁7.9mg/kg，锌12.9mg/kg，SKCS硬度指数40；面粉白度值76.3，沉降值（14%）44.4mL；面团流变学特性：形成时间3.4min，稳定时间3.9min，弱化度62BU，峰高650BU，衰弱角35°；淀粉糊化特性（RVA）：峰值黏度2 484cP，保持黏度1 708cP，稀懈值776cP，终黏度2 987cP，回升值1 279cP，峰值时间6.2min，糊化温度67.0℃；麦谷蛋白亚基组成：n/7+8/2+12，Glu-A3a/Glu-B3g。

【已测分子标记结果】非1B/1R；八氢番茄红素合成酶（PSY）基因：YP7A标记/PSY-A1a；多酚氧化酶（PPO）基因：PPO33标记/PPO-A1a；抗白粉病基因Pm4、Pm8、Pm13、Pm21的标记均为阴性；抗叶锈病基因Lr10、Lr19、Lr20的标记均为阴性；光周期基因：Ppd标记/Ppd-D1b；春化基因：vrn-A1、vrn-B1、vrn-B3、vrn-D1；穗发芽相关基因：Vp1B3标记/Vp1B3a。

苦麦 （1）

省库编号：LM 075　　国库编号：ZM 1973　　品种来源：山东武城

【生物学习性】幼苗匍匐；冬性；抗寒性2级；生育期245d；株高110cm；穗长8.6cm，纺锤形，长芒，白壳；红粒，角质，千粒重26.4g。

【品质特性】籽粒粗蛋白含量（干基）12.80%，赖氨酸0.25%，铁11.7mg/kg，锌11.9mg/kg，SKCS硬度指数51；面粉白度值73.6，沉降值（14%）37.4mL；面团流变学特性：峰高580BU，衰弱角30°；淀粉糊化特性（RVA）：峰值黏度2 614cP，保持黏度1 629cP，稀懈值985cP，终黏度2 886cP，回升值1 257cP，峰值时间6.1min，糊化温度67.8℃；麦谷蛋白亚基组成：n/7+8/2+12，Glu-A3a/Glu-B3f。

【已测分子标记结果】非1B/1R；八氢番茄红素合成酶（PSY）基因：YP7A标记/*PSY-A1a*；多酚氧化酶（PPO）基因：PPO33标记/*PPO-A1a*；抗白粉病基因*Pm4*、*Pm8*、*Pm13*、*Pm21*的标记均为阴性；抗叶锈病基因*Lr10*、*Lr19*、*Lr20*的标记均为阴性；光周期基因：Ppd标记/*Ppd-D1b*；春化基因：*vrn-B1*、*vrn-B3*；穗发芽相关基因：Vp1B3标记/*Vp1B3a*。

小白芒（6）

省库编号：LM 076　　国库编号：ZM 1952　　品种来源：渤海农场*

【生物学习性】幼苗匍匐；弱冬性；抗寒性3级；生育期246d；株高120cm；穗长10.7cm，纺锤形，长芒，白壳，白粒，角质，千粒重25.6g。

【品质特性】籽粒粗蛋白含量（干基）13.50％，赖氨酸0.26％，铁13.2mg/kg，锌15.1mg/kg，SKCS硬度指数55；面粉白度值75.3，沉降值（14％）43.9mL；面团流变学特性：峰高720BU，衰弱角49°；淀粉糊化特性（RVA）：峰值黏度2 584cP，保持黏度1 639cP，稀懈值945cP，终黏度2 958cP，回升值1 319cP，峰值时间5.8min，糊化温度66.2℃；麦谷蛋白亚基组成：n/7+8/2+12，Glu-A3b/Glu-B3d。

【已测分子标记结果】非1B/1R；八氢番茄红素合成酶（PSY）基因：YP7A标记/PSY-A1a；多酚氧化酶（PPO）基因：PPO33标记/PPO-A1b；抗白粉病基因Pm4、Pm8、Pm13、Pm21的标记均为阴性；抗叶锈病基因Lr10、Lr19、Lr20的标记均为阴性；光周期基因：Ppd标记/Ppd-D1b；春化基因：vrn-A1、vrn-B1、vrn-B3、Vrn-D1；穗发芽相关基因：Vp1B3标记/Vp1B3c。

四棱白（2）

省库编号：LM 077　　国库编号：ZM 1946　　品种来源：山东无棣

【生物学习性】幼苗匍匐；弱冬性；抗寒性2级；生育期246d；株高128cm；穗长8.3cm，纺锤形，长芒，白壳；白粒，角质，千粒重24.4g。

【品质特性】籽粒粗蛋白含量（干基）16.10%，赖氨酸0.33%，铁11.6mg/kg，锌13.8mg/kg，SKCS硬度指数59；面粉白度值73.5，沉降值（14%）34.0mL；面团流变学特性：形成时间3.8min，稳定时间2.7min，弱化度164BU，峰高585BU，衰弱角27°；淀粉糊化特性（RVA）：峰值黏度2 503cP，保持黏度1 607cP，稀懈值896cP，终黏度2 829cP，回升值1 222cP，峰值时间6.1min，糊化温度67.9℃；麦谷蛋白亚基组成：n/7+8/2+12，Glu-A3c/Glu-B3d。

【已测分子标记结果】非1B/1R；八氢番茄红素合成酶（PSY）基因：YP7A标记/*PSY-A1a*；多酚氧化酶（PPO）基因：PPO33标记/*PPO-A1a*；抗白粉病基因*Pm4*、*Pm8*、*Pm13*、*Pm21*的标记均为阴性；抗叶锈病基因*Lr10*、*Lr19*、*Lr20*的标记均为阴性；光周期基因：Ppd标记/*Ppd-D1a*；春化基因：*vrn-A1*、*vrn-B1*、*vrn-B3*、*vrn-D1*；穗发芽相关基因：Vp1B3标记/*Vp1B3c*。

大白芒（3）

省库编号：LM 078　　国库编号：ZM 1937　　品种来源：山东广饶

【生物学习性】适应盐碱地区种植。幼苗匍匐；弱冬性；抗寒性3级；生育期245d；株高125cm；穗长9.1cm，纺锤形，长芒，白壳；红粒，角质，千粒重24.4g。

【品质特性】籽粒粗蛋白含量（干基）15.50%，赖氨酸0.34%，铁15.1mg/kg，锌18.9mg/kg，SKCS硬度指数61；面粉白度值75.4，沉降值（14%）34.5mL；面团流变学特性：形成时间3.0min，稳定时间2.8min，弱化度72BU，峰高515BU，衰弱角23°；淀粉糊化特性（RVA）：峰值黏度2 456cP，保持黏度1 558cP，稀懈值898cP，终黏度2 756cP，回升值1 198cP，峰值时间6.1min，糊化温度67.0℃；麦谷蛋白亚基组成：n/8/2+12，Glu-A3b/Glu-B3d。

【已测分子标记结果】非1B/1R；八氢番茄红素合成酶（PSY）基因：YP7A标记/*PSY-A1a*；多酚氧化酶（PPO）基因：PPO33标记/*PPO-A1a*；抗白粉病基因*Pm4*、*Pm8*、*Pm13*、*Pm21*的标记均为阴性；抗叶锈病基因*Lr10*、*Lr19*、*Lr20*的标记均为阴性；光周期基因：Ppd标记/*Ppd-D1b*；春化基因：*vrn-A1*、*vrn-B1*、*vrn-B3*、*vrn-D1*；穗发芽相关基因：Vp1B3标记/*Vp1B3a*。

小白芒（3）

省库编号：LM 079　　国库编号：ZM 1938　　品种来源：山东广饶

【生物学习性】幼苗半匍匐；弱冬性；抗寒性2⁺级；生育期245d；株高122cm；穗长8.9cm，纺锤形，长芒，白壳；白粒，角质，千粒重28.8g。

【品质特性】籽粒粗蛋白含量（干基）15.30%，赖氨酸0.33%，铁14.5mg/kg，锌18.5mg/kg，SKCS硬度指数20；面粉白度值79.3，沉降值（14%）31.4mL；面团流变学特性：形成时间4.0min，稳定时间3.4min，弱化度51BU，峰高470BU，衰弱角17°；淀粉糊化特性（RVA）：峰值黏度2 550cP，保持黏度1 622cP，稀懈值928cP，终黏度2 882cP，回升值1 260cP，峰值时间6.2min，糊化温度70.4℃；麦谷蛋白亚基组成：n/7+8/2+12，Glu-A3a/Glu-B3g。

【已测分子标记结果】非1B/1R；八氢番茄红素合成酶（PSY）基因：YP7A标记/*PSY-A1a*；多酚氧化酶（PPO）基因：PPO标记/*PPO-A1a*；抗白粉病基因*Pm4*、*Pm8*、*Pm13*、*Pm21*的标记均为阴性；抗叶锈病基因*Lr10*、*Lr19*、*Lr20*的标记均为阴性；光周期基因：Ppd标记/*Ppd-D1b*；春化基因：*vrn-A1*、*vrn-B1*、*vrn-B3*、*vrn-D1*；穗发芽相关基因：Vp1B3标记/*Vp1B3a*。

大青芒（1）

省库编号：LM 080　　国库编号：ZM 1948　　品种来源：山东无棣

【生物学习性】幼苗匍匐；弱冬性；抗寒性3级；生育期248d；株高120cm；穗长9.1cm，纺锤形，长芒，白壳；红粒，角质，千粒重23.8g。

【品质特性】籽粒粗蛋白含量（干基）15.30%，赖氨酸0.32%，铁17.2mg/kg，锌18.5mg/kg，SKCS硬度指数50；面粉白度值75.3，沉降值（14%）38.1mL；面团流变学特性：形成时间2.3min，稳定时间1.8min，弱化度95BU，峰高540BU，衰弱角17°；淀粉糊化特性（RVA）：峰值黏度2 862cP，保持黏度1 713cP，稀懈值1 149cP，终黏度3 160cP，回升值1 447cP，峰值时间6.1min，糊化温度67.8℃；麦谷蛋白亚基组成：n/7+8/2+12，Glu-A3a/Glu-B3f。

【已测分子标记结果】非1B/1R；八氢番茄红素合成酶（PSY）基因：YP7A标记/*PSY-A1a*；多酚氧化酶（PPO）基因：PPO33标记/ *PPO-A1a*；抗白粉病基因*Pm4*、*Pm8*、*Pm13*、*Pm21*的标记均为阴性；抗叶锈病基因*Lr10*、*Lr19*、*Lr20*的标记均为阴性；光周期基因：Ppd标记/*Ppd-D1b*；春化基因：*vrn-B1*、*vrn-B3*；穗发芽相关基因：Vp1B3标记/*Vp1B3a*。

转芒子

省库编号：LM 081　　国库编号：ZM 1864　　品种来源：山东安丘

【生物学习性】幼苗匍匐；冬性；抗寒性3级；生育期245d；株高115cm；穗长9.7cm，纺锤形，长芒，白壳，红粒，角质，千粒重24.6g。

【品质特性】籽粒粗蛋白含量（干基）14.20%，赖氨酸0.35%，铁9.9mg/kg，锌10.6mg/kg，SKCS硬度指数55；面粉白度值76.5，沉降值（14%）34.0mL；面团流变学特性：形成时间3.2min，稳定时间2.7min，弱化度81BU，峰高540BU，衰弱角25°；淀粉糊化特性（RVA）：峰值黏度2 554cP，保持黏度1 614cP，稀懈值940cP，终黏度2 816cP，回升值1 202cP，峰值时间6.1min，糊化温度67.0℃；麦谷蛋白亚基组成：n/8/2+12，Glu-A3b/Glu-B3d。

【已测分子标记结果】非1B/1R；八氢番茄红素合成酶（PSY）基因：YP7A标记/*PSY-A1a*；多酚氧化酶（PPO）基因：PPO33标记/*PPO-A1a*；抗白粉病基因*Pm4*、*Pm8*、*Pm13*、*Pm21*的标记均为阴性；抗叶锈病基因*Lr10*、*Lr19*、*Lr20*的标记均为阴性；光周期基因：Ppd标记/*Ppd-D1b*；春化基因：*vrn-A1*、*vrn-B1*、*vrn-B3*、*vrn-D1*；穗发芽相关基因：Vp1B3标记/*Vp1B3a*。

紫秸芒（3）

省库编号：LM 082　　国库编号：ZM 1824　　品种来源：山东平度

【生物学习性】幼苗匍匐；弱冬性；抗寒性2级；生育期246d；株高122cm；穗长9.1cm，纺锤形，长芒，白壳；红粒，角质，千粒重23.4g。

【品质特性】籽粒粗蛋白含量（干基）15.80%，赖氨酸0.32%，铁22.4mg/kg，锌21.0mg/kg，SKCS硬度指数52；面粉白度值75.4，沉降值（14%）34.0mL；面团流变学特性：形成时间3.8min，稳定时间5.2min，弱化度35BU，峰高510BU，衰弱角29°；淀粉糊化特性（RVA）：峰值黏度2 367cP，保持黏度1 484cP，稀懈值883cP，终黏度2 718cP，回升值1 234cP，峰值时间6.0min，糊化温度67.9℃；麦谷蛋白亚基组成：n/7+8/2+12，Glu-A3a/Glu-B3f。

【已测分子标记结果】非1B/1R；八氢番茄红素合成酶（PSY）基因：YP7A标记/*PSY-A1a*；多酚氧化酶（PPO）基因：PPO33标记/*PPO-A1a*；抗白粉病基因*Pm4*、*Pm8*、*Pm13*、*Pm21*的标记均为阴性；抗叶锈病基因*Lr10*、*Lr19*、*Lr20*的标记均为阴性；光周期基因：Ppd标记/*Ppd-D1b*；春化基因：*vrn-B1*、*vrn-B3*；穗发芽相关基因：Vp1B3标记/*Vp1B3a*。

南洋献小麦

省库编号：LM 083　　　国库编号：ZM 1837　　　品种来源：山东昌南*

【生物学习性】幼苗匍匐；冬性；抗寒性2级；生育期246d；株高130cm；穗长9.0cm，圆锥形，长芒，白壳；红粒，角质，千粒重24.0g。

【品质特性】籽粒粗蛋白含量（干基）15.40%，赖氨酸0.44%，铁12.6mg/kg，锌21.2mg/kg，SKCS硬度指数57；面粉白度值74.6，沉降值（14%）38.1mL；面团流变学特性：形成时间2.3min，稳定时间2.2min，弱化度86BU，峰高600BU，衰弱角20°；淀粉糊化特性（RVA）：峰值黏度2 635cP，保持黏度1 732cP，稀懈值903cP，终黏度3 052cP，回升值1 320cP，峰值时间6.2min，糊化温度67.9℃；麦谷蛋白亚基组成：n/7+8/2+12，Glu-A3a/Glu-B3f。

【已测分子标记结果】非1B/1R；八氢番茄红素合成酶（PSY）基因：YP7A标记/PSY-A1a；多酚氧化酶（PPO）基因：PPO33标记/PPO-A1a；抗白粉病基因Pm4、Pm8、Pm13、Pm21的标记均为阴性；抗叶锈病基因Lr10、Lr19、Lr20的标记均为阴性；光周期基因：Ppd标记/Ppd-D1b；春化基因：vrn-A1、vrn-B1、vrn-B3、vrn-D1；穗发芽相关基因：Vp1B3标记/Vp1B3a。

落 麦

省库编号：LM 084　　国库编号：ZM 1835　　品种来源：山东昌邑

【生物学习性】幼苗匍匐；弱冬性；抗寒性2级；生育期246d；株高123cm；穗长8.5cm，纺锤形，长芒，白壳；红粒，角质，千粒重22.3g。

【品质特性】籽粒粗蛋白含量（干基）15.60%，赖氨酸0.43%，铁41.8mg/kg，锌23.6mg/kg，SKCS硬度指数58；面粉白度值74.5，沉降值（14%）34.1mL；面团流变学特性：形成时间2.5min，稳定时间2.0min，弱化度87BU，峰高580BU，衰弱角29°；淀粉糊化特性（RVA）：峰值黏度2 595cP，保持黏度1 611cP，稀懈值984cP，终黏度2 911cP，回升值1 300cP，峰值时间6.1min，糊化温度67.9℃；麦谷蛋白亚基组成：n/7+8/2+12，Glu-A3a/Glu-B3f。

【已测分子标记结果】非1B/1R；八氢番茄红素合成酶（PSY）基因：YP7A标记/*PSY-A1a*；多酚氧化酶（PPO）基因：PPO33标记/*PPO-A1a*；抗白粉病基因*Pm4*、*Pm8*、*Pm13*、*Pm21*的标记均为阴性；抗叶锈病基因*Lr10*、*Lr19*、*Lr20*的标记均为阴性；光周期基因：Ppd标记/*Ppd-D1b*；春化基因：*vrn-A1*、*vrn-B1*、*vrn-B3*、*vrn-D1*；穗发芽相关基因：Vp1B3标记/*Vp1B3a*。

老梧桐

省库编号：LM 085　　国库编号：ZM 1861　　品种来源：山东安丘

【生物学习性】幼苗匍匐；冬性；抗寒性2级；生育期245d；株高120cm；穗长7.9cm，纺锤形，长芒，白壳；红粒，角质，千粒重21.0g。

【品质特性】籽粒粗蛋白含量（干基）15.70%，赖氨酸0.33%，铁11.9mg/kg，锌17.4mg/kg，SKCS硬度指数54；面粉白度值74.1，沉降值（14%）37.6mL；面团流变学特性：形成时间4.0min，稳定时间3.7min，弱化度64BU，峰高600BU，衰弱角28°；淀粉糊化特性（RVA）：峰值黏度2 543cP，保持黏度1 563cP，稀懈值980cP，终黏度2 790cP，回升值1 227cP，峰值时间6.0min，糊化温度67.8℃；麦谷蛋白亚基组成：n/7+8/2+12，Glu-A3a/Glu-B3c′。

【已测分子标记结果】非1B/1R；八氢番茄红素合成酶（PSY）基因：YP7A标记/*PSY-A1a*；多酚氧化酶（PPO）基因：PPO33标记/*PPO-A1b*；抗白粉病基因*Pm4*、*Pm8*、*Pm13*、*Pm21*的标记均为阴性；抗叶锈病基因*Lr10*、*Lr19*、*Lr20*的标记均为阴性；光周期基因：Ppd标记/*Ppd-D1b*；春化基因：*vrn-A1*、*vrn-B1*、*vrn-B3*、*vrn-D1*；穗发芽相关基因：Vp1B3标记/*Vp1B3a*。

碌　麦

省库编号：LM 086　　国库编号：ZM 1826　　品种来源：山东平度

【生物学习性】幼苗匍匐；弱冬性；抗寒性2级；生育期245d；株高120cm；穗长10.3cm，纺锤形，长芒，白壳；红粒，角质，千粒重23.4g。

【品质特性】籽粒粗蛋白含量（干基）15.60%，赖氨酸0.34%，铁10.4mg/kg，锌19.9mg/kg，SKCS硬度指数58；面粉白度值75.9，沉降值（14%）37.4mL；面团流变学特性：形成时间2.9min，稳定时间2.3min，弱化度68BU，峰高585BU，衰弱角18°；淀粉糊化特性（RVA）：峰值黏度2 452cP，保持黏度1 586cP，稀懈值866cP，终黏度2 857cP，回升值1 271cP，峰值时间6.1min，糊化温度67.9℃；麦谷蛋白亚基组成：n/7+8/2+12，Glu-A3e/Glu-B3f。

【已测分子标记结果】非1B/1R；八氢番茄红素合成酶（PSY）基因：YP7A标记/*PSY-A1a*；多酚氧化酶（PPO）基因：PPO33标记/*PPO-A1a*；抗白粉病基因*Pm4*、*Pm8*、*Pm13*、*Pm21*的标记均为阴性；抗叶锈病基因*Lr10*、*Lr19*、*Lr20*的标记均为阴性；光周期基因：Ppd标记/*Ppd-D1b*；春化基因：*vrn-A1*、*vrn-B1*、*vrn-B3*、*vrn-D1*；穗发芽相关基因：Vp1B3标记/*Vp1B3a*。

芦麦（2）

省库编号：LM 087　　国库编号：ZM 1870　　品种来源：山东寿光

【生物学习性】幼苗匍匐；弱冬性；抗寒性2级；生育期246d；株高118cm；穗长8.7cm，纺锤形，长芒，白壳；红粒，角质，千粒重20.0g。

【品质特性】籽粒粗蛋白含量（干基）16.0%，赖氨酸0.26%，铁11.0mg/kg，锌9.7mg/kg，SKCS硬度指数55；面粉白度值75.1，沉降值（14%）35.5mL；面团流变学特性：形成时间4.5min，稳定时间2.8min，弱化度68BU，峰高550BU，衰弱角26°；淀粉糊化特性（RVA）：峰值黏度2 479cP，保持黏度1 614cP，稀懈值865cP，终黏度2 826cP，回升值1 212cP，峰值时间6.2min，糊化温度67.8℃；麦谷蛋白亚基组成：n/7+8/2+12，Glu-A3e/Glu-B3g。

【已测分子标记结果】非1B/1R；八氢番茄红素合成酶（PSY）基因：YP7A标记/*PSY-A1a*；多酚氧化酶（PPO）基因：PPO33标记/*PPO-A1b*；抗白粉病基因*Pm4*、*Pm8*、*Pm13*、*Pm21*的标记均为阴性；锈病基因标记*Lr10*、*Lr19*、*Lr20*的标记均为阴性；光周期基因：Ppd标记/*Ppd-D1b*；春化基因：*vrn-A1*、*vrn-B1*、*vrn-B3*、*vrn-D1*；穗发芽相关基因：Vp1B3标记/*Vp1B3a*。

红 皮 麦

省库编号：LM 088　　国库编号：ZM 1836　　品种来源：山东昌邑

【生物学习性】幼苗匍匐；冬性；抗寒性2级；生育期247d；株高118cm；穗长8.4cm，纺锤形，长芒，白壳；红粒，角质，千粒重24.0g。

【品质特性】籽粒粗蛋白含量（干基）15.60%，赖氨酸0.34%，铁10.4mg/kg，锌19.9mg/kg，SKCS硬度指数58；面粉白度值75.9，沉降值（14%）37.4mL；面团流变学特性：形成时间2.9min，稳定时间2.3min，弱化度68BU，峰高585BU，衰弱角18°；淀粉糊化特性（RVA）：峰值黏度2 452cP，保持黏度1 586cP，稀懈值866cP，终黏度2 857cP，回升值1 271cP，峰值时间6.1min，糊化温度67.9℃；麦谷蛋白亚基组成：n/7+8/2+12，Glu-A3e/Glu-B3f。

【已测分子标记结果】非1B/1R；八氢番茄红素合成酶（PSY）基因：YP7A标记/PSY-$A1a$；多酚氧化酶（PPO）基因：PPO33标记/PPO-$A1a$；抗白粉病基因$Pm4$、$Pm8$、$Pm13$、$Pm21$的标记均为阴性；抗叶锈病基因$Lr10$、$Lr19$、$Lr20$的标记均为阴性；光周期基因：Ppd标记/Ppd-$D1b$；春化基因：vrn-$A1$、vrn-$B1$、vrn-$B3$、vrn-$D1$；穗发芽相关基因：Vp1B3标记/$Vp1B3a$。

梧 桐 芒

省库编号：LM 089　　国库编号：ZM 1816　　品种来源：山东潍北[*]

【生物学习性】幼苗匍匐；弱冬性；抗寒性2级；耐旱、耐盐碱能力较强；生育期246d；株高112cm；穗长9.0cm，纺锤形，长芒，白壳；红粒，角质，千粒重27.2g。

【品质特性】籽粒粗蛋白含量（干基）14.80%，赖氨酸0.35%，铁6.4mg/kg，锌6.2mg/kg，SKCS硬度指数59；面粉白度值76.5，沉降值（14%）38.6mL；面团流变学特性：峰高595BU，衰弱角22°；淀粉糊化特性（RVA）：峰值黏度2 548cP，保持黏度1 658cP，稀懈值890cP，终黏度2 907cP，回升值1 249cP，峰值时间6.2min，糊化温度67.8℃；麦谷蛋白亚基组成：n/7+8/2+12，Glu-A3e/Glu-B3f。

【已测分子标记结果】非1B/1R；八氢番茄红素合成酶（PSY）基因：YP7A标记/*PSY-A1a*；多酚氧化酶（PPO）基因：PPO33标记/*PPO-A1a*；抗白粉病基因*Pm4*、*Pm8*、*Pm13*、*Pm21*的标记均为阴性；抗叶锈病基因*Lr10*、*Lr19*、*Lr20*的标记均为阴性；光周期基因：Ppd标记/*Ppd-D1b*；春化基因：*vrn-B1*、*vrn-B3*；穗发芽相关基因：Vp1B3标记/*Vp1B3a*。

梧桐芒麦

省库编号：LM 090　国库编号：ZM 1817　品种来源：山东潍南*

【生物学习性】幼苗匍匐；半冬性；抗寒性2级；耐旱、耐盐碱能力较强；生育期246d；株高122cm，穗长9.5cm，纺锤形，长芒，白壳，红粒，千粒重26.0g。

【品质特性】籽粒铁含量12.6mg/kg，锌14.6mg/kg，SKCS硬度指数56；面粉白度值76.4，沉降值（14%）40.70mL；面团流变学特性：形成时间2.9min，稳定时间3.1min，弱化度67BU，峰高630BU，衰弱角27°；淀粉糊化特性（RVA）：峰值黏度2 558cP，保持黏度1 661cP，稀懈值897cP，终黏度2 904cP，回升值1 243cP，峰值时间6.1min，糊化温度67.8℃；麦谷蛋白亚基组成：n/7+8/2+12，Glu-A3e/Glu-B3g。

【已测分子标记结果】非1B/1R；八氢番茄红素合成酶（PSY）基因：YP7A标记/*PSY-A1a*；多酚氧化酶（PPO）基因：PPO33标记/*PPO-A1a*；抗白粉病基因*Pm4*、*Pm8*、*Pm13*、*Pm21*的标记均为阴性；抗叶锈病基因*Lr10*、*Lr19*、*Lr20*的标记均为阴性；光周期基因：Ppd标记/*Ppd-D1b*；春化基因：*vrn-B1*、*vrn-B3*；穗发芽相关基因：Vp1B3标记/*Vp1B3a*。

芦麦（1）

省库编号：LM 091　　国库编号：ZM 1827　　品种来源：山东平度

【生物学习性】幼苗匍匐；弱冬性；抗寒性2级；生育期246d；株高120cm；穗长9.3cm，纺锤形，长芒，白壳；红粒，角质，千粒重23.5g。

【品质特性】籽粒粗蛋白含量（干基）15.40％，赖氨酸0.42％，铁10.6mg/kg，锌18.0mg/kg，SKCS硬度指数54；面粉白度值77.2，沉降值（14％）38.1mL；面团流变学特性：形成时间3.5min，稳定时间3.9min，弱化度54BU，峰高620BU，衰弱角19°；淀粉糊化特性（RVA）：峰值黏度2 566cP，保持黏度1 641cP，稀懈值925cP，终黏度2 904cP，回升值1 263cP，峰值时间6.1min，糊化温度67.1℃；麦谷蛋白亚基组成：n/7+8/2+12，Glu-A3b/Glu-B3d。

【已测分子标记结果】非1B/1R；八氢番茄红素合成酶（PSY）基因：YP7A标记/*PSY-A1a*；多酚氧化酶（PPO）基因：PPO33标记/*PPO-A1a*；抗白粉病基因*Pm4*、*Pm8*、*Pm13*、*Pm21*的标记均为阴性；抗叶锈病基因*Lr10*、*Lr19*、*Lr20*的标记均为阴性；光周期基因：Ppd标记/*Ppd-D1b*；春化基因：*vrn-A1*、*vrn-B1*、*vrn-B3*、*vrn-D1*；穗发芽相关基因：Vp1B3标记/*Vp1B3a*。

小 白 麦

省库编号：LM 092　　国库编号：ZM 1721　　品种来源：山东掖县[*]

【生物学习性】幼苗匍匐；弱冬性；抗寒性2级；生育期246d；株高124cm；穗长8.7cm，纺锤形，长芒，白壳；红粒，半角质，千粒重19.0g。

【品质特性】籽粒粗蛋白含量（干基）15.30%，赖氨酸0.42%，铁13.4mg/kg，锌13.3mg/kg，SKCS硬度指数50；面粉白度值75.5，沉降值（14%）37.1mL；面团流变学特性：形成时间3.8min，稳定时间5.3min，弱化度37BU，峰高590BU，衰弱角21°；淀粉糊化特性（RVA）：峰值黏度2 543cP，保持黏度1 589cP，稀懈值954cP，终黏度2 772cP，回升值1 183cP，峰值时间6.2min，糊化温度68.7℃；麦谷蛋白亚基组成：n/7+8/2+12，Glu-A3b/Glu-B3d。

【已测分子标记结果】非1B/1R；八氢番茄红素合成酶（PSY）基因：YP7A标记/*PSY-A1a*；多酚氧化酶（PPO）基因：PPO33标记/*PPO-A1a*；抗白粉病基因*Pm4*、*Pm8*、*Pm13*、*Pm21*的标记均为阴性；抗叶锈病基因*Lr10*、*Lr19*、*Lr20*的标记均为阴性；光周期基因：Ppd标记/*Ppd-D1a*；春化基因：*vrn-A1*、*vrn-B1*、*vrn-B3*、*vrn-D1*；穗发芽相关基因：Vp1B3标记/*Vp1B3a*。

南宫白（1）

省库编号：LM 093　　国库编号：ZM 1722　　品种来源：山东掖县*

【生物学习性】幼苗匍匐；弱冬性；抗寒性2级；生育期246d；株高123cm；穗长9.4cm，纺锤形，长芒，白壳；红粒，角质，千粒重21.0g。

【品质特性】籽粒粗蛋白含量（干基）16.30%，赖氨酸0.38%，铁12.0mg/kg，锌20.0mg/kg，SKCS硬度指数55；面粉白度值74.3，沉降值（14%）36.1mL；面团流变学特性：形成时间6.0min，稳定时间5.9min，弱化度30BU，峰高600BU，衰弱角25°；淀粉糊化特性（RVA）：峰值黏度2 584cP，保持黏度1 510cP，稀懈值1 074cP，终黏度2 707cP，回升值1 197cP，峰值时间6.1min，糊化温度67.8℃；麦谷蛋白亚基组成：n/8/2+12，Glu-A3b/Glu-B3d。

【已测分子标记结果】非1B/1R；八氢番茄红素合成酶（PSY）基因：YP7A标记/*PSY-A1a*；多酚氧化酶（PPO）基因：PPO33标记/*PPO-A1a*；抗白粉病基因*Pm4*、*Pm8*、*Pm13*、*Pm21*的标记均为阴性；抗叶锈病基因*Lr10*、*Lr19*、*Lr20*的标记均为阴性；光周期基因：Ppd标记/*Ppd-D1b*；春化基因：*vrn-B1*、*vrn-B3*；穗发芽相关基因：Vp1B3标记/*Vp1B3a*。

小 市 麦

省库编号：LM 094　　国库编号：ZM 1723　　品种来源：山东掖县*

【生物学习性】幼苗匍匐；弱冬性；抗寒性2级；生育期245d；株高120cm；穗长9.8cm，纺锤形，长芒，白壳；红粒，角质，千粒重27.0g。

【品质特性】籽粒粗蛋白含量（干基）14.20%，赖氨酸0.41%，铁11.6mg/kg，锌16.6mg/kg，SKCS硬度指数58；面粉白度值73.1；面团流变学特性：形成时间3.9min，稳定时间4.0min，弱化度55BU，峰高590BU，衰弱角29°；淀粉糊化特性（RVA）：峰值黏度2 725cP，保持黏度1 690cP，稀懈值1 035cP，终黏度3 174cP，回升值1 484cP，峰值时间6.3min，糊化温度68.7℃；麦谷蛋白亚基组成：n/7+8/2+12，Glu-A3c/Glu-B3g。

【已测分子标记结果】非1B/1R；八氢番茄红素合成酶（PSY）基因：YP7A标记/*PSY-A1a*；多酚氧化酶（PPO）基因：PPO33标记/*PPO-A1a*；抗白粉病基因*Pm4*、*Pm8*、*Pm13*、*Pm21*的标记均为阴性；抗叶锈病基因*Lr10*、*Lr19*、*Lr20*的标记均为阴性；光周期基因：Ppd标记/*Ppd-D1b*；春化基因：*vrn-A1*、*vrn-B1*、*vrn-B3*、*vrn-D1*；穗发芽相关基因：Vp1B3标记/*Vp1B3a*。

老 河 口

省库编号：LM 095　　国库编号：ZM 1765　　品种来源：山东即墨

【生物学习性】幼苗匍匐；弱冬性；抗寒性2级；生育期245d；株高125cm；穗长8.4cm，纺锤形，长芒，白壳；红粒，角质，千粒重24.0g。

【品质特性】籽粒粗蛋白含量（干基）15.60%，赖氨酸0.35%，铁7.1mg/kg，锌18.6mg/kg，SKCS硬度指数57；面粉白度值74.1，沉降值（14%）34.5mL；面团流变学特性：形成时间3.4min，稳定时间3.7min，弱化度49BU，峰高590BU，衰弱角15°；淀粉糊化特性（RVA）：峰值黏度2 546cP，保持黏度1 553cP，稀懈值993cP，终黏度2 787cP，回升值1 234cP，峰值时间6.1min，糊化温度68.0℃；麦谷蛋白亚基组成：n/7+8/2+12，Glu-A3c/Glu-B3d。

【已测分子标记结果】非1B/1R；八氢番茄红素合成酶（PSY）基因：YP7A标记/PSY-A1a；多酚氧化酶（PPO）基因：PPO33标记/PPO-A1a；抗白粉病基因*Pm4*、*Pm8*、*Pm13*、*Pm21*的标记均为阴性；抗叶锈病基因*Lr10*、*Lr19*标记为阴性，*Lr20*标记为阳性；光周期基因：Ppd标记/*Ppd-D1b*；春化基因：*vrn-B1*、*vrn-B3*；穗发芽相关基因：Vp1B3标记/*Vp1B3a*。

紫秸芦麦

省库编号：LM 096　　国库编号：ZM 1764　　品种来源：山东即墨

【生物学习性】幼苗匍匐；弱冬性；抗寒性3级；生育期246d；株高130cm；穗长7.7cm，纺锤形，长芒，白壳；红粒，角质，千粒重26.0g。

【品质特性】籽粒粗蛋白含量（干基）15.00%，赖氨酸0.33%，铁15.8mg/kg，锌16.2mg/kg，SKCS硬度指数62；面粉白度值73.6，沉降值（14%）32.4mL；面团流变学特性：形成时间2.7min，稳定时间2.8min，弱化度73BU，峰高590BU，衰弱角28°；淀粉糊化特性（RVA）：峰值黏度2 526cP，保持黏度1 562cP，稀懈值964cP，终黏度2 762cP，回升值1 200cP，峰值时间6.1min，糊化温度67.9℃；麦谷蛋白亚基组成：n/7+8/2+12，Glu-A3a/Glu-B3g。

【已测分子标记结果】非1B/1R；八氢番茄红素合成酶（PSY）基因：YP7A标记/*PSY-A1a*；多酚氧化酶（PPO）基因：PPO33标记/*PPO-A1a*；抗白粉病基因*Pm4*、*Pm8*、*Pm13*、*Pm21*的标记均为阴性；抗叶锈病基因*Lr10*、*Lr19*、*Lr20*的标记均为阴性；光周期基因：Ppd标记/*Ppd-D1b*；春化基因：*vrn-A1*、*vrn-B1*、*vrn-B3*、*vrn-D1*；穗发芽相关基因：Vp1B3标记/*Vp1B3c*。

潮 河 麦

省库编号：LM 097　　国库编号：ZM 1781　　品种来源：山东石岛*

【生物学习性】幼苗直立；弱冬性；抗寒性4⁻级；生育期245d；株高105cm；穗长10.7cm，纺锤形，顶芒，白壳；红粒，粉质，千粒重39.0g。

【品质特性】籽粒粗蛋白含量（干基）14.00%，赖氨酸0.31%，铁18.0mg/kg，锌10.5mg/kg，SKCS硬度指数15；面粉白度值82.1，沉降值（14%）48.5mL；面团流变学特性：形成时间4.8min，稳定时间18.5min，弱化度7BU，峰高510BU，衰弱角8°；淀粉糊化特性（RVA）：峰值黏度2 458cP，保持黏度1 414cP，稀懈值1 044cP，终黏度2 545cP，回升值1 131cP，峰值时间6.1min，糊化温度85.0℃；麦谷蛋白亚基组成：1/7+8/2+12，Glu-A3d/Glu-B3f。

【已测分子标记结果】非1B/1R；八氢番茄红素合成酶（PSY）基因：YP7A标记/PSY-A1a；多酚氧化酶（PPO）基因：PPO33标记/PPO-A1b；抗白粉病基因Pm4、Pm8、Pm13、Pm21的标记均为阴性；抗叶锈病基因Lr10、Lr19、Lr20的标记均为阴性；光周期基因：Ppd标记/Ppd-D1b；春化基因：vrn-A1、Vrn-B1、vrn-B3、vrn-D1；穗发芽相关基因：Vp1B3标记/Vp1B3c。

大红芒（6）

省库编号：LM 098　　国库编号：ZM 2005　　品种来源：山东曹县

【生物学习性】幼苗匍匐；弱冬性；抗寒性2⁻级；生育期244d；株高114cm；穗长10.4cm，纺锤形，长芒，红壳；白粒，角质，千粒重27.5g。

【品质特性】籽粒粗蛋白含量（干基）16.30%，赖氨酸0.48%，铁17.4mg/kg，锌21.7mg/kg，SKCS硬度指数46；面粉白度值75.3，沉降值（14%）39.9mL；面团流变学特性：形成时间4.0min，稳定时间3.1min，弱化度61BU，峰高600BU，衰弱角30°；淀粉糊化特性（RVA）：峰值黏度2 646cP，保持黏度1 812cP，稀懈值834cP，终黏度2 980cP，回升值1 168cP，峰值时间6.3min，糊化温度68.6℃；麦谷蛋白亚基组成：n/6*+8/2+12，Glu-A3a/Glu-B3f。

【已测分子标记结果】非1B/1R；八氢番茄红素合成酶（PSY）基因：YP7A标记/*PSY-A1a*；多酚氧化酶（PPO）基因：PPO33标记/*PPO-A1a*；抗白粉病基因*Pm4*、*Pm8*、*Pm13*、*Pm21*的标记均为阴性；抗叶锈病基因*Lr10*、*Lr19*、*Lr20*的标记均为阴性；光周期基因：Ppd标记/*Ppd-D1b*；春化基因：*vrn-A1*、*vrn-D1*；穗发芽相关基因：Vp1B3标记/*Vp1B3a*。

10cm

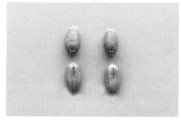

0 1cm

大红芒（5）

省库编号：LM 099　　国库编号：ZM 2001　　品种来源：山东莘县

【生物学习性】幼苗匍匐；弱冬性；抗寒性2级；生育期245d；株高114cm；穗长10.2cm，纺锤形，长芒，红壳；白粒，角质，千粒重26.7g。

【品质特性】籽粒粗蛋白含量（干基）13.90%，赖氨酸0.45%，铁12.4mg/kg，锌13.3mg/kg，SKCS硬度指数35；面粉白度值79.2，沉降值（14%）33.0mL；面团流变学特性：形成时间2.2min，稳定时间1.3min，弱化度135BU，峰高550BU，衰弱角18°；淀粉糊化特性（RVA）：峰值黏度2 600cP，保持黏度1 765cP，稀懈值835cP，终黏度3 052cP，回升值1 287cP，峰值时间6.3min，糊化温度86.6℃；麦谷蛋白亚基组成：n/7+8/2+12，Glu-A3a/Glu-B3g。

【已测分子标记结果】非1B/1R；八氢番茄红素合成酶（PSY）基因：YP7A标记/PSY-A1a；多酚氧化酶（PPO）基因：PPO33标记/PPO-A1b；抗白粉病基因Pm4、Pm8、Pm13、Pm21的标记均为阴性；抗叶锈病基因Lr10、Lr19、Lr20的标记均为阴性；光周期基因：Ppd标记/Ppd-D1b；春化基因：vrn-B1、vrn-B3；穗发芽相关基因：Vp1B3标记/Vp1B3a。

鱼鳞糙（4）

省库编号：LM 100　　国库编号：ZM 2094　　品种来源：山东滋阳*

【生物学习性】幼苗匍匐；弱冬性；抗寒性2级；生育期244d；株高108cm；穗长10.3cm，纺锤形，长芒，红壳，白粒，角质，千粒重25.9g。

【品质特性】籽粒粗蛋白含量（干基）15.60%，赖氨酸0.34%，铁13.7mg/kg，锌16.1mg/kg，SKCS硬度指数54；面粉白度值75.3，沉降值（14%）41.2mL；面团流变学特性：形成时间3.8min，稳定时间2.6min，弱化度51BU，峰高590BU，衰弱角32°；淀粉糊化特性（RVA）：峰值黏度2 062cP，保持黏度1 394cP，稀懈值668cP，终黏度2 670cP，回升值1 276cP，峰值时间6.1min，糊化温度68.7℃；麦谷蛋白亚基组成：1/6+8/2+12，Glu-A3d/Glu-B3d。

【已测分子标记结果】非1B/1R；八氢番茄红素合成酶（PSY）基因：YP7A标记/*PSY-A1a*；多酚氧化酶（PPO）基因：PPO33标记/*PPO-A1b*；抗白粉病基因*Pm4*、*Pm8*、*Pm13*、*Pm21*的标记均为阴性；抗叶锈病基因*Lr10*、*Lr19*、*Lr20*的标记均为阴性；光周期基因：Ppd标记/*Ppd-D1a*；春化基因：*vrn-A1*、*vrn-B1*、*vrn-B3*、*vrn-D1*；穗发芽相关基因：Vp1B3标记/*Vp1B3c*。

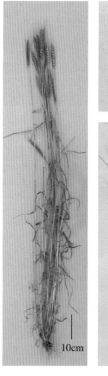

老来瞎（2）

省库编号：LM 101　　国库编号：ZM 2034　　品种来源：山东菏泽

【生物学习性】幼苗匍匐；弱冬性；抗寒性2级；生育期244d；株高118cm；穗长10.8cm，纺锤形、长芒、红壳；白粒，角质，千粒重26.6g。

【品质特性】籽粒粗蛋白含量（干基）15.20%，赖氨酸0.33%，铁19.5mg/kg，锌18.8mg/kg，SKCS硬度指数54；面粉白度值75.2，沉降值（14%）39.1mL；面团流变学特性：形成时间3.5min，稳定时间3.0min，弱化度72BU，峰高615BU，衰弱角25°；淀粉糊化特性（RVA）：峰值黏度2 392cP，保持黏度1 597cP，稀懈值795cP，终黏度2 860cP，回升值1 263cP，峰值时间6.2min，糊化温度67.9℃；麦谷蛋白亚基组成：n/6*+8/2+12，Glu-A3e/Glu-B3g。

【已测分子标记结果】非1B/1R；八氢番茄红素合成酶（PSY）基因：YP7A标记/PSY-A1a；多酚氧化酶（PPO）基因：PPO33标记/PPO-A1b；抗白粉病基因Pm4、Pm8、Pm13、Pm21的标记均为阴性；抗叶锈病基因Lr10、Lr19、Lr20的标记均为阴性；光周期基因：Ppd标记/Ppd-D1b；春化基因：vrn-B1、vrn-B3；穗发芽相关基因：Vp1B3标记/Vp1B3c。

红芒小麦（2）

省库编号：LM 102　　国库编号：ZM 2020　　品种来源：山东郓城

【生物学习性】幼苗匍匐；弱冬性；抗寒性2级；生育期246d；株高110cm；穗长8.0cm，纺锤形，长芒，红壳；白粒，角质，千粒重25.9g。

【品质特性】籽粒粗蛋白含量（干基）16.00%，赖氨酸0.34%，铁13mg/kg，锌21.1mg/kg，SKCS硬度指数59；面粉白度值73.5；面团流变学特性：形成时间3.0min，稳定时间2.0min，弱化度116BU，峰高700BU，衰弱角44°；淀粉糊化特性（RVA）：峰值黏度2 223cP，保持黏度1 439cP，稀懈值784cP，终黏度2 581cP，回升值1 142cP，峰值时间6.1min，糊化温度67.9℃；麦谷蛋白亚基组成：n/23+22/2+12，Glu-A3e/Glu-B3g。

【已测分子标记结果】非1B/1R；八氢番茄红素合成酶（PSY）基因：YP7A标记/PSY-A1a；多酚氧化酶（PPO）基因：PPO33标记/PPO-A1a；抗白粉病基因Pm4、Pm8、Pm13、Pm21的标记均为阴性；抗叶锈病基因Lr10、Lr19、Lr20的标记均为阴性；光周期基因：Ppd标记/Ppd-D1b；春化基因：vrn-A1、vrn-B1、vrn-B3、vrn-D1；穗发芽相关基因：Vp1B3标记/Vp1B3c。

10cm

1cm

小红芒（6）

省库编号：LM 103　　国库编号：ZM 2074　　品种来源：山东金乡

【生物学习性】幼苗匍匐；弱冬性；抗寒性2级；生育期245d；株高114cm；穗长8.2cm，圆锥形，长芒，红壳；红粒，角质，千粒重25.0g。

【品质特性】籽粒粗蛋白含量（干基）15.60％，赖氨酸0.32％，铁10.8mg/kg，锌12.7mg/kg，SKCS硬度指数61；面粉白度值72.9，沉降值（14％）39.1mL；面团流变学特性：形成时间3.4min，稳定时间2.6min，弱化度58BU，峰高640BU，衰弱角24°；淀粉糊化特性（RVA）：峰值黏度2 329cP，保持黏度1 491cP，稀懈值838cP，终黏度2 652cP，回升值1 161cP，峰值时间6.2min，糊化温度67.9℃；麦谷蛋白亚基组成：n/7+8/2+12，Glu-A3a/Glu-B3g。

【已测分子标记结果】非1B/1R；八氢番茄红素合成酶（PSY）基因：YP7A标记/*PSY-A1a*；多酚氧化酶（PPO）基因：PPO33标记/*PPO-A1a*；抗白粉病基因*Pm4*、*Pm8*、*Pm13*、*Pm21*的标记均为阴性；抗叶锈病基因*Lr10*、*Lr19*、*Lr20*的标记均为阴性；光周期基因：Ppd标记/*Ppd-D1b*；春化基因：*vrn-B1*、*vrn-B3*；穗发芽相关基因：Vp1B3标记/*Vp1B3c*。

10cm

大红芒（8）

省库编号：LM 104　　国库编号：ZM 2024　　品种来源：山东鄄城

【生物学习性】幼苗匍匐；弱冬性；抗寒性2级；生育期245d；株高130cm；穗长9.0cm，纺锤形，长芒，白壳；红粒，角质，千粒重25.0g。

【品质特性】籽粒粗蛋白含量（干基）16.80%，赖氨酸0.35%，铁9.3mg/kg，锌11.6mg/kg，SKCS硬度指数60；面粉白度值73.9，沉降值（14%）40.7mL；面团流变学特性：形成时间3.7min，稳定时间3.4min，弱化度63BU，峰高700BU，衰弱角42°；淀粉糊化特性（RVA）：峰值黏度2 278cP，保持黏度1 516cP，稀懈值762cP，终黏度2 701cP，回升值1 185cP，峰值时间6.1min，糊化温度68.0℃；麦谷蛋白亚基组成：n/7+8/2+12，Glu-A3b/Glu-B3c'。

【已测分子标记结果】非1B/1R；八氢番茄红素合成酶（PSY）基因：YP7A标记/*PSY-A1a*；多酚氧化酶（PPO）基因：PPO33标记/*PPO-A1a*；抗白粉病基因*Pm4*、*Pm8*、*Pm13*、*Pm21*的标记均为阴性；抗叶锈病基因*Lr10*、*Lr19*、*Lr20*的标记均为阴性；光周期基因：Ppd标记/*Ppd-D1b*；春化基因：*vrn-A1*、*vrn-B1*、*vrn-B3*、*vrn-D1*；穗发芽相关基因：Vp1B3标记/*Vp1B3a*。

白 苦 麦

省库编号：LM 105　　国库编号：ZM 2027　　品种来源：山东梁山

【生物学习性】幼苗匍匐；弱冬性；抗寒性2级；生育期248d；株高112cm；穗长8.0cm，纺锤形，长芒，红壳；白粒，角质，千粒重26.7g。

【品质特性】籽粒粗蛋白含量（干基）15.30%，赖氨酸0.40%，铁16.4mg/kg，锌23.0mg/kg，SKCS硬度指数62；面粉白度值73.5，沉降值（14%）41.7mL；面团流变学特性：形成时间3.5min，稳定时间2.5min，弱化度98BU，峰高660BU，衰弱角37°；淀粉糊化特性（RVA）：峰值黏度2 334cP，保持黏度1 508cP，稀懈值826cP，终黏度2 744cP，回升值1 236cP，峰值时间6.0min，糊化温度67.9℃；麦谷蛋白亚基组成：n/23+22/2+12，Glu-A3e/Glu-B3g。

【已测分子标记结果】非1B/1R；八氢番茄红素合成酶（PSY）基因：YP7A标记/*PSY-A1a*；多酚氧化酶（PPO）基因：PPO33标记/*PPO-A1a*；抗白粉病基因*Pm4*、*Pm8*、*Pm13*、*Pm21*的标记均为阴性；抗叶锈病基因*Lr10*、*Lr19*、*Lr20*的标记均为阴性；光周期基因：Ppd标记/*Ppd-D1b*；春化基因：*vrn-A1*、*vrn-B1*、*vrn-B3*、*vrn-D1*；穗发芽相关基因：Vp1B3标记/*Vp1B3c*。

10cm

蚂蚱头火麦

省库编号：LM 106　　国库编号：ZM 1910　　品种来源：山东东平

【生物学习性】幼苗匍匐，弱冬性；抗寒性2级；生育期246d；株高111cm；穗长9.0cm，纺锤形，长芒，红壳；白粒，半角质，千粒重26.8g。

【品质特性】籽粒粗蛋白含量（干基）15.80%，赖氨酸0.42%，铁9.2mg/kg，锌18.5mg/kg，SKCS硬度指数56；面粉白度值73.8，沉降值（14%）38.1mL；面团流变学特性：形成时间3.0min，稳定时间2.4min，弱化度85BU，峰高660BU，衰弱角30°；淀粉糊化特性（RVA）：峰值黏度2 451cP，保持黏度1 646cP，稀懈值805cP，终黏度2 930cP，回升值1 284cP，峰值时间6.1min，糊化温度67.0℃；麦谷蛋白亚基组成：n/7+8/2+12，Glu-A3b/Glu-B3g。

【已测分子标记结果】非1B/1R；八氢番茄红素合成酶（PSY）基因：YP7A标记/*PSY-A1a*；多酚氧化酶（PPO）基因：PPO33标记/*PPO-A1b*；抗白粉病基因*Pm4*、*Pm8*、*Pm13*、*Pm21*的标记均为阴性；抗叶锈病基因*Lr10*、*Lr19*、*Lr20*的标记均为阴性；光周期基因：Ppd标记/*Ppd-D1b*；春化基因：*vrn-B1*、*vrn-B3*；穗发芽相关基因：Vp1B3标记/*Vp1B3a*。

老来瞎（1）

省库编号：LM 107　　国库编号：ZM 1912　　品种来源：山东长清

【生物学习性】幼苗匍匐；弱冬性；抗寒性3⁻级；生育期246d；株高129cm；穗长7.5cm，长方形，长芒，红壳；红粒，角质，千粒重28.2g。

【品质特性】籽粒粗蛋白含量（干基）14.60%，赖氨酸0.35%，铁12.4mg/kg，锌19.1mg/kg，SKCS硬度指数62；面粉白度值71.3，沉降值（14%）43.3mL；面团流变学特性：形成时间3.2min，稳定时间3.6min，弱化度56BU，峰高640BU，衰弱角26°；淀粉糊化特性（RVA）：峰值黏度2 443cP，保持黏度1 559cP，稀懈值884cP，终黏度2 755cP，回升值1 196cP，峰值时间6.1min，糊化温度67.8℃；麦谷蛋白亚基组成：n/7+8/2+12，Glu-A3b/Glu-B3g。

【已测分子标记结果】非1B/1R；八氢番茄红素合成酶（PSY）基因：YP7A标记/*PSY-A1a*；多酚氧化酶（PPO）基因：PPO33标记/*PPO-A1a*；抗白粉病基因*Pm4*、*Pm8*、*Pm13*、*Pm21*的标记均为阴性；抗叶锈病基因*Lr10*、*Lr19*、*Lr20*的标记均为阴性；光周期基因：Ppd标记/*Ppd-D1b*；春化基因：*vrn-B1*、*vrn-B3*；穗发芽相关基因：Vp1B3标记/*Vp1B3c*。

腰子红（1）

省库编号：LM 108　　国库编号：ZM 1893　　品种来源：山东平阴

【生物学习性】幼苗匍匐；弱冬性；抗寒性2级；生育期244d；株高115cm；穗长10.3cm，纺锤形，长芒，红壳；白粒，角质，千粒重27.8g。

【品质特性】籽粒粗蛋白含量（干基）14.50％，赖氨酸0.33％，铁19.8mg/kg，锌17.1mg/kg，SKCS硬度指数57；面粉白度值74.4，沉降值（14％）44.8mL；面团流变学特性：形成时间3.2min，稳定时间2.7min，弱化度86BU，峰高645BU，衰弱角22°；淀粉糊化特性（RVA）：峰值黏度2 517cP，保持黏度1 611cP，稀懈值906cP，终黏度3 024cP，回升值1 413cP，峰值时间6.2min，糊化温度67.1℃；麦谷蛋白亚基组成：n/7+8/2+12，Glu-A3a/Glu-B3f。

【已测分子标记结果】非1B/1R；八氢番茄红素合成酶（PSY）基因：YP7A标记/PSY-A1a；多酚氧化酶（PPO）基因：PPO33标记/PPO-A1b；抗白粉病基因Pm4、Pm8、Pm13、Pm21的标记均为阴性；抗叶锈病基因Lr10、Lr19、Lr20的标记均为阴性；光周期基因：Ppd标记/Ppd-D1b；春化基因：vrn-B1、vrn-B3；穗发芽相关基因：Vp1B3标记/Vp1B3c。

大青秸（1）

省库编号：LM 109　　国库编号：ZM 1899　　品种来源：山东平阴

【生物学习性】幼苗匍匐；弱冬性；抗寒性2级；生育期244d；株高106cm；穗长8.0cm，纺锤形，长芒，红壳；白粒，角质，千粒重26.1g。

【品质特性】籽粒粗蛋白含量（干基）16.70%，赖氨酸0.39%，铁14.3mg/kg，锌18.6mg/kg，SKCS硬度指数50；面粉白度值74.2，沉降值（14%）41.2mL；面团流变学特性：形成时间3.5min，稳定时间2.2min，弱化度97BU，峰高645BU，衰弱角36°；淀粉糊化特性（RVA）：峰值黏度2 116cP，保持黏度1 365cP，稀懈值751cP，终黏度2 533cP，回升值1 168cP，峰值时间5.9min，糊化温度66.1℃；麦谷蛋白亚基组成：n/7+8/2+12，Glu-A3a/Glu-B3g。

【已测分子标记结果】非1B/1R；八氢番茄红素合成酶（PSY）基因：YP7A标记/*PSY-A1a*；多酚氧化酶（PPO）基因：PPO33标记/*PPO-A1b*；抗白粉病基因*Pm4*、*Pm8*、*Pm13*、*Pm21*的标记均为阴性；抗叶锈病基因*Lr10*、*Lr19*、*Lr20*的标记均为阴性；光周期基因：Ppd标记/*Ppd-D1b*；春化基因：*vrn-A1*、*vrn-B1*、*vrn-B3*、*vrn-D1*；穗发芽相关基因：Vp1B3标记/*Vp1B3a*。

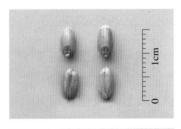

大红芒（1）

省库编号：LM 110   国库编号：ZM 1677   品种来源：山东历城

【生物学习性】幼苗匍匐；弱冬性；抗寒性2级；生育期245d；株高112cm；穗长9.0cm，纺锤形，长芒，红壳；红粒，角质，千粒重27.2g。

【品质特性】籽粒粗蛋白含量（干基）16.30%，赖氨酸0.37%，铁16.7mg/kg，锌19.8mg/kg，SKCS硬度指数36；面粉白度值77.5，沉降值（14%）37.1mL；面团流变学特性：形成时间4.4min，稳定时间2.9min，弱化度69BU，峰高730BU，衰弱角40°；淀粉糊化特性（RVA）：峰值黏度2 348cP，保持黏度1 538cP，稀懈值810cP，终黏度2 746cP，回升值1 208cP，峰值时间6.1min，糊化温度85.8℃；麦谷蛋白亚基组成：n/7+8/2+12，Glu-A3b/Glu-B3g。

【已测分子标记结果】非1B/1R；八氢番茄红素合成酶（PSY）基因：YP7A标记/PSY-A1a；多酚氧化酶（PPO）基因：PPO33标记/PPO-A1a；抗白粉病基因Pm4、Pm8、Pm13、Pm21的标记均为阴性；抗叶锈病基因Lr10、Lr19、Lr20的标记均为阴性；光周期基因：Ppd标记/Ppd-D1b；春化基因：vrn-A1、vrn-B1、vrn-B3、vrn-D1；穗发芽相关基因：Vp1B3标记/Vp1B3c。

透灵子

省库编号：LM 111　　国库编号：ZM 1896　　品种来源：山东平阴

【生物学习性】幼苗匍匐；弱冬性；抗寒性2级；生育期245d；株高106cm；穗长8.5cm，纺锤形，长芒，红壳；白粒，角质，千粒重27.5g。

【品质特性】籽粒粗蛋白含量（干基）16.50%，赖氨酸0.39%，铁12.9mg/kg，锌17.1mg/kg，SKCS硬度指数56；面粉白度值72.8，沉降值（14%）47.9mL；面团流变学特性：形成时间3.4min，稳定时间2.8min，弱化度56BU，峰高640BU，衰弱角24°；淀粉糊化特性（RVA）：峰值黏度2 465cP，保持黏度1 691cP，稀懈值774cP，终黏度2 891cP，回升值1 200cP，峰值时间6.3min，糊化温度67.1℃；麦谷蛋白亚基组成：n/7+8/2+12，Glu-A3b/Glu-B3g。

【已测分子标记结果】非1B/1R；八氢番茄红素合成酶（PSY）基因：YP7A标记/*PSY-A1a*；多酚氧化酶（PPO）基因：PPO33标记/*PPO-A1a*；抗白粉病基因*Pm4*、*Pm8*、*Pm13*、*Pm21*的标记均为阴性；抗叶锈病基因*Lr10*、*Lr19*、*Lr20*的标记均为阴性；光周期基因：Ppd标记/*Ppd-D1b*；春化基因：*vrn-A1*、*vrn-B1*、*vrn-B3*、*vrn-D1*；穗发芽相关基因：Vp1B3标记/*Vp1B3b*。

靠山黄麦

省库编号：LM 112　　国库编号：ZM 1905　　品种来源：山东肥城

【生物学习性】幼苗匍匐；弱冬性；抗寒性2级；生育期245d；株高107cm；穗长8.5cm，纺锤形，长芒，红壳；白粒，角质，千粒重24.3g。

【品质特性】籽粒粗蛋白含量（干基）15.60%，赖氨酸0.35%，铁12.0mg/kg，锌15.5mg/kg，SKCS硬度指数62；面粉白度值74.1，沉降值（14%）43.1mL；面团流变学特性：形成时间3.8min，稳定时间5.0min，弱化度45BU，峰高650BU，衰弱角29°；淀粉糊化特性（RVA）：峰值黏度2 485cP，保持黏度1 570cP，稀懈值915cP，终黏度2 827cP，回升值1 257cP，峰值时间6.0min，糊化温度67.0℃；麦谷蛋白亚基组成：n/7+8/2+12，Glu-A3a/Glu-B3g。

【已测分子标记结果】非1B/1R；八氢番茄红素合成酶（PSY）基因：YP7A标记/*PSY-A1a*；多酚氧化酶（PPO）基因：PPO33标记/*PPO-A1b*；抗白粉病基因*Pm4*、*Pm8*、*Pm13*、*Pm21*的标记均为阴性；抗叶锈病基因*Lr10*、*Lr19*、*Lr20*的标记均为阴性；光周期基因：Ppd标记/*Ppd-D1b*；春化基因：*vrn-A1*、*vrn-B1*、*vrn-B3*、*vrn-D1*；穗发芽相关基因：Vp1B3标记/*Vp1B3c*。

红穗白麦

省库编号：LM 113　　国库编号：ZM 2056　　品种来源：山东临沭

【生物学习性】幼苗匍匐；弱冬性；抗寒性2级；生育期244d；株高130cm；穗长8.0cm，纺锤形，长芒，红壳；白粒，角质，千粒重24.8g。

【品质特性】籽粒粗蛋白含量（干基）16.50％，赖氨酸0.38％，铁11.8mg/kg，锌14.6mg/kg，SKCS硬度指数61；面粉白度值72.6，沉降值（14％）35.7mL；面团流变学特性：形成时间4.0min，稳定时间2.7min，弱化度67BU，峰高620BU，衰弱角35°；淀粉糊化特性（RVA）：峰值黏度2 243cP，保持黏度1 443cP，稀懈值800cP，终黏度2 608cP，回升值1 165cP，峰值时间6.1min，糊化温度67.9℃；麦谷蛋白亚基组成：n/7+8/2+12，Glu-A3c/Glu-B3g。

【已测分子标记结果】非1B/1R；八氢番茄红素合成酶（PSY）基因：YP7A标记/*PSY-A1a*；多酚氧化酶（PPO）基因：PPO33标记/*PPO-A1b*；抗白粉病基因*Pm4*、*Pm8*、*Pm13*、*Pm21*的标记均为阴性；抗叶锈病基因*Lr10*、*Lr19*、*Lr20*的标记均为阴性；光周期基因：Ppd标记/*Ppd-D1b*；春化基因：*vrn-B1*、*vrn-B3*；穗发芽相关基因：Vp1B3标记/*Vp1B3a*。

大红芒（9）

省库编号：LM 114　　国库编号：ZM 2054　　品种来源：山东蒙阴

【生物学习性】幼苗匍匐；弱冬性；抗寒性2级；生育期245d；株高118cm；穗长9.0cm，纺锤形，长芒，红壳；白粒，角质，千粒重27.0g。

【品质特性】籽粒粗蛋白含量（干基）14.50％，赖氨酸0.37％，铁22.4mg/kg，锌31.7mg/kg，SKCS硬度指数53；面粉白度值74.7，沉降值（14％）38.6mL；面团流变学特性：峰高580BU，衰弱角33°；淀粉糊化特性（RVA）：峰值黏度2 582cP，保持黏度1 637cP，稀懈值945cP，终黏度2 812cP，回升值1 175cP，峰值时间6.2min，糊化温度67.9℃；麦谷蛋白亚基组成：n/7+8/2+12，Glu-A3c/Glu-B3f。

【已测分子标记结果】非1B/1R；八氢番茄红素合成酶（PSY）基因：YP7A标记/*PSY-A1a*；多酚氧化酶（PPO）基因：PPO33标记/*PPO-A1b*；抗白粉病基因*Pm4*、*Pm8*、*Pm13*、*Pm21*的标记均为阴性；抗叶锈病基因*Lr10*、*Lr19*、*Lr20*的标记均为阴性；光周期基因：Ppd标记/*Ppd-D1b*；春化基因：*vrn-B1*、*vrn-B3*；穗发芽相关基因：Vp1B3标记/*Vp1B3a*。

小 莘 麦

省库编号：LM 115　国库编号：ZM 1999　品种来源：山东阳谷

【生物学习性】幼苗匍匐；弱冬性；抗寒性2级；生育期245d；株高115cm；穗长7.2cm，纺锤形，短芒，红壳；白粒，角质，千粒重25.4g。

【品质特性】籽粒粗蛋白含量（干基）15.00%，赖氨酸0.36%，铁15.1mg/kg，锌19.4mg/kg，SKCS硬度指数59；面粉白度值73.5，沉降值（14%）40.4mL；面团流变学特性：形成时间3.2min，稳定时间2.6min，弱化度80BU，峰高610BU，衰弱角39°；淀粉糊化特性（RVA）：峰值黏度2 450cP，保持黏度1 648cP，稀懈值802cP，终黏度2 858cP，回升值1 210cP，峰值时间6.2min，糊化温度67.1℃；麦谷蛋白亚基组成：n/7/2+12，Glu-A3b/Glu-B3g。

【已测分子标记结果】非1B/1R；八氢番茄红素合成酶（PSY）基因：YP7A标记/PSY-A1a；多酚氧化酶（PPO）基因：PPO33标记/PPO-A1b；抗白粉病基因Pm4、Pm8、Pm13、Pm21的标记均为阴性；抗叶锈病基因Lr10、Lr19、Lr20的标记均为阴性；光周期基因：Ppd标记/Ppd-D1b；春化基因：vrn-A1、vrn-B1、vrn-B3、vrn-D1；穗发芽相关基因：Vp1B3标记/Vp1B3a。

火麦（4）

省库编号：LM 116　　　国库编号：ZM 1964　　　品种来源：山东禹城

【生物学习性】幼苗匍匐；弱冬性；抗寒性2级；生育期245d；株高125cm；穗长9.5cm，纺锤形，长芒，红壳；白粒，角质，千粒重25.4g。

【品质特性】籽粒粗蛋白含量（干基）14.10%，赖氨酸0.35%，铁23.6mg/kg，锌16.8mg/kg，SKCS硬度指数53；面粉白度值74.6，沉降值（14%）36.7mL；面团流变学特性：峰高560BU，衰弱角27°；淀粉糊化特性（RVA）：峰值黏度2 509cP，保持黏度1 640cP，稀懈值869cP，终黏度2 834cP，回升值1 194cP，峰值时间6.2min，糊化温度67.9℃；麦谷蛋白亚基组成：n/7+8/2+12，Glu-A3c/Glu-B3f。

【已测分子标记结果】非1B/1R；八氢番茄红素合成酶（PSY）基因：YP7A标记/*PSY-A1a*；多酚氧化酶（PPO）基因：PPO33标记/*PPO-A1a*；抗白粉病基因*Pm4*、*Pm8*、*Pm13*、*Pm21*的标记均为阴性；抗叶锈病基因*Lr10*、*Lr19*、*Lr20*的标记均为阴性；光周期基因：Ppd标记/*Ppd-D1b*；春化基因：*vrn-B1*、*vrn-B3*；穗发芽相关基因：Vp1B3标记/*Vp1B3a*。

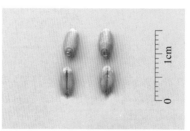

红火麦（1）

省库编号：LM 117　　国库编号：ZM 1934　　品种来源：山东广饶

【生物学习性】幼苗匍匐；冬性；抗寒性2级；生育期244d；株高128cm；穗长8.5cm，纺锤形，长芒，红壳；白粒，角质，千粒重24.0g。

【品质特性】籽粒粗蛋白含量（干基）15.50%，赖氨酸0.35%，铁13.5mg/kg，锌15.4mg/kg，SKCS硬度指数36；面粉白度值78.1，沉降值（14%）40.2mL；面团流变学特性：峰高585BU，衰弱角25°；淀粉糊化特性（RVA）：峰值黏度2 438cP，保持黏度1 613cP，稀懈值825cP，终黏度2 836cP，回升值1 223cP，峰值时间6.2min，糊化温度86.7℃；麦谷蛋白亚基组成：n/7+8/2+12，Glu-A3a/Glu-B3f。

【已测分子标记结果】非1B/1R；八氢番茄红素合成酶（PSY）基因：YP7A标记/*PSY-A1a*；多酚氧化酶（PPO）基因：PPO33标记/*PPO-A1a*；抗白粉病基因*Pm4*、*Pm8*、*Pm13*、*Pm21*的标记均为阴性；抗叶锈病基因*Lr10*、*Lr19*、*Lr20*的标记均为阴性；光周期基因：Ppd标记/*Ppd-D1b*；春化基因：*vrn-A1*、*vrn-B1*、*vrn-B3*、*vrn-D1*；穗发芽相关基因：Vp1B3标记/*Vp1B3a*。

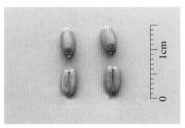

改麦（2）

省库编号：LM 118　　国库编号：ZM 1974　　品种来源：山东乐陵

【生物学习性】幼苗匍匐；冬性；抗寒性2级；生育期245d；株高138cm；穗长10.0cm，纺锤形，长芒，红壳；白粒，角质，千粒重25.3g。

【品质特性】籽粒粗蛋白含量（干基）15.60%，赖氨酸0.35%，铁9.1mg/kg，锌8.7mg/kg，SKCS硬度指数47；面粉白度值75.4，沉降值（14%）45.3mL；面团流变学特性：形成时间2.9min，稳定时间2.9min，弱化度86BU，峰高600BU，衰弱角32°；淀粉糊化特性（RVA）：峰值黏度2 413cP，保持黏度1 621cP，稀懈值792cP，终黏度2 799cP，回升值1 178cP，峰值时间6.3min，糊化温度68.7℃；麦谷蛋白亚基组成：n/23+22/2+12，Glu-A3c/Glu-B3g。

【已测分子标记结果】非1B/1R；八氢番茄红素合成酶（PSY）基因：YP7A标记/*PSY-A1a*；多酚氧化酶（PPO）基因：PPO33标记/*PPO-A1a*；抗白粉病基因*Pm4*、*Pm8*、*Pm13*、*Pm21*的标记均为阴性；抗叶锈病基因*Lr10*、*Lr19*、*Lr20*的标记均为阴性；光周期基因：Ppd标记/*Ppd-D1b*；春化基因：*vrn-B1*、*vrn-B3*；穗发芽相关基因：Vp1B3标记/*Vp1B3a*。

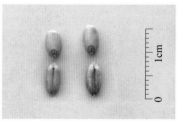

红　穗

省库编号：LM 119　　国库编号：ZM 1849　　品种来源：山东胶南

【生物学习性】幼苗匍匐；弱冬性；抗寒性2级；生育期245d；株高130cm；穗长9.2cm，圆锥形，长芒，红壳；红粒，角质，千粒重18.4g。

【品质特性】籽粒粗蛋白含量（干基）16.30％，赖氨酸0.32％，铁18.7mg/kg，锌18.5mg/kg，SKCS硬度指数60；面粉白度值75.4，沉降值（14％）44.8mL；面团流变学特性：形成时间4.0min，稳定时间3.2min，弱化度77BU，峰高600BU，衰弱角26°；淀粉糊化特性（RVA）：峰值黏度2 312cP，保持黏度1 524cP，稀懈值788cP，终黏度2 787cP，回升值1 263cP，峰值时间6.0min，糊化温度67.8℃；麦谷蛋白亚基组成：n/7+8/2+12，Glu-A3e/Glu-B3g。

【已测分子标记结果】非1B/1R；八氢番茄红素合成酶（PSY）基因：YP7A标记/*PSY-A1a*；多酚氧化酶（PPO）基因：PPO33标记/*PPO-A1b*；抗白粉病基因*Pm4*、*Pm8*、*Pm13*、*Pm21*的标记均为阴性；抗叶锈病基因*Lr10*、*Lr19*、*Lr20*的标记均为阴性；光周期基因：Ppd标记/*Ppd-D1b*；春化基因：*vrn-B1*、*vrn-B3*；穗发芽相关基因：Vp1B3标记/*Vp1B3a*。

金 包 银

省库编号：LM 120　　国库编号：ZM 2066　　品种来源：山东苍山

【生物学习性】幼苗匍匐；弱冬性；抗寒性2级；生育期245d；株高117cm；穗长9.2cm，纺锤形，长芒，红壳；白粒，角质，千粒重25.5g。

【品质特性】籽粒粗蛋白含量（干基）15.70%，赖氨酸0.31%；面粉沉降值（14%）37.6mL；面团流变学特性：形成时间3.5min，稳定时间3.7min，弱化度66BU，峰高600BU，衰弱角42°；淀粉糊化特性（RVA）：峰值黏度2 308cP，保持黏度1 484cP，稀懈值824cP，终黏度2 647cP，回升值1 163cP，峰值时间6.1min，糊化温度67.8℃；麦谷蛋白亚基组成：n/7+8/2+12，Glu-A3c/Glu-B3g。

【已测分子标记结果】非1B/1R；八氢番茄红素合成酶（PSY）基因：YP7A标记/PSY-A1a；抗叶锈病基因Lr10、Lr19的标记为阴性，Lr20的标记为阳性；光周期基因：Ppd标记/Ppd-D1b；春化基因：vrn-A1、vrn-B1、vrn-D1。

红芒白（3）

省库编号：LM 121　　国库编号：ZM 2088　　品种来源：山东嘉祥

【生物学习性】幼苗匍匐；弱冬性；抗寒性2级；生育期246d；株高113cm；穗长9.0cm，纺锤形，长芒，红壳；白粒，角质，千粒重27.3g。

【品质特性】籽粒粗蛋白含量（干基）15.40%，赖氨酸0.24%，铁11.9mg/kg，锌15.8mg/kg，SKCS硬度指数61；面粉白度值73.9，沉降值（14%）37mL；面团流变学特性：形成时间3.7min，稳定时间2.3min，弱化度102BU；麦谷蛋白亚基组成：n/23+22/2+12，Glu-A3e/Glu-B3g。

【已测分子标记结果】非1B/1R；八氢番茄红素合成酶（PSY）基因：YP7A标记/*PSY-A1a*；多酚氧化酶（PPO）基因：PPO33标记/*PPO-A1a*；抗白粉病基因*Pm4*、*Pm8*、*Pm13*、*Pm21*的标记均为阴性；抗叶锈病基因*Lr10*、*Lr20*的标记为阴性，*Lr19*的标记为阳性；光周期基因：Ppd标记/*Ppd-D1b*；春化基因：*vrn-A1*、*vrn-B1*、*vrn-B3*、*vrn-D1*；穗发芽相关基因：Vp1B3标记/*Vp1B3c*。

大 青 壳

省库编号：LM 122　　国库编号：ZM 2099　　品种来源：山东滕县[*]

【生物学习性】幼苗匍匐；弱冬性；抗寒性2级；生育期245d；株高114cm；穗长6.4cm，纺锤形，长芒，红壳；白粒，角质，千粒重26.3g。

【品质特性】籽粒粗蛋白含量（干基）14.90%，赖氨酸0.29%，铁14.2mg/kg，锌15.8mg/kg，SKCS硬度指数58；面粉白度值73.5，沉降值（14%）45.8mL；面团流变学特性：形成时间3.9min，稳定时间4.0min，弱化度53BU，峰高620BU，衰弱角20°；淀粉糊化特性（RVA）：峰值黏度2 490cP，保持黏度1 561cP，稀懈值929cP，终黏度2 724cP，回升值1 163cP，峰值时间6.2min，糊化温度67.9℃；麦谷蛋白亚基组成：n/7+8/2+12，Glu-A3c/Glu-B3g。

【已测分子标记结果】非1B/1R；八氢番茄红素合成酶（PSY）基因：YP7A标记/*PSY-A1a*；多酚氧化酶（PPO）基因：PPO33标记/*PPO-A1a*；抗白粉病基因*Pm4*、*Pm8*、*Pm13*、*Pm21*的标记均为阴性；抗叶锈病基因*Lr10*、*Lr19*、*Lr20*的标记均为阴性；光周期基因：Ppd标记/*Ppd-D1b*；春化基因：*vrn-A1*、*vrn-B1*、*vrn-B3*、*vrn-D1*；穗发芽相关基因：Vp1B3标记/*Vp1B3a*。

红芒白麦（1）

省库编号：LM 123　　国库编号：ZM 2097　　品种来源：山东滕县[*]

【生物学习性】幼苗匍匐；弱冬性；抗寒性2级；生育期245d；株高111cm；穗长7.5cm，纺锤形，长芒，红壳；白粒，角质，千粒重24.8g。

【品质特性】籽粒粗蛋白含量（干基）15.00%，赖氨酸0.28%，铁16.3mg/kg，锌16.0mg/kg，SKCS硬度指数56；面粉白度值72.9，沉降值（14%）45.7mL；面团流变学特性：形成时间3.3min，稳定时间2.4min，弱化度72BU，峰高690BU，衰弱角20°；淀粉糊化特性（RVA）：峰值黏度2 513cP，保持黏度1 656cP，稀懈值857cP，终黏度2 860cP，回升值1 204cP，峰值时间6.3min，糊化温度67.8℃；麦谷蛋白亚基组成：n/7+8/2+12，Glu-A3a/Glu-B3g。

【已测分子标记结果】非1B/1R；八氢番茄红素合成酶（PSY）基因：YP7A标记/PSY-A1a；多酚氧化酶（PPO）基因：PPO33标记/PPO-A1a；抗白粉病基因Pm4、Pm8、Pm13、Pm21的标记均为阴性；抗叶锈病基因Lr10、Lr19、Lr20的标记均为阴性；光周期基因：Ppd标记/Ppd-D1a；春化基因：vrn-A1、vrn-B1、vrn-B3、vrn-D1；穗发芽相关基因：Vp1B3标记/Vp1B3a。

大青秸（2）

省库编号：LM 124　　国库编号：ZM 1911　　品种来源：山东东平

【生物学习性】幼苗匍匐；弱冬性；抗寒性2级；生育期246d；株高119cm；穗长8.5cm，纺锤形，长芒，红壳；白粒，角质，千粒重26.7g。

【品质特性】籽粒粗蛋白含量（干基）14.20%，赖氨酸0.38%，铁15.3mg/kg，锌16.7mg/kg，SKCS硬度指数62；面粉白度值73.2，沉降值（14%）42.0mL；面团流变学特性：形成时间3.9min，稳定时间2.8min，弱化度90BU，峰高620BU，衰弱角36°；淀粉糊化特性（RVA）：峰值黏度2 351cP，保持黏度1 499cP，稀懈值852cP，终黏度2 737cP，回升值1 238cP，峰值时间6.1min，糊化温度67.8℃；麦谷蛋白亚基组成：n/23+22/2+12，Glu-A3e/Glu-B3g。

【已测分子标记结果】非1B/1R；八氢番茄红素合成酶（PSY）基因：YP7A标记/PSY-A1a；多酚氧化酶（PPO）基因：PPO33标记/PPO-A1a；抗白粉病基因Pm4、Pm8、Pm13、Pm21的标记均为阴性；抗叶锈病基因Lr10、Lr19、Lr20的标记均为阴性；光周期基因：Ppd标记/Ppd-D1b；春化基因：vrn-A1、vrn-B1、vrn-B3、vrn-D1；穗发芽相关基因：Vp1B3标记/Vp1B3a。

小红芒麦

省库编号：LM 125　　国库编号：ZM 1902　　品种来源：山东肥城

【生物学习性】幼苗匍匐；弱冬性；抗寒性2级；生育期246d；株高101cm；穗长
9.4cm，纺锤形，长芒，红壳；白粒，角质，千粒重29.7g。

【品质特性】籽粒粗蛋白含量（干基）15.90%，赖氨酸0.31%，铁15.9mg/kg，锌
19.1mg/kg，SKCS硬度指数59，面粉白度值73.4，沉降值（14%）44.6mL；面团流变学特性：
形成时间3.5min，稳定时间3.6min，弱化度63BU，峰高675BU，衰弱角30°；淀粉糊化特
性（RVA）：峰值黏度2 512cP，保持黏度1 754cP，稀懈值758cP，终黏度2 981cP，回升值
1 227cP，峰值时间6.3min，糊化温度67.8℃；麦谷蛋白亚基组成：n/23+22/2+12，Glu-A3a/
Glu-B3g。

【已测分子标记结果】非1B/1R；八氢番茄红素合成酶（PSY）基因：YP7A标记/PSY-
A1a；多酚氧化酶（PPO）基因：PPO33标记/PPO-A1a；抗白粉病基因Pm4、Pm8、Pm13、
Pm21的标记均为阴性；抗叶锈病基因Lr10、Lr19、Lr20的标记均为阴性；光周期基因：
Ppd标记/Ppd-D1b；春化基因：vrn-A1、vrn-B1、vrn-B3、vrn-D1；穗发芽相关基因：Vp1B3
标记/Vp1B3a。

红芒蚰麦

省库编号：LM 126 国库编号：ZM 1916 品种来源：山东章丘

【生物学习性】幼苗匍匐；弱冬性；抗寒性2级；生育期246d；株高120cm；穗长9.5cm，纺锤形，长芒，红壳；白粒，角质，千粒重26.6g。

【品质特性】籽粒粗蛋白含量（干基）14.70%，赖氨酸0.27%，铁17.2mg/kg，锌16.8mg/kg，SKCS硬度指数60；面粉白度值73.4，沉降值（14%）36.8mL；面团流变学特性：形成时间3.4min，稳定时间2.3min，弱化度93BU，峰高590BU，衰弱角26°；淀粉糊化特性（RVA）：峰值黏度2 553cP，保持黏度1 603cP，稀懈值950cP，终黏度2 802cP，回升值1 199cP，峰值时间6.2min，糊化温度68.7℃；麦谷蛋白亚基组成：n/6*+8/2+12，Glu-A3a/Glu-B3g。

【已测分子标记结果】非1B/1R；八氢番茄红素合成酶（PSY）基因：YP7A标记/*PSY-A1a*；多酚氧化酶（PPO）基因：PPO33标记/*PPO-A1a*；抗白粉病基因*Pm4*、*Pm8*、*Pm13*、*Pm21*的标记均为阴性；抗叶锈病基因*Lr10*、*Lr19*、*Lr20*的标记均为阴性；光周期基因：Ppd标记/*Ppd-D1b*；春化基因：*vrn-A1*、*vrn-B1*、*vrn-B3*、*vrn-D1*；穗发芽相关基因：Vp1B3标记/*Vp1B3a*。

10cm

0 1cm

老红芒

省库编号：LM 127　　国库编号：ZM 1679　　品种来源：山东历城

【生物学习性】幼苗匍匐；冬性；抗寒性2级；生育期245d；株高109cm；穗长8.0cm，纺锤形，长芒，红壳；白粒，角质，千粒重27.1g。

【品质特性】籽粒粗蛋白含量（干基）17.00%，赖氨酸0.25%，铁12.7mg/kg，锌11.5mg/kg，SKCS硬度指数67；面粉白度值72.4，沉降值（14%）40.4mL；面团流变学特性：形成时间2.5min，稳定时间2.3min，弱化度91BU，峰高615BU，衰弱角31°；淀粉糊化特性（RVA）：峰值黏度2 677cP，保持黏度1 688cP，稀懈值989cP，终黏度2 943cP，回升值1 255cP，峰值时间6.1min，糊化温度67.8℃；麦谷蛋白亚基组成：n/7+8/2+12，Glu-A3a/Glu-B3g。

【已测分子标记结果】非1B/1R；八氢番茄红素合成酶（PSY）基因：YP7A标记/*PSY-A1a*；多酚氧化酶（PPO）基因：PPO33标记/*PPO-A1a*；抗白粉病基因*Pm4*、*Pm8*、*Pm13*、*Pm21*的标记均为阴性；抗叶锈病基因*Lr10*、*Lr19*、*Lr20*的标记均为阴性；光周期基因：Ppd标记/*Ppd-D1b*；春化基因：*vrn-A1*、*vrn-B1*、*vrn-B3*、*vrn-D1*；穗发芽相关基因：Vp1B3标记/*Vp1B3a*。

白麦（1）

省库编号：LM 128　国库编号：ZM 1687　品种来源：山东历城

【生物学习性】幼苗匍匐；弱冬性；抗寒性2级；生育期246d；株高119cm；穗长8.0cm，纺锤形，短芒，红壳；白粒，角质，千粒重28.8g。

【品质特性】籽粒粗蛋白含量（干基）16.40％，赖氨酸0.26％，铁15.9mg/kg，锌23.6mg/kg，SKCS硬度指数59；面粉白度值74.1，沉降值（14％）45.2mL；面团流变学特性：形成时间3.0min，稳定时间3.1min，弱化度82BU，峰高670BU，衰弱角40°；淀粉糊化特性（RVA）：峰值黏度2 262cP，保持黏度1 572cP，稀懈值690cP，终黏度2 713cP，回升值1 141cP，峰值时间6.1min，糊化温度67.1℃；麦谷蛋白亚基组成：n/7+8/2+12，Glu-A3a/Glu-B3g。

【已测分子标记结果】非1B/1R；八氢番茄红素合成酶（PSY）基因：YP7A标记/PSY-A1a；多酚氧化酶（PPO）基因：PPO33标记/PPO-A1b；抗白粉病基因Pm4、Pm8、Pm13、Pm21的标记均为阴性；抗叶锈病基因Lr10、Lr19、Lr20的标记均为阴性；光周期基因：Ppd标记/Ppd-D1b；春化基因：vrn-A1、vrn-B1、vrn-B3；穗发芽相关基因：Vp1B3标记/Vp1B3b。

玉石娃娃（1）

省库编号：LM 129　　国库编号：ZM 1890　　品种来源：山东宁阳

【生物学习性】幼苗匍匐；弱冬性；抗寒性2级；生育期245d；株高108cm；穗长8.7cm，纺锤形，长芒，白壳；白粒，角质，千粒重25.9g。

【品质特性】籽粒粗蛋白含量（干基）15.50%，赖氨酸0.28%，铁22.0mg/kg，锌15.7mg/kg，SKCS硬度指数59；面粉白度值74.2，沉降值（14%）47.8mL；面团流变学特性：形成时间4.0min，稳定时间4.2min，弱化度52BU，峰高650BU，衰弱角23°；淀粉糊化特性（RVA）：峰值黏度2 231cP，保持黏度1 360cP，稀懈值871cP，终黏度2 655cP，回升值1 295cP，峰值时间5.6min，糊化温度61.9℃；麦谷蛋白亚基组成：n/7+8/2+12，Glu-A3a/Glu-B3g。

【已测分子标记结果】非1B/1R；八氢番茄红素合成酶（PSY）基因：YP7A标记/*PSY-A1a*；多酚氧化酶（PPO）基因：PPO33标记/*PPO-A1a*；抗白粉病基因*Pm4*、*Pm8*、*Pm13*、*Pm21*的标记均为阴性；抗叶锈病基因*Lr10*、*Lr19*、*Lr20*的标记均为阴性；光周期基因：Ppd标记/*Ppd-D1b*；春化基因：*vrn-B1*、*vrn-B3*；穗发芽相关基因：Vp1B3标记/*Vp1B3a*。

红芒白麦（2）

省库编号：LM 130　国库编号：ZM 1680　品种来源：山东历城

【生物学习性】幼苗匍匐；弱冬性；抗寒性2级；生育期246d；株高108cm；穗长9.5cm，纺锤形，长芒，红壳；白粒，半角质，千粒重28.2g。

【品质特性】籽粒粗蛋白含量（干基）15.60%，赖氨酸0.32%，铁9.4mg/kg，锌12.9mg/kg，SKCS硬度指数57；面粉白度值74.8，沉降值（14%）33.1mL；面团流变学特性：峰高600BU，衰弱角41°；淀粉糊化特性（RVA）：峰值黏度2 186cP，保持黏度1 489cP，稀懈值697cP，终黏度2 675cP，回升值1 186cP，峰值时间6.1min，糊化温度67.1℃；麦谷蛋白亚基组成：n/7+8/2+12，Glu-A3a/Glu-B3g。

【已测分子标记结果】非1B/1R；八氢番茄红素合成酶（PSY）基因：YP7A标记/*PSY-A1a*；多酚氧化酶（PPO）基因：PPO33标记/*PPO-A1a*；抗白粉病基因*Pm4*、*Pm8*、*Pm13*、*Pm21*的标记均为阴性；抗叶锈病基因*Lr10*、*Lr19*、*Lr20*的标记均为阴性；光周期基因：Ppd标记/*Ppd-D1b*；春化基因：*vrn-B1*、*vrn-B3*；穗发芽相关基因：Vp1B3标记/*Vp1B3a*。

一 穗 收

省库编号：LM 131　　国库编号：ZM 1897　　品种来源：山东平阴

【生物学习性】幼苗匍匐；弱冬性；抗寒性2级；生育期245d；株高112cm；穗长7.5cm，纺锤形，长芒，红壳；白粒，角质，千粒重28.1g。

【品质特性】籽粒粗蛋白含量（干基）16.30%，赖氨酸0.30%，铁6.3mg/kg，锌21.2mg/kg，SKCS硬度指数58；面粉白度值73.7，沉降值（14%）51.5mL；面团流变学特性：形成时间5.0min，稳定时间3.9min，弱化度65BU，峰高695BU，衰弱角29°；淀粉糊化特性（RVA）：峰值黏度2 439cP，保持黏度1 691cP，稀懈值748cP，终黏度2 927cP，回升值1 236cP，峰值时间6.2min，糊化温度67.0℃；麦谷蛋白亚基组成：n/7+8/2+12，Glu-A3a/Glu-B3g。

【已测分子标记结果】非1B/1R；八氢番茄红素合成酶（PSY）基因：YP7A标记/*PSY-A1a*；多酚氧化酶（PPO）基因：PPO33标记/*PPO-A1a*；抗白粉病基因*Pm4*、*Pm8*、*Pm13*、*Pm21*的标记均为阴性；抗叶锈病基因*Lr10*、*Lr19*、*Lr20*的标记均为阴性；光周期基因：Ppd标记/*Ppd-D1b*；春化基因：*vrn-B1*、*vrn-B3*；穗发芽相关基因：Vp1B3标记/*Vp1B3a*。

蚰　麦

省库编号：LM 132　　国库编号：ZM 1711　　品种来源：山东淄博

【生物学习性】幼苗匍匐；弱冬性；抗寒性2级；生育期247d；株高130cm；穗长10.0cm，圆锥形，长芒，红壳；白粒，角质，千粒重27.3g。

【品质特性】籽粒粗蛋白含量（干基）14.80%，赖氨酸0.28%，铁11.2mg/kg，锌11.4mg/kg，SKCS硬度指数63；面粉白度值73.5，沉降值（14%）44.1mL；面团流变学特性：形成时间3.8min，稳定时间4.5min，弱化度51BU，峰高625BU，衰弱角31°；淀粉糊化特性（RVA）：峰值黏度2 688cP，保持黏度1 780cP，稀懈值908cP，终黏度2 962cP，回升值1 182cP，峰值时间6.2min，糊化温度67.8℃；麦谷蛋白亚基组成：n/7+8/2+12，Glu-A3a/Glu-B3g。

【已测分子标记结果】非1B/1R；八氢番茄红素合成酶（PSY）基因：YP7A标记/PSY-A1a；多酚氧化酶（PPO）基因：PPO33标记/PPO-A1a；抗白粉病基因Pm4、Pm8、Pm13、Pm21的标记均为阴性；抗叶锈病基因Lr10、Lr19、Lr20的标记均为阴性；光周期基因：Ppd标记/Ppd-D1b；春化基因：vrn-A1、vrn-B1、vrn-B3、vrn-D1；穗发芽相关基因：Vp1B3标记/Vp1B3a。

玉石娃娃（2）

省库编号：LM 133　　国库编号：ZM 11100　　品种来源：山东濮县[*]

【生物学习性】幼苗匍匐；抗寒性2级；生育期247d；株高116cm；穗长7.8cm，纺锤形，长芒，红壳；白粒，角质。

【品质特性】籽粒铁含量20.2mg/kg，锌17.5mg/kg，SKCS硬度指数69；面粉白度值74.6，沉降值（14%）38.9mL；面团流变学特性：形成时间3.0min，稳定时间1.8min，弱化度139BU，峰高700BU，衰弱角51°；淀粉糊化特性（RVA）：峰值黏度2 186cP，保持黏度1 420cP，稀懈值766cP，终黏度2 595cP，回升值1 175cP，峰值时间5.9min，糊化温度66.2℃；麦谷蛋白亚基组成：n/23+22/2+12，Glu-A3e/Glu-B3g。

【已测分子标记结果】非1B/1R；八氢番茄红素合成酶（PSY）基因：YP7A标记/*PSY-A1a*；多酚氧化酶（PPO）基因：PPO33标记/*PPO-A1a*；抗白粉病基因*Pm4*、*Pm8*、*Pm13*、*Pm21*的标记均为阴性；抗叶锈病基因*Lr10*、*Lr20*的标记为阴性，*Lr19*的标记为阳性；光周期基因：Ppd标记/*Ppd-D1b*；春化基因：*vrn-A1*、*vrn-B1*、*vrn-B3*、*vrn-D1*；穗发芽相关基因：Vp1B3标记/*Vp1B3a*。

大红芒（2）

省库编号：LM 134　　国库编号：ZM 1979　　品种来源：山东平原

【生物学习性】幼苗匍匐；弱冬性；抗寒性2级；生育期246d；株高111cm；穗长8.5cm，纺锤形，长芒，红壳；白粒，角质，千粒重25.2g。

【品质特性】籽粒粗蛋白含量（干基）15.60％，赖氨酸0.27％，铁14.7mg/kg，锌17.8mg/kg，SKCS硬度指数60；面粉白度值75.2，沉降值（14%）44.3mL；面团流变学特性：形成时间4.2min，稳定时间3.6min，弱化度61BU，峰高620BU，衰弱角42°；淀粉糊化特性（RVA）：峰值黏度2 403cP，保持黏度1 572cP，稀懈值831cP，终黏度2 802cP，回升值1 230cP，峰值时间6.1min，糊化温度67.0℃；麦谷蛋白亚基组成：n/7+22/2+12，Glu-A3e/Glu-B3g。

【已测分子标记结果】非1B/1R；八氢番茄红素合成酶（PSY）基因：YP7A标记/PSY-A1a；多酚氧化酶（PPO）基因：PPO33标记/PPO-A1b；抗白粉病基因Pm4、Pm8、Pm13、Pm21的标记均为阴性；抗叶锈病基因Lr10、Lr19、Lr20的标记均为阴性；光周期基因：Ppd标记/Ppd-D1b；春化基因：vrn-A1，vrn-D1；穗发芽相关基因：Vp1B3标记/Vp1B3c。

红芒白（2）

省库编号：LM 135　　国库编号：ZM 1992　　品种来源：山东冠县

【生物学习性】幼苗匍匐；弱冬性；抗寒性2级；生育期246d；株高112cm；穗长9.4cm，纺锤形，长芒，红壳；白粒，角质，千粒重25.7g。

【品质特性】籽粒粗蛋白含量（干基）14.60％，赖氨酸0.34％，铁9.1mg/kg，锌18.5mg/kg，SKCS硬度指数65；面粉白度值73.6，沉降值（14％）36.60mL；面团流变学特性：形成时间3.0min，稳定时间2.0min，弱化度81BU，峰高560BU，衰弱角25°；淀粉糊化特性（RVA）：峰值黏度2 175cP，保持黏度1 498cP，稀懈值677cP，终黏度2 721cP，回升值1 223cP，峰值时间6.1min，糊化温度67.8℃；麦谷蛋白亚基组成：n/7/2+12，Glu-A3a/Glu-B3g。

【已测分子标记结果】非1B/1R；八氢番茄红素合成酶（PSY）基因：YP7A标记/PSY-A1a；多酚氧化酶（PPO）基因：PPO33标记/PPO-A1b；抗白粉病基因Pm4、Pm8、Pm13、Pm21的标记均为阴性；抗叶锈病基因Lr10、Lr19、Lr20的标记均为阴性；光周期基因：Ppd标记/Ppd-D1b；春化基因：vrn-A1、vrn-B1、vrn-B3、vrn-D1；穗发芽相关基因：Vp1B3标记/Vp1B3a。

红芒白（4）

省库编号：LM 136　　国库编号：ZM 11108　　品种来源：山东濮县[*]

【生物学习性】幼苗匍匐；弱冬性；抗寒性2级；生育期246d；株高114cm；穗长7.2cm，纺锤形，长芒，红壳；白粒，半角质，千粒重25.0g。

【品质特性】籽粒铁含量10.1mg/kg，锌12.6mg/kg，SKCS硬度指数57；面粉白度值72.7，沉降值（14%）38.10mL；面团流变学特性：峰高560BU，衰弱角43°；淀粉糊化特性（RVA）：峰值黏度2 141cP，保持黏度1 493cP，稀懈值648cP，终黏度2 664cP，回升值1 171cP，峰值时间6.1min，糊化温度67.8℃；麦谷蛋白亚基组成：n/7+8/2+12，Glu-A3a/Glu-B3f。

【已测分子标记结果】非1B/1R；八氢番茄红素合成酶（PSY）基因：YP7A标记/*PSY-A1a*；多酚氧化酶（PPO）基因：PPO33标记/*PPO-A1b*；抗白粉病基因*Pm4*、*Pm8*、*Pm13*、*Pm21*的标记均为阴性；抗叶锈病基因*Lr10*、*Lr19*、*Lr20*的标记均为阴性；光周期基因：Ppd标记/*Ppd-D1b*；春化基因：*vrn-B1*、*vrn-B3*；穗发芽相关基因：Vp1B3标记/*Vp1B3c*。

野鸡翎（3）

省库编号：LM 137　　国库编号：ZM 1927　　品种来源：山东惠民

【生物学习性】幼苗匍匐；冬性；抗寒性2级；生育期247d；株高130cm；穗长10.8cm，纺锤形，长芒，红壳；白粒，角质，千粒重22.6g。

【品质特性】籽粒粗蛋白含量（干基）15.50%，赖氨酸0.40%，铁14.6mg/kg，锌19.8mg/kg，SKCS硬度指数59；面粉白度值74.6，沉降值（14%）44.3mL；面团流变学特性：峰高585BU，衰弱角37°；淀粉糊化特性（RVA）：峰值黏度2 340cP，保持黏度1 583cP，稀懈值757cP，终黏度2 767cP，回升值1 184cP，峰值时间6.1min，糊化温度67.0℃；麦谷蛋白亚基组成：n/7+8/2+12，Glu-A3c/Glu-B3f。

【已测分子标记结果】非1B/1R；八氢番茄红素合成酶（PSY）基因：YP7A标记/*PSY-A1a*；多酚氧化酶（PPO）基因：PPO33标记/*PPO-A1a*；抗白粉病基因*Pm4*、*Pm8*、*Pm13*、*Pm21*的标记均为阴性；抗叶锈病基因*Lr10*、*Lr19*、*Lr20*的标记均为阴性；光周期基因：Ppd标记/*Ppd-D1b*；春化基因：*vrn-A1*、*vrn-B1*、*vrn-B3*、*vrn-D1*；穗发芽相关基因：Vp1B3标记/*Vp1B3b*。

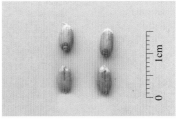

红 改 麦

省库编号：LM 138　　国库编号：ZM 1935　　品种来源：山东广饶

【生物学习性】幼苗匍匐；弱冬性；抗寒性2级；生育期247d；株高126cm；穗长9.6cm，纺锤形，长芒，红壳；白粒，角质，千粒重22.8g。

【品质特性】籽粒粗蛋白含量（干基）16.10%，赖氨酸0.36%，铁14.7mg/kg，锌14.3mg/kg，SKCS硬度指数63；面粉白度值74.4，沉降值（14%）41.2mL；面团流变学特性：形成时间4.5min，稳定时间4.7min，弱化度38BU，峰高565BU，衰弱角23°；淀粉糊化特性（RVA）：峰值黏度2 797cP，保持黏度1 828cP，稀懈值969cP，终黏度2 944cP，回升值1 116cP，峰值时间6.3min，糊化温度68.7℃；麦谷蛋白亚基组成：n/7+8/2+12，Glu-A3a/Glu-B3g。

【已测分子标记结果】非1B/1R；八氢番茄红素合成酶（PSY）基因：YP7A标记/*PSY-A1a*；多酚氧化酶（PPO）基因：PPO33标记/*PPO-A1a*；抗白粉病基因*Pm4*、*Pm8*、*Pm13*、*Pm21*的标记均为阴性；抗叶锈病基因*Lr10*、*Lr19*、*Lr20*的标记均为阴性；光周期基因：Ppd标记/*Ppd-D1b*；春化基因：*vrn-A1*、*vrn-B1*、*vrn-B3*、*vrn-D1*；穗发芽相关基因：Vp1B3标记/*Vp1B3a*。

红芒白（1）

省库编号：LM 139　　国库编号：ZM 1866　　品种来源：山东安丘

【生物学习性】幼苗匍匐；弱冬性；抗寒性2级；生育期246d；株高130cm；穗长8.3cm，纺锤形，长芒，红壳；白粒，角质，千粒重28.0g。

【品质特性】籽粒粗蛋白含量（干基）15.00%，赖氨酸0.42%，铁15.8mg/kg，锌20.5mg/kg，SKCS硬度指数50；面粉白度值75.6，沉降值（14%）39.4mL；面团流变学特性：形成时间4.5min，稳定时间4.7min，弱化度54BU，峰高560BU，衰弱角20°；淀粉糊化特性（RVA）：峰值黏度2 686cP，保持黏度1 771cP，稀懈值915cP，终黏度2 970cP，回升值1 199cP，峰值时间6.3min，糊化温度67.8℃；麦谷蛋白亚基组成：1/7+8/2+12，Glu-A3b/Glu-B3g。

【已测分子标记结果】非1B/1R；八氢番茄红素合成酶（PSY）基因：YP7A标记/*PSY-A1a*；多酚氧化酶（PPO）基因：PPO33标记/*PPO-A1b*；抗白粉病基因*Pm4*、*Pm8*、*Pm13*、*Pm21*的标记均为阴性；抗叶锈病基因*Lr10*、*Lr19*、*Lr20*的标记均为阴性；光周期基因：Ppd标记/*Ppd-D1b*；春化基因：*vrn-A1*、*vrn-B1*、*vrn-B3*、*Vrn-D1*；穗发芽相关基因：Vp1B3标记/*Vp1B3a*。

小 红 麦

省库编号：LM 140　　国库编号：ZM 1838　　品种来源：山东昌邑

【生物学习性】幼苗半匍匐；弱冬性；抗寒性4级；生育期244d；株高120cm；穗长8.0cm，长方形，短芒，红壳；红粒，粉质，千粒重27.3g。

【品质特性】籽粒粗蛋白含量（干基）14.90%，赖氨酸0.35%，铁11.4mg/kg，锌13.8mg/kg，SKCS硬度指数42；面粉白度值76.3，沉降值（14%）41.7mL；面团流变学特性：形成时间3.2min，稳定时间2.9min，弱化度87BU，峰高630BU，衰弱角28°；淀粉糊化特性（RVA）：峰值黏度2 510cP，保持黏度1 696cP，稀懈值814cP，终黏度2 941cP，回升值1 245cP，峰值时间6.3min，糊化温度67.8℃；麦谷蛋白亚基组成：n/7+8/2+12，Glu-A3a/Glu-B3g。

【已测分子标记结果】非1B/1R；八氢番茄红素合成酶（PSY）基因：YP7A标记/*PSY-A1a*；多酚氧化酶（PPO）基因：PPO33标记/*PPO-A1a*；抗白粉病基因*Pm4*、*Pm8*、*Pm13*、*Pm21*的标记均为阴性；抗叶锈病基因*Lr10*、*Lr19*、*Lr20*的标记均为阴性；光周期基因：Ppd标记/*Ppd-D1b*；春化基因：*vrn-A1*、*vrn-B1*、*vrn-B3*、*vrn-D1*；穗发芽相关基因：Vp1B3标记/*Vp1B3a*。

红芒麦（1）

省库编号：LM 141　　国库编号：ZM 1843　　品种来源：山东高密

【生物学习性】幼苗匍匐；弱冬性；抗寒性2级；生育期246d；株高120cm；穗长8.5cm，纺锤形，长芒，红壳；白粒，角质，千粒重26.0g。

【品质特性】籽粒粗蛋白含量（干基）15.60%，赖氨酸0.34%，SKCS硬度指数54；面粉白度值74.8，沉降值（14%）36.60mL；面团流变学特性：形成时间3.8min，稳定时间2.9min，弱化度77BU，峰高605BU，衰弱角29°；淀粉糊化特性（RVA）：峰值黏度2 740cP，保持黏度1 888cP，稀懈值852cP，终黏度3 025cP，回升值1 137cP，峰值时间6.3min，糊化温度67.0℃；麦谷蛋白亚基组成：n/7+8/2+12，Glu-A3e/Glu-B3g。

【已测分子标记结果】非1B/1R；八氢番茄红素合成酶（PSY）基因：YP7A标记/PSY-A1a；多酚氧化酶（PPO）基因：PPO33标记/PPO-A1b；抗白粉病基因Pm4、Pm8、Pm13、Pm21的标记均为阴性；抗叶锈病基因Lr10、Lr19、Lr20的标记均为阴性；光周期基因：Ppd标记/Ppd-D1b；春化基因：vrn-B1、vrn-B3；穗发芽相关基因：Vp1B3标记/Vp1B3a。

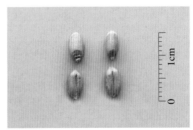

野鸡翎（1）

省库编号：LM 142　　国库编号：ZM 1830　　品种来源：山东五莲

【生物学习性】幼苗匍匐；弱冬性；抗寒性2级；生育期247d；株高130cm；穗长9.9cm，圆锥形，长芒，红壳；白粒，角质，千粒重23.0g。

【品质特性】籽粒粗蛋白含量（干基）15.30%，赖氨酸0.47%，铁11.4mg/kg，锌13.8mg/kg，SKCS硬度指数54；面粉白度值74.8，沉降值（14%）38.1mL；面团流变学特性：形成时间3.5min，稳定时间2.6min，弱化度80BU，峰高610BU，衰弱角32°；淀粉糊化特性（RVA）：峰值黏度2 814cP，保持黏度1 771cP，稀懈值1 043cP，终黏度2 838cP，回升值1 067cP，峰值时间6.2min，糊化温度67.8℃；麦谷蛋白亚基组成：n/7+8/2+12，Glu-A3c/Glu-B3g。

【已测分子标记结果】非1B/1R；八氢番茄红素合成酶（PSY）基因：YP7A标记/*PSY-A1a*；多酚氧化酶（PPO）基因：PPO33标记/*PPO-A1a*；抗白粉病基因*Pm4*、*Pm8*、*Pm13*、*Pm21*的标记均为阴性；抗叶锈病基因*Lr10*、*Lr19*、*Lr20*的标记均为阴性；光周期基因：Ppd标记/*Ppd-D1b*；春化基因：*vrn-A1*、*vrn-B1*、*vrn-B3*、*vrn-D1*；穗发芽相关基因：Vp1B3标记/*Vp1B3a*。

小芒麦（1）

省库编号：LM 143　　国库编号：ZM 1724　　品种来源：山东掖县*

【生物学习性】幼苗匍匐；弱冬性；抗寒性2级；生育期247d；株高130cm；穗长9.3cm，纺锤形，短芒，红壳；白粒，角质，千粒重21.3g。

【品质特性】籽粒粗蛋白含量（干基）15.10%，赖氨酸0.50%，铁18.8mg/kg，锌20.2mg/kg，SKCS硬度指数63；面粉白度值75.1，沉降值（14%）36.6mL；面团流变学特性：形成时间3.5min，稳定时间2.1min，弱化度89BU，峰高580BU，衰弱角27°；淀粉糊化特性（RVA）：峰值黏度2 932cP，保持黏度1 699cP，稀懈值1 233cP，终黏度2 815cP，回升值1 116cP，峰值时间6.3min，糊化温度67.9℃；麦谷蛋白亚基组成：n/7+8/2+12，Glu-A3e/Glu-B3g。

【已测分子标记结果】非1B/1R；八氢番茄红素合成酶（PSY）基因：YP7A标记/*PSY-A1a*；多酚氧化酶（PPO）基因：PPO33标记/*PPO-A1a*；抗白粉病基因*Pm4*、*Pm8*、*Pm13*、*Pm21*的标记均为阴性；抗叶锈病基因*Lr10*、*Lr19*、*Lr20*的标记均为阴性；光周期基因：Ppd标记/*Ppd-D1b*；春化基因：*vrn-A1*、*vrn-B1*、*vrn-B3*、*vrn-D1*；穗发芽相关基因：Vp1B3标记/*Vp1B3a*。

青头硬皮

省库编号：LM 144　　国库编号：ZM 1850　　品种来源：山东胶南

【生物学习性】幼苗匍匐；强冬性；抗寒性2级；生育期248d；株高108cm；穗长7.4cm，纺锤形，长芒，红壳；红粒，粉质，千粒重25.0g。

【品质特性】籽粒粗蛋白含量（干基）14.80％，赖氨酸0.48％，铁15.4mg/kg，锌15.7mg/kg，SKCS硬度指数65；面粉白度值72.5，沉降值（14％）39.9mL；面团流变学特性：形成时间3.9min，稳定时间2.2min，弱化度108BU，峰高570BU，衰弱角26°；淀粉糊化特性（RVA）：峰值黏度2 468cP，保持黏度1 534cP，稀懈值934cP，终黏度2 676cP，回升值1 142cP，峰值时间6.1min，糊化温度67.9℃；麦谷蛋白亚基组成：1/7+8/2+12，Glu-A3e/Glu-B3g。

【已测分子标记结果】非1B/1R；八氢番茄红素合成酶（PSY）基因：YP7A标记/PSY-A1a；多酚氧化酶（PPO）基因：PPO33标记/PPO-A1a；抗白粉病基因Pm4、Pm8、Pm13、Pm21的标记均为阴性；抗叶锈病基因Lr10、Lr19、Lr20的标记均为阴性；光周期基因：Ppd标记/Ppd-D1b；春化基因：vrn-A1、vrn-B1、vrn-B3、vrn-D1；穗发芽相关基因：Vp1B3标记/Vp1B3b。

红头火麦

省库编号：LM 145　　国库编号：ZM 2023　　品种来源：山东单县

【生物学习性】幼苗匍匐；弱冬性；抗寒性3⁻级；生育期242d；株高109cm；穗长9.0cm，纺锤形，长芒，红壳；红粒，角质，千粒重24.5g。

【品质特性】籽粒粗蛋白含量（干基）16.80％，赖氨酸0.44％，铁13.5mg/kg，锌19.3mg/kg，SKCS硬度指数50；面粉白度值74.3，沉降值（14％）43.1mL；面团流变学特性：形成时间4.0min，稳定时间3.3min，弱化度69BU，峰高660BU，衰弱角39°；淀粉糊化特性（RVA）：峰值黏度2 613cP，保持黏度1 801cP，稀懈值812cP，终黏度3 055cP，回升值1 254cP，峰值时间6.3min，糊化温度67.0℃；麦谷蛋白亚基组成：n/7+8/2+12，Glu-A3c/Glu-B3d。

【已测分子标记结果】非1B/1R；八氢番茄红素合成酶（PSY）基因：YP7A标记/*PSY-A1a*；多酚氧化酶（PPO）基因：PPO33标记/*PPO-A1a*；抗白粉病基因*Pm4*、*Pm8*、*Pm13*、*Pm21*的标记均为阴性；抗叶锈病基因*Lr10*、*Lr19*、*Lr20*的标记均为阴性；光周期基因：Ppd标记/*Ppd-D1b*；春化基因：*vrn-B1*、*vrn-B3*；穗发芽相关基因：Vp1B3标记/*Vp1B3b*。

10cm

1cm

0 1cm

鱼鳞糙（2）

省库编号：LM 146　　国库编号：ZM 2042　　品种来源：山东郯城

【生物学习性】幼苗匍匐；弱冬性；抗寒性3级；生育期243d；株高113cm；穗长9.2cm，纺锤形，长芒，红壳；红粒，角质，千粒重25.5g。

【品质特性】籽粒粗蛋白含量（干基）16.10%，赖氨酸0.40%，铁18.4mg/kg，锌17.0mg/kg，SKCS硬度指数53；面粉白度值73.4，沉降值（14%）47.9mL；面团流变学特性：形成时间4.0min，稳定时间3.3min，弱化度69BU，峰高770BU，衰弱角34°；淀粉糊化特性（RVA）：峰值黏度2 631cP，保持黏度1 666cP，稀懈值965cP，终黏度2 831cP，回升值1 165cP，峰值时间6.2min，糊化温度67.9℃；麦谷蛋白亚基组成：n/7+8/2+12，Glu-A3a/Glu-B3g。

【已测分子标记结果】非1B/1R；八氢番茄红素合成酶（PSY）基因：YP7A标记/*PSY-A1a*；多酚氧化酶（PPO）基因：PPO33标记/*PPO-A1a*；抗白粉病基因*Pm4*、*Pm8*、*Pm13*、*Pm21*的标记均为阴性；抗叶锈病基因*Lr10*、*Lr19*、*Lr20*的标记均为阴性；光周期基因：Ppd标记/*Ppd-D1b*；春化基因：*vrn-B1*、*vrn-B3*；穗发芽相关基因：Vp1B3标记/*Vp1B3a*。

红 糙 麦

省库编号：LM 147　　国库编号：ZM 2081　　品种来源：山东曲阜

【生物学习性】幼苗匍匐；弱冬性；抗寒性2级；生育期243d；株高110cm；穗长10.8cm，圆锥形，长芒，红壳，红粒，角质，千粒重24.7g。

【品质特性】籽粒粗蛋白含量（干基）14.70%，赖氨酸0.33%，铁16.3mg/kg，锌20.5mg/kg，SKCS硬度指数59；面粉白度值73.7，沉降值（14%）42.5mL；面团流变学特性：形成时间5.0min，稳定时间4.7min，弱化度32BU，峰高610BU，衰弱角19°；淀粉糊化特性（RVA）：峰值黏度2 545cP，保持黏度1 708cP，稀懈值837cP，终黏度2 945cP，回升值1 237cP，峰值时间6.2min，糊化温度67.9℃；麦谷蛋白亚基组成：n/7+8/2+12，Glu-A3a/Glu-B3g。

【已测分子标记结果】非1B/1R；八氢番茄红素合成酶（PSY）基因：YP7A标记/*PSY-A1a*；多酚氧化酶（PPO）基因：PPO33标记/*PPO-A1a*；抗白粉病基因*Pm4*、*Pm8*、*Pm13*、*Pm21*的标记均为阴性；抗叶锈病基因*Lr10*、*Lr19*、*Lr20*的标记均为阴性；光周期基因：Ppd标记/*Ppd-D1b*；春化基因：*vrn-A1*、*vrn-B1*、*vrn-B3*、*vrn-D1*；穗发芽相关基因：Vp1B3标记/*Vp1B3c*。

大红芒（7）

省库编号：LM 148　　国库编号：ZM 2015　　品种来源：山东巨野

【生物学习性】幼苗匍匐；弱冬性；抗寒性2级；生育期243d；株高118cm；穗长13.1cm，纺锤形，长芒，红壳，红粒，角质，千粒重26.2g。

【品质特性】籽粒粗蛋白含量（干基）15.40%，赖氨酸0.40%，铁12.1mg/kg，锌19.6mg/kg，SKCS硬度指数65；面粉白度值73.2，沉降值（14%）39.1mL；面团流变学特性：峰高585BU，衰弱角22.5°；淀粉糊化特性（RVA）：峰值黏度2 489cP，保持黏度1 663cP，稀懈值826cP，终黏度2 887cP，回升值1 224cP，峰值时间6.2min，糊化温度67.0℃；麦谷蛋白亚基组成：n/7+8/2+12，Glu-A3b/Glu-B3f。

【已测分子标记结果】非1B/1R；八氢番茄红素合成酶（PSY）基因：YP7A标记/*PSY-A1a*；多酚氧化酶（PPO）基因：PPO33标记/*PPO-A1a*；抗白粉病基因*Pm4*、*Pm8*、*Pm13*、*Pm21*的标记均为阴性；抗叶锈病基因*Lr10*、*Lr19*、*Lr20*的标记均为阴性；光周期基因：Ppd标记/*Ppd-D1b*；春化基因：*vrn-B1*、*vrn-B3*；穗发芽相关基因：Vp1B3标记/*Vp1B3c*。

小麦 (3)

省库编号：LM 149　　国库编号：ZM 2069　　品种来源：山东临沭

【生物学习性】幼苗匍匐；弱冬性；抗寒性3⁻级；生育期245d；株高112cm；穗长9.6cm，纺锤形，长芒，红壳；红粒，角质，千粒重22.0g。

【品质特性】籽粒粗蛋白含量（干基）15.90％，赖氨酸0.36％，铁13.0mg/kg，锌12.4mg/kg，SKCS硬度指数53；面粉白度值77.2，沉降值（14％）44.1mL；面团流变学特性：形成时间5.5min，稳定时间5.1min，弱化度44BU，峰高580BU，衰弱角23°；淀粉糊化特性（RVA）：峰值黏度2 403cP，保持黏度1 614cP，稀懈值789cP，终黏度2 833cP，回升值1 219cP，峰值时间6.2min，糊化温度68.7℃；麦谷蛋白亚基组成：n/7+8/2+12，Glu-A3a/Glu-B3g。

【已测分子标记结果】非1B/1R；八氢番茄红素合成酶（PSY）基因：YP7A标记/*PSY-A1a*；多酚氧化酶（PPO）基因：PPO33标记/*PPO-A1a*；抗白粉病基因*Pm4*标记为阳性，*Pm8*、*Pm13*、*Pm21*标记为阴性；抗叶锈病基因*Lr10*、*Lr19*、*Lr20*的标记均为阴性；光周期基因：Ppd标记/*Ppd-D1b*；春化基因：*vrn-A1*、*vrn-B1*、*vrn-B3*、*vrn-D1*；穗发芽相关基因：Vp1B3标记/*Vp1B3c*。

10cm

红气死雾（1）

省库编号：LM 150　　国库编号：ZM 11106　　品种来源：不详

【生物学习性】幼苗匍匐；弱冬性；抗寒性3⁻级；生育期246d；株高112cm；穗长8cm，纺锤形，长芒，穗粒数31粒；红壳，红粒，角质，千粒重27g。

【品质特性】籽粒铁含量10.4mg/kg，锌12.3mg/kg，SKCS硬度指数70；面粉白度值74.1，沉降值（14%）42.0mL；面团流变学特性：峰高590BU，衰弱角17.5°；淀粉糊化特性（RVA）：峰值黏度2 752cP，保持黏度1 768cP，稀懈值984cP，终黏度2 959cP，回升值1 191cP，峰值时间6.3min，糊化温度68.6℃；麦谷蛋白亚基组成：n/23+22/2+12，Glu-A3a/Glu-B3f。

【已测分子标记结果】非1B/1R；八氢番茄红素合成酶（PSY）基因：YP7A标记/PSY-A1a；多酚氧化酶（PPO）基因：PPO33标记/PPO-A1a；抗白粉病基因Pm4、Pm8、Pm13、Pm21的标记均为阴性；抗叶锈病基因Lr10、Lr19、Lr20的标记均为阴性；光周期基因：Ppd标记/Ppd-D1b；春化基因：vrn-A1、vrn-B1、vrn-B3、vrn-D1；穗发芽相关基因：Vp1B3标记/Vp1B3c。

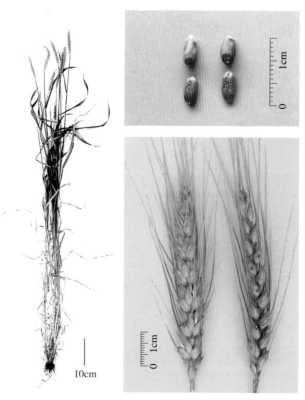

白申麦

省库编号：LM 151　　国库编号：ZM 2065　　品种来源：山东苍山

【生物学习性】幼苗匍匐；弱冬性；抗寒性2级；生育期246d；株高118cm；穗长9.0cm，纺锤形，长芒，红壳；白粒，角质，千粒重26.4g。

【品质特性】籽粒粗蛋白含量（干基）16.10%，赖氨酸0.33%，铁14.5mg/kg，锌16.0mg/kg，SKCS硬度指数62；面粉白度值73.8，沉降值（14%）43.6mL；面团流变学特性：形成时间4.2min，稳定时间3.9min，弱化度37BU，峰高650BU，衰弱角27°；淀粉糊化特性（RVA）：峰值黏度2 534cP，保持黏度1 696cP，稀懈值838cP，终黏度2 949cP，回升值1 253cP，峰值时间6.3min，糊化温度67.1℃；麦谷蛋白亚基组成：n/7+8/2+12，Glu-A3d/Glu-B3g。

【已测分子标记结果】非1B/1R；八氢番茄红素合成酶（PSY）基因：YP7A标记/PSY-A1a；多酚氧化酶（PPO）基因：PPO33标记/PPO-A1a；抗白粉病基因Pm4、Pm8、Pm13、Pm21的标记均为阴性；抗叶锈病基因Lr10、Lr19、Lr20的标记均为阴性；光周期基因：Ppd标记/Ppd-D1b；春化基因：vrn-A1、vrn-B1、vrn-B3、Vrn-D1；穗发芽相关基因：Vp1B3标记/Vp1B3a。

大粒大青壳麦

省库编号：LM 152　　国库编号：ZM 2100　　品种来源：山东滕县

【生物学习性】幼苗匍匐；弱冬性；抗寒性2级；生育期246d；株高109cm；穗长10.2cm，纺锤形，长芒，红壳；白粒，粉质，千粒重26.5g。

【品质特性】籽粒粗蛋白含量（干基）14.60%，赖氨酸0.41%，铁11.4mg/kg，锌15.1mg/kg，SKCS硬度指数21；面粉白度值81.4，沉降值（14%）33.6mL；面团流变学特性：形成时间3.5min，稳定时间3.7min，弱化度86BU，峰高545BU，衰弱角35°；淀粉糊化特性（RVA）：峰值黏度2 807cP，保持黏度1 698cP，稀懈值1 109cP，终黏度2 915cP，回升值1 217cP，峰值时间6.2min，糊化温度86.7℃；麦谷蛋白亚基组成：n/7+8/2+12，Glu-A3a/Glu-B3g。

【已测分子标记结果】非1B/1R；八氢番茄红素合成酶（PSY）基因：YP7A标记/*PSY-A1a*；多酚氧化酶（PPO）基因：PPO33标记/*PPO-A1a*；抗白粉病基因*Pm4*、*Pm8*、*Pm13*、*Pm21*的标记均为阴性；抗叶锈病基因*Lr10*、*Lr19*、*Lr20*的标记均为阴性；光周期基因：Ppd标记/*Ppd-D1b*；春化基因：*vrn-A1*、*vrn-B1*、*vrn-B3*、*vrn-D1*；穗发芽相关基因：Vp1B3标记/*Vp1B3a*。

肥城禾麦

省库编号：LM 153　　国库编号：ZM 1906　　品种来源：山东肥城

【生物学习性】幼苗匍匐；弱冬性；抗寒性2级；生育期246d；株高114cm；穗长8.5cm，纺锤形，短芒，红壳；红粒，角质，千粒重26.8g。

【品质特性】籽粒粗蛋白含量（干基）15.30％，赖氨酸0.46％，铁8.6mg/kg，锌10.3mg/kg，SKCS硬度指数58；面粉白度值73.2，沉降值（14％）36.8mL；面团流变学特性：形成时间3.4min，稳定时间3.4min，弱化度70BU，峰高560BU，衰弱角29°；淀粉糊化特性（RVA）：峰值黏度2 543cP，保持黏度1 635cP，稀懈值908cP，终黏度2 800cP，回升值1 165cP，峰值时间6.2min，糊化温度68.0℃；麦谷蛋白亚基组成：n/7+8/2+12，Glu-A3a/Glu-B3g。

【已测分子标记结果】非1B/1R；八氢番茄红素合成酶（PSY）基因：YP7A标记/*PSY-A1a*；多酚氧化酶（PPO）基因：PPO33标记/*PPO-A1a*；抗白粉病基因*Pm4*、*Pm8*、*Pm13*、*Pm21*的标记均为阴性；抗叶锈病基因*Lr10*、*Lr19*、*Lr20*的标记均为阴性；光周期基因：Ppd标记/*Ppd-D1b*；春化基因：*vrn-A1*、*vrn-B1*、*vrn-B3*、*Vrn-D1*；穗发芽相关基因：Vp1B3标记/*Vp1B3b*。

1cm

10cm

1cm

小红芒（2）

省库编号：LM 154　　国库编号：ZM 1907　　品种来源：山东肥城

【生物学习性】幼苗匍匐；弱冬性；抗寒性2级；生育期245d；株高112cm；穗长9.2cm，纺锤形，长芒，红壳；红粒，角质，千粒重22.5g。

【品质特性】籽粒粗蛋白含量（干基）16.10％，赖氨酸0.34％，铁20.0mg/kg，锌19.1mg/kg，SKCS硬度指数57；面粉白度值72.6，沉降值（14％）35.7mL；面团流变学特性：形成时间2.3min，稳定时间0.9min，弱化度172BU，峰高560BU，衰弱角34°；淀粉糊化特性（RVA）：峰值黏度2 542cP，保持黏度1 659cP，稀懈值883cP，终黏度2 802cP，回升值1 143cP，峰值时间6.3min，糊化温度67.9℃；麦谷蛋白亚基组成：n/7+8/2+12，Glu-A3a/Glu-B3f。

【已测分子标记结果】非1B/1R；八氢番茄红素合成酶（PSY）基因：YP7A标记/*PSY-A1a*；多酚氧化酶（PPO）基因：PPO33标记/*PPO-A1a*；抗白粉病基因*Pm4*、*Pm8*、*Pm13*、*Pm21*的标记均为阴性；抗叶锈病基因*Lr10*、*Lr19*、*Lr20*的标记均为阴性；光周期基因：Ppd标记/*Ppd-D1b*；春化基因：*vrn-A1*、*vrn-B1*、*vrn-B3*、*vrn-D1*。

红芒子麦

省库编号：LM 155   国库编号：ZM 1669   品种来源：山东济南

【生物学习性】幼苗匍匐；弱冬性；抗寒性3级；生育期244d；株高111cm；穗长11.4cm，纺锤形，长芒，红壳，红粒，角质，千粒重26.6g。

【品质特性】籽粒粗蛋白含量（干基）15.50％，赖氨酸0.34％，铁16.3mg/kg，锌21.1mg/kg，SKCS硬度指数62；面粉白度值73.9，沉降值（14％）44.1mL；面团流变学特性：形成时间2.8min，稳定时间3.7min，弱化度85BU，峰高615BU，衰弱角24°；淀粉糊化特性（RVA）：峰值黏度2 496cP，保持黏度1 664cP，稀懈值832cP，终黏度2 935cP，回升值1 271cP，峰值时间6.2min，糊化温度67.0℃；麦谷蛋白亚基组成：n/7+8/2+12，Glu-A3a/Glu-B3g。

【已测分子标记结果】非1B/1R；八氢番茄红素合成酶（PSY）基因：YP7A标记/*PSY-A1a*；多酚氧化酶（PPO）基因：PPO33标记/*PPO-A1b*；抗白粉病基因*Pm4*、*Pm8*、*Pm13*、*Pm21*的标记均为阴性；抗叶锈病基因*Lr10*、*Lr19*、*Lr20*的标记均为阴性；光周期基因：Ppd标记/*Ppd-D1b*；春化基因：*vrn-A1*、*vrn-B1*、*vrn-B3*、*vrn-D1*；穗发芽相关基因：Vp1B3标记/*Vp1B3c*。

红芒红麦

省库编号：LM 156　　国库编号：ZM 1915　　品种来源：山东章丘

【生物学习性】幼苗匍匐；弱冬性；抗寒性2级；生育期245d；株高112cm；穗长7.0cm，纺锤形，长芒，红壳；红粒，角质，千粒重26.2g。

【品质特性】籽粒粗蛋白含量（干基）14.80%，赖氨酸0.32%，铁11.9mg/kg，锌16.5mg/kg，SKCS硬度指数61；面粉白度值73.5，沉降值（14%）39.1mL；面团流变学特性：形成时间4.9min，稳定时间3.8min，弱化度52BU，峰高590BU，衰弱角34°；淀粉糊化特性（RVA）：峰值黏度2 379cP，保持黏度1 618cP，稀懈值761cP，终黏度2 839cP，回升值1 221cP，峰值时间6.2min，糊化温度67.9℃；麦谷蛋白亚基组成：n/7+8/2+12，Glu-A3a/Glu-B3d。

【已测分子标记结果】非1B/1R；八氢番茄红素合成酶（PSY）基因：YP7A标记/*PSY-A1a*；多酚氧化酶（PPO）基因：PPO33标记/*PPO-A1b*；抗白粉病基因*Pm4*、*Pm8*、*Pm13*、*Pm21*的标记均为阴性；抗叶锈病基因*Lr10*、*Lr19*、*Lr20*的标记均为阴性；光周期基因：Ppd标记/*Ppd-D1b*；春化基因：*vrn-A1*、*vrn-B1*、*vrn-B3*、*vrn-D1*；穗发芽相关基因：Vp1B3标记/*Vp1B3c*。

小红芒小麦

省库编号：LM 157   国库编号：ZM 1994   品种来源：山东阳谷

【生物学习性】幼苗匍匐；弱冬性；抗寒性2级；生育期245d；株高111cm；穗长8.7cm，圆锥形，长芒，红壳；红粒，半角质，千粒重25.5g。

【品质特性】籽粒粗蛋白含量（干基）15.00%，赖氨酸0.37%，铁10.9mg/kg，锌19.8mg/kg，SKCS硬度指数34；面粉白度值76.7，沉降值（14%）36.2mL；面团流变学特性：形成时间2.6min，稳定时间2.1min，弱化度138BU，峰高520BU，衰弱角24°；淀粉糊化特性（RVA）：峰值黏度2 634cP，保持黏度1 745cP，稀懈值889cP，终黏度2 987cP，回升值1 242cP，峰值时间6.3min，糊化温度69.5℃；麦谷蛋白亚基组成：n/7+8/2+12，Glu-A3a/Glu-B3g。

【已测分子标记结果】非1B/1R；八氢番茄红素合成酶（PSY）基因：YP7A标记/*PSY-A1a*；多酚氧化酶（PPO）基因：PPO33标记/*PPO-A1b*；抗白粉病基因*Pm4*、*Pm8*、*Pm13*、*Pm21*的标记均为阴性；抗叶锈病基因*Lr10*、*Lr19*、*Lr20*的标记均为阴性；光周期基因：Ppd标记/*Ppd-D1b*；春化基因：*vrn-A1*、*vrn-B1*、*vrn-B3*、*vrn-D1*；穗发芽相关基因：Vp1B3标记/*Vp1B3a*。

10cm

大红芒 （4）

省库编号：LM 158　国库编号：ZM 1995　品种来源：山东阳谷

【生物学习性】幼苗匍匐；弱冬性；抗寒性2级；生育期245d；株高124cm；穗长11.2cm，纺锤形，长芒，红壳；红粒，角质，千粒重22.0g。

【品质特性】籽粒粗蛋白含量（干基）16.80%，赖氨酸0.34%，铁11.8mg/kg，锌13.1mg/kg，SKCS硬度指数49；面粉白度值74.9，沉降值（14%）37.8mL；面团流变学特性：形成时间2.6min，稳定时间1.6min，弱化度160BU，峰高560BU，衰弱角22°；淀粉糊化特性（RVA）：峰值黏度2 576cP，保持黏度1 689cP，稀懈值887cP，终黏度2 944cP，回升值1 255cP，峰值时间6.2min，糊化温度67.9℃；麦谷蛋白亚基组成：n/7+8/2+12，Glu-A3a/Glu-B3g。

【已测分子标记结果】非1B/1R；八氢番茄红素合成酶（PSY）基因：YP7A标记/*PSY-A1a*；多酚氧化酶（PPO）基因：PPO33标记/*PPO-A1a*；抗白粉病基因*Pm4*、*Pm8*、*Pm13*、*Pm21*的标记均为阴性；抗叶锈病基因*Lr10*、*Lr19*、*Lr20*的标记均为阴性；光周期基因：Ppd标记/*Ppd-D1b*；春化基因：*vrn-A1*、*vrn-B1*、*vrn-B3*、*vrn-D1*；穗发芽相关基因：Vp1B3标记/*Vp1B3a*。

红野鸡翎

省库编号：LM 159　　国库编号：ZM 1953　　品种来源：渤海农场[*]

【生物学习性】幼苗匍匐；弱冬性；抗寒性2级；生育期245d；株高130cm；穗长9.4cm，纺锤形，长芒，红壳，红粒，角质，千粒重23.0g。

【品质特性】籽粒粗蛋白含量（干基）15.90%，赖氨酸0.31%，铁13.1mg/kg，锌13.6mg/kg，SKCS硬度指数51；面粉白度值75.6，沉降值（14%）38.3mL；面团流变学特性：形成时间2.3min，稳定时间3.5min，弱化度90BU，峰高555BU，衰弱角31°；淀粉糊化特性（RVA）：峰值黏度2 593cP，保持黏度1 773cP，稀懈值820cP，终黏度3 009cP，回升值1 236cP，峰值时间6.3min，糊化温度67.9℃；麦谷蛋白亚基组成：n/7+8/2+12，Glu-A3a/Glu-B3g。

【已测分子标记结果】非1B/1R；八氢番茄红素合成酶（PSY）基因：YP7A标记/*PSY-A1a*；多酚氧化酶（PPO）基因：PPO33标记/*PPO-A1b*；抗白粉病基因*Pm4*、*Pm8*、*Pm13*、*Pm21*的标记均为阴性；抗叶锈病基因*Lr10*、*Lr19*、*Lr20*的标记均为阴性；光周期基因：Ppd标记/*Ppd-D1b*；春化基因：*vrn-A1*、*vrn-D1*；穗发芽相关基因：Vp1B3标记/*Vp1B3a*。

红芒麦（2）

省库编号：LM 160　　国库编号：ZM 1818　　品种来源：山东潍北[*]

【生物学习性】幼苗匍匐；弱冬性；抗寒性2级；生育期245d；株高125cm；穗长9.0cm，纺锤形，长芒，红壳；红粒，角质，千粒重20.3g。

【品质特性】籽粒粗蛋白含量（干基）15.80%，赖氨酸0.32%，铁14.5mg/kg，锌16.8mg/kg，SKCS硬度指数56；面粉白度值74.6，沉降值（14%）35.7mL；面团流变学特性：形成时间3min，稳定时间2.1min，弱化度138BU，峰高560BU，衰弱角40°；淀粉糊化特性（RVA）：峰值黏度2 652cP，保持黏度1 836cP，稀懈值816cP，终黏度3 095cP，回升值1 259cP，峰值时间6.3min，糊化温度67.8℃；麦谷蛋白亚基组成：n/7+8/2+12，Glu-A3a/Glu-B3g。

【已测分子标记结果】非1B/1R；八氢番茄红素合成酶（PSY）基因：YP7A标记/*PSY-A1a*；多酚氧化酶（PPO）基因：PPO33标记/*PPO-A1a*；抗白粉病基因*Pm4*的标记为阳性，*Pm8*、*Pm13*、*Pm21*的标记为阴性；抗叶锈病基因*Lr10*、*Lr19*、*Lr20*的标记均为阴性；光周期基因：Ppd标记/*Ppd-D1b*；春化基因：*vrn-A1*、*vrn-B1*、*vrn-B3*、*vrn-D1*；穗发芽相关基因：Vp1B3标记/*Vp1B3a*。

老红麦（1）

省库编号：LM 161　　国库编号：ZM 1860　　品种来源：山东安丘

【生物学习性】幼苗匍匐；弱冬性；抗寒性2级；生育期245d；株高120cm；穗长8.9cm，纺锤形，长芒，红壳；红粒，角质，千粒重23.0g。

【品质特性】籽粒粗蛋白含量（干基）14.70%，赖氨酸0.36%，铁10.6mg/kg，锌16.8mg/kg，SKCS硬度指数54；面粉白度值73.6，沉降值（14%）37.8mL；面团流变学特性：形成时间5.4min，稳定时间4.0min，弱化度88BU，峰高515BU，衰弱角28°；淀粉糊化特性（RVA）：峰值黏度2 589cP，保持黏度1 763cP，稀懈值826cP，终黏度3 044cP，回升值1 281cP，峰值时间6.2min，糊化温度67.9℃；麦谷蛋白亚基组成：n/7+8/2+12，Glu-A3a/Glu-B3g。

【已测分子标记结果】非1B/1R；八氢番茄红素合成酶（PSY）基因：YP7A标记/*PSY-A1a*；多酚氧化酶（PPO）基因：PPO33标记/*PPO-A1a*；抗白粉病基因*Pm4*、*Pm8*、*Pm13*、*Pm21*的标记均为阴性；抗叶锈病基因*Lr10*、*Lr19*、*Lr20*的标记均为阴性；光周期基因：Ppd标记/*Ppd-D1b*；春化基因：*vrn-B1*；穗发芽相关基因：Vp1B3标记/*Vp1B3a*。

腰 珠 红

省库编号：LM 162　　国库编号：ZM 1871　　品种来源：山东寿光

【生物学习性】幼苗匍匐；强冬性；抗寒性2级；生育期245d；株高120cm；穗长8.3cm，纺锤形，长芒，红壳；红粒，角质，千粒重19.8g。

【品质特性】籽粒粗蛋白含量（干基）15.00%，赖氨酸0.36%，铁14.0mg/kg，锌23.9mg/kg，SKCS硬度指数53；面粉白度值73.5，沉降值（14%）37.3mL；面团流变学特性：形成时间1.7min，稳定时间0.8min，弱化度206BU，峰高570BU，衰弱角35°；淀粉糊化特性（RVA）：峰值黏度2 503cP，保持黏度1 641cP，稀懈值862cP，终黏度2 871cP，回升值1 230cP，峰值时间6.2min，糊化温度68.0℃；麦谷蛋白亚基组成：n/7+8/2+12，Glu-A3a/Glu-B3g。

【已测分子标记结果】非1B/1R；八氢番茄红素合成酶（PSY）基因：YP7A标记/*PSY-A1a*；多酚氧化酶（PPO）基因：PPO33标记/*PPO-A1a*；抗白粉病基因*Pm4*、*Pm8*、*Pm13*、*Pm21*的标记均为阴性；抗叶锈病基因*Lr10*、*Lr19*、*Lr20*的标记均为阴性；光周期基因：Ppd标记/*Ppd-D1b*；春化基因：*vrn-A1*、*vrn-B1*、*vrn-D1*；穗发芽相关基因：Vp1B3标记/*Vp1B3a*。

野鸡翎（2）

省库编号：LM 163　　国库编号：ZM 1869　　品种来源：山东诸城

【生物学习性】幼苗匍匐；强冬性；抗寒性2级；生育期245d；株高115cm；穗长10.3cm，纺锤形，短芒，红壳；红粒，角质，千粒重22.2g。

【品质特性】籽粒粗蛋白含量（干基）15.10%，赖氨酸0.36%，铁15.1mg/kg，锌19.5mg/kg，SKCS硬度指数56；面粉白度值73.0，沉降值（14%）36.2mL；面团流变学特性：形成时间2.2min，稳定时间2.0min，弱化度93BU，峰高510BU，衰弱角33°；淀粉糊化特性（RVA）：峰值黏度2 404cP，保持黏度1 553cP，稀懈值851cP，终黏度2 812cP，回升值1 259cP，峰值时间6.1min，糊化温度67.9℃；麦谷蛋白亚基组成：n/7+8/2+12，Glu-A3a/Glu-B3g。

【已测分子标记结果】非1B/1R；八氢番茄红素合成酶（PSY）基因：YP7A标记/*PSY-A1a*；多酚氧化酶（PPO）基因：PPO33标记/*PPO-A1a*；抗白粉病基因*Pm4*、*Pm8*、*Pm13*、*Pm21*的标记均为阴性；抗叶锈病基因*Lr10*、*Lr19*、*Lr20*的标记均为阴性；光周期基因：Ppd标记/*Ppd-D1b*；春化基因：*vrn-A1*、*vrn-B1*、*vrn-B3*、*vrn-D1*；穗发芽相关基因：Vp1B3标记/*Vp1B3a*。

浅子麦

省库编号：LM 164　　国库编号：ZM 1786　　品种来源：山东文登

【生物学习性】幼苗匍匐；弱冬性；抗寒性2级；生育期245d；株高106cm；穗长8.7cm，纺锤形，长芒，红壳；红粒，角质，千粒重22.4g。

【品质特性】籽粒粗蛋白含量（干基）16.20%，赖氨酸0.32%，铁10.4mg/kg，锌10.0mg/kg，SKCS硬度指数54；面粉白度值74.3，沉降值（14%）35.8mL；面团流变学特性：形成时间3.0min，稳定时间2.6min，弱化度81BU，峰高500BU，衰弱角28°；淀粉糊化特性（RVA）：峰值黏度2 547cP，保持黏度1 735cP，稀懈值812cP，终黏度3 010cP，回升值1 275cP，峰值时间6.3min，糊化温度67.9℃；麦谷蛋白亚基组成：n/7+8/2+12，Glu-A3a/Glu-B3g。

【已测分子标记结果】非1B/1R；八氢番茄红素合成酶（PSY）基因：YP7A标记/*PSY-A1a*；多酚氧化酶（PPO）基因：PPO33标记/*PPO-A1a*；抗白粉病基因*Pm4*、*Pm8*、*Pm13*、*Pm21*的标记均为阴性；抗叶锈病基因*Lr10*、*Lr19*、*Lr20*的标记均为阴性；光周期基因：Ppd标记/*Ppd-D1b*；春化基因：*vrn-A1*、*vrn-B1*、*vrn-B3*、*vrn-D1*；穗发芽相关基因：Vp1B3标记/*Vp1B3c*。

苦麦 (2)

省库编号：LM 165   国库编号：ZM 1719   品种来源：山东德平[*]

【生物学习性】幼苗匍匐；弱冬性；抗寒性2级；生育期247d；株高116cm；穗长8.6cm，纺锤形，长芒，红壳；红粒，角质，千粒重25.7g。

【品质特性】籽粒粗蛋白含量（干基）15.70％，赖氨酸0.33％，铁12.6mg/kg，锌15.5mg/kg，SKCS硬度指数52；面粉白度值75.3，沉降值（14％）38.0mL；面团流变学特性：形成时间3.4min，稳定时间2.9min，弱化度112BU，峰高560BU，衰弱角29°；淀粉糊化特性（RVA）：峰值黏度2 654cP，保持黏度1 847cP，稀懈值807cP，终黏度3 011cP，回升值1 164cP，峰值时间6.3min，糊化温度67.0℃；麦谷蛋白亚基组成：n/7+8/2+12，Glu-A3a/Glu-B3g。

【已测分子标记结果】非1B/1R；八氢番茄红素合成酶（PSY）基因：YP7A标记/*PSY-A1a*；多酚氧化酶（PPO）基因：PPO33标记/*PPO-A1a*；抗白粉病基因*Pm4*、*Pm8*、*Pm13*、*Pm21*的标记均为阴性；抗叶锈病基因*Lr10*、*Lr19*、*Lr20*的标记均为阴性；光周期基因：Ppd标记/*Ppd-D1b*；春化基因：*vrn-B1*、*vrn-B3*；穗发芽相关基因：Vp1B3标记/*Vp1B3a*。

老红麦（2）

省库编号：LM 166 国库编号：ZM 1975 品种来源：山东济阳

【生物学习性】幼苗匍匐；弱冬性；抗寒性2级；生育期246d；株高112cm；穗长10.6cm，纺锤形，长芒，红壳；红粒，角质，千粒重25.2g。

【品质特性】籽粒粗蛋白含量（干基）13.90％，赖氨酸0.31％，铁12.5mg/kg，锌16.5mg/kg，SKCS硬度指数63；面粉白度值74.3，沉降值（14％）41.2mL；面团流变学特性：形成时间4.4min，稳定时间2.9min，弱化度67BU，峰高540BU，衰弱角28°；淀粉糊化特性（RVA）：峰值黏度2 455cP，保持黏度1 551cP，稀懈值904cP，终黏度2 772cP，回升值1 221cP，峰值时间6.1min，糊化温度67.9℃；麦谷蛋白亚基组成：n/7+8/2+12，Glu-A3e/Glu-B3g。

【已测分子标记结果】非1B/1R；八氢番茄红素合成酶（PSY）基因：YP7A标记/*PSY-A1a*；多酚氧化酶（PPO）基因：PPO33标记/*PPO-A1a*；抗白粉病基因*Pm4*、*Pm8*、*Pm13*、*Pm21*的标记均为阴性；抗叶锈病基因*Lr10*、*Lr19*、*Lr20*的标记均为阴性；光周期基因：Ppd标记/*Ppd-D1b*；春化基因：*vrn-B1*、*vrn-B31*；穗发芽相关基因：Vp1B3标记/*Vp1B3c*。

野鸡红

省库编号：LM 167　　国库编号：ZM 1930　　品种来源：山东阳信

【生物学习性】幼苗匍匐；强冬性；抗寒性2级；生育期246d；株高103cm；穗长7.9cm，纺锤形，短芒，红壳；红粒，角质，千粒重25.0g。

【品质特性】籽粒粗蛋白含量（干基）14.40%，赖氨酸0.36%，锌20.2mg/kg，SKCS硬度指数59；面团流变学特性：形成时间3.4min，稳定时间3.0min，弱化度72BU；麦谷蛋白亚基组成：n/7+8/2+12，Glu-A3e/Glu-B3g。

【已测分子标记结果】非1B/1R；八氢番茄红素合成酶（PSY）基因：YP7A标记/*PSY-A1a*；多酚氧化酶（PPO）基因：PPO33标记/*PPO-A1a*；抗白粉病基因*Pm4*、*Pm8*、*Pm13*、*Pm21*的标记均为阴性；抗叶锈病基因*Lr10*、*Lr20*的标记为阴性，*Lr19*的标记为阳性；光周期基因：Ppd标记/*Ppd-D1b*；春化基因：*vrn-A1*、*vrn-B1*、*vrn-B3*、*vrn-D1*；穗发芽相关基因：Vp1B3标记/*Vp1B3c*。

进 麦

省库编号：LM 168　　国库编号：ZM 1821　　品种来源：山东平度

【生物学习性】幼苗匍匐；冬性；抗寒性3级；生育期244d；株高125cm；穗长9.2cm，纺锤形，长芒，红壳；红粒，角质，千粒重23.0g。

【品质特性】籽粒粗蛋白含量（干基）14.90％，赖氨酸0.35％，铁15.6mg/kg，锌19.1mg/kg，SKCS硬度指数56；面粉白度值74.3，沉降值（14％）42.5mL；面团流变学特性：形成时间4.0min，稳定时间17.5min，弱化度22BU，峰高550BU，衰弱角22°；淀粉糊化特性（RVA）：峰值黏度2 685cP，保持黏度1 760cP，稀懈值925cP，终黏度3 030cP，回升值1 270cP，峰值时间6.3min，糊化温度67.8℃；麦谷蛋白亚基组成：n/7+8/2+12，Glu-A3b/Glu-B3d。

【已测分子标记结果】非1B/1R；八氢番茄红素合成酶（PSY）基因：YP7A标记/*PSY-A1a*；多酚氧化酶（PPO）基因：PPO33标记/*PPO-A1a*；抗白粉病基因*Pm4*、*Pm8*、*Pm13*、*Pm21*的标记均为阴性；抗叶锈病基因*Lr10*、*Lr19*、*Lr20*的标记均为阴性；光周期基因：Ppd标记/*Ppd-D1b*；春化基因：*vrn-A1*、*vrn-B1*、*vrn-B3*、*vrn-D1*；穗发芽相关基因：Vp1B3标记/*Vp1B3b*。

10cm

1cm

1cm

冻麦（1）

省库编号：LM 169　　国库编号：ZM 1828　　品种来源：山东平度

【生物学习性】幼苗匍匐；弱冬性；抗寒性3⁻级；生育期246d；株高122cm；穗长9.0cm，纺锤形，短芒，红壳；红粒，角质，千粒重24.6g。

【品质特性】籽粒粗蛋白含量（干基）15.40%，赖氨酸0.36%，铁15.4mg/kg，锌20.4mg/kg，SKCS硬度指数60；面粉白度值74.1，沉降值（14%）43.6mL；面团流变学特性：形成时间3.7min，稳定时间3.5min，弱化度55BU，峰高545BU，衰弱角18°；淀粉糊化特性（RVA）：峰值黏度2 577cP，保持黏度1 675cP，稀懈值902cP，终黏度2 966cP，回升值1 291cP，峰值时间6.2min，糊化温度67.8℃；麦谷蛋白亚基组成：n/7+8/2+12，Glu-A3b/Glu-B3d。

【已测分子标记结果】非1B/1R；八氢番茄红素合成酶（PSY）基因：YP7A标记/*PSY-A1a*；多酚氧化酶（PPO）基因：PPO33标记/*PPO-A1a*；抗白粉病基因*Pm4*、*Pm8*、*Pm13*、*Pm21*的标记均为阴性；抗叶锈病基因*Lr10*、*Lr19*、*Lr20*的标记均为阴性；光周期基因：Ppd标记/*Ppd-D1b*；春化基因：*vrn-A1*、*vrn-D1*；穗发芽相关基因：Vp1B3标记/*Vp1B3c*。

10cm

大红芒（3）

省库编号：LM 170　　国库编号：ZM 1839　　品种来源：山东昌邑

【生物学习性】幼苗匍匐；弱冬性；抗寒性2级；生育期248d；株高123cm；穗长7.7cm，纺锤形，长芒，红壳；红粒，角质，千粒重26.8g。

【品质特性】籽粒粗蛋白含量（干基）17.20％，赖氨酸0.41％，铁13mg/kg，锌11.2mg/kg，SKCS硬度指数58；面粉白度值73.9，沉降值（14％）42.7mL；面团流变学特性：形成时间3.7min，稳定时间3.4min，弱化度72BU，峰高690BU，衰弱角47°；淀粉糊化特性（RVA）：峰值黏度2 485cP，保持黏度1 572cP，稀懈值913cP，终黏度2 683cP，回升值1 111cP，峰值时间6.2min，糊化温度67.9℃；麦谷蛋白亚基组成：n/7+8/2+12，Glu-A3a/Glu-B3g。

【已测分子标记结果】非1B/1R；八氢番茄红素合成酶（PSY）基因：YP7A标记/PSY-A1a；多酚氧化酶（PPO）基因：PPO33标记/PPO-A1a；抗白粉病基因Pm4、Pm8、Pm13、Pm21的标记均为阴性；抗叶锈病基因Lr10、Lr19、Lr20的标记均为阴性；光周期基因：Ppd标记/Ppd-D1b；春化基因：vrn-B1、vrn-B3；穗发芽相关基因：Vp1B3标记/Vp1B3c。

红 麦

省库编号：LM 171　　国库编号：ZM 1760　　品种来源：山东即墨

【生物学习性】幼苗匍匐；强冬性；抗寒性2级；生育期246d；株高130cm；穗长10.0cm，纺锤形，长芒，红壳；红粒，角质，千粒重24.0g。

【品质特性】籽粒粗蛋白含量（干基）15.10%，赖氨酸0.40%，铁24.9mg/kg，锌21.8mg/kg，SKCS硬度指数57；面粉白度值74.7，沉降值（14%）41.7mL；面团流变学特性：形成时间4.3min，稳定时间3.4min，弱化度60BU，峰高640BU，衰弱角26°；淀粉糊化特性（RVA）：峰值黏度2 651cP，保持黏度1 699cP，稀懈值952cP，终黏度2 923cP，回升值1 224cP，峰值时间6.2min，糊化温度67.9℃；麦谷蛋白亚基组成：n/7+22/2+12，Glu-A3c/Glu-B3g。

【已测分子标记结果】非1B/1R；八氢番茄红素合成酶（PSY）基因：YP7A标记/PSY-A1a；多酚氧化酶（PPO）基因：PPO33标记/PPO-A1b；抗白粉病基因Pm4、Pm8、Pm13、Pm21的标记均为阴性；抗叶锈病基因Lr10、Lr19、Lr20的标记均为阴性；春化基因：vrn-A1、vrn-B3、vrn-D1；穗发芽相关基因：Vp1B3标记/Vp1B3a。

火麦（2）

省库编号：LM 172　　国库编号：ZM 1725　　品种来源：山东掖县*

【生物学习性】幼苗匍匐；强冬性；抗寒性2级；生育期248d；株高131cm；穗长10.1cm，纺锤形，长芒，红壳；红粒，角质，千粒重22.0g。

【品质特性】籽粒粗蛋白含量（干基）14.40%，赖氨酸0.35%，铁15.4mg/kg，锌18.4mg/kg，SKCS硬度指数57；面粉白度值75.2，沉降值（14%）36.8mL；面团流变学特性：峰高570BU，衰弱角35°；淀粉糊化特性（RVA）：峰值黏度2 734cP，保持黏度1 660cP，稀懈值1 074cP，终黏度2 848cP，回升值1 188cP，峰值时间6.1min，糊化温度67.9℃；麦谷蛋白亚基组成：n/7+8/2+12、Glu-A3a/Glu-B3g。

【已测分子标记结果】非1B/1R；八氢番茄红素合成酶（PSY）基因：YP7A标记/*PSY-A1a*；多酚氧化酶（PPO）基因：PPO33标记/*PPO-A1a*；抗白粉病基因*Pm4*、*Pm8*、*Pm13*、*Pm21*的标记均为阴性；抗叶锈病基因*Lr10*、*Lr19*、*Lr20*的标记均为阴性；光周期基因：Ppd标记/*Ppd-D1b*；春化基因：*vrn-A1*、*vrn-B1*、*vrn-B3*、*vrn-D1*；穗发芽相关基因：Vp1B3标记/*Vp1B3a*。

红菊麦（1）

省库编号：LM 173　　国库编号：ZM 1774　　品种来源：山东荣成

【生物学习性】幼苗匍匐；冬性；抗寒性3级；生育期248d；株高122cm；穗长9.3cm，纺锤形，长芒，红壳；红粒，角质，千粒重25.5g。

【品质特性】籽粒粗蛋白含量（干基）13.50%，赖氨酸0.31%，铁12.0mg/kg，锌12.8mg/kg，SKCS硬度指数55；面粉白度值75.3，沉降值（14%）42.0mL；面团流变学特性：形成时间5.7min，稳定时间5.8min，弱化度34BU，峰高660BU，衰弱角30°；淀粉糊化特性（RVA）：峰值黏度2 725cP，保持黏度1 648cP，稀懈值1 077cP，终黏度2 882cP，回升值1 234cP，峰值时间6.2min，糊化温度67.8℃；麦谷蛋白亚基组成：n/7+8/2+12，Glu-A3b/Glu-B3d。

【已测分子标记结果】非1B/1R；八氢番茄红素合成酶（PSY）基因：YP7A标记/*PSY-A1a*；多酚氧化酶（PPO）基因：PPO33标记/*PPO-A1a*；抗白粉病基因*Pm4*、*Pm8*、*Pm13*、*Pm21*的标记均为阴性；抗叶锈病基因*Lr10*、*Lr19*、*Lr20*的标记均为阴性；光周期基因：Ppd标记/*Ppd-D1b*；春化基因：*vrn-A1*、*vrn-B1*、*vrn-B3*、*vrn-D1*；穗发芽相关基因：Vp1B3标记/*Vp1B3c*。

四棱白（1）

省库编号：LM 174   国库编号：ZM 1703   品种来源：山东峄县[*]

【生物学习性】幼苗匍匐；弱冬性；抗寒性3级；生育期245d；株高111cm；穗长6.7cm，纺锤形，短芒，白壳，白粒，角质，千粒重26.7g。

【品质特性】籽粒粗蛋白含量（干基）14.90%，赖氨酸0.36%，铁10.4mg/kg，锌12.0mg/kg；面粉白度值80.8，沉降值（14%）51.0mL；面团流变学特性：形成时间4.0min，稳定时间11.9min，弱化度28BU，峰高615BU，衰弱角15°；淀粉糊化特性（RVA）：峰值黏度2 998cP，保持黏度1 918cP，稀懈值1 080cP，终黏度3 300cP，回升值1 382cP，峰值时间6.1min，糊化温度84.2℃；麦谷蛋白亚基组成：n/7+8/2+12，Glu-A3b/Glu-B3d。

【已测分子标记结果】非1B/1R；多酚氧化酶（PPO）基因：PPO33标记/ *PPO-A1b*；抗白粉病基因*Pm4*、*Pm8*、*Pm13*、*Pm21*的标记均为阴性；抗叶锈病基因*Lr10*、*Lr19*、*Lr20*的标记均为阴性；春化基因：*vrn-A1*、*vrn-B1*、*vrn-D1*；穗发芽相关基因：Vp1B3标记/*Vp1-B3a*。

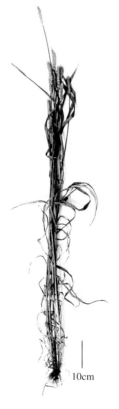

四棱子白麦（2）

省库编号：LM 175　　国库编号：ZM 2095　　品种来源：山东滕县[*]

【生物学习性】幼苗半匍匐；弱冬性；抗寒性3级；生育期245d；株高125cm；穗长7.0cm，长方形，长芒，白壳；白粒，角质，千粒重23.0g。

【品质特性】籽粒粗蛋白含量（干基）16.60%，赖氨酸0.43%，铁7.5mg/kg，锌6.5mg/kg，SKCS硬度指数58；面粉白度值74.3，沉降值（14%）36.6mL；面团流变学特性：形成时间2.4min，稳定时间2.2min，弱化度97BU，峰高630BU，衰弱角24°；淀粉糊化特性（RVA）：峰值黏度2 482cP，保持黏度1 688cP，稀懈值794cP，终黏度2 987cP，回升值1 299cP，峰值时间6.2min，糊化温度67.1℃；麦谷蛋白亚基组成：n/7+8/2+12，Glu-A3b/Glu-B3d。

【已测分子标记结果】非1B/1R；八氢番茄红素合成酶（PSY）基因：YP7A标记/*PSY-A1a*；多酚氧化酶（PPO）基因：PPO33标记/*PPO-A1a*；抗白粉病基因*Pm4*、*Pm8*、*Pm13*、*Pm21*的标记均为阴性；抗叶锈病基因*Lr10*、*Lr19*、*Lr20*的标记均为阴性；光周期基因：Ppd标记/*Ppd-D1a*；春化基因：*vrn-A1*、*vrn-B1*、*vrn-B3*、*vrn-D1*；穗发芽相关基因：Vp1B3标记/*Vp1B3a*。

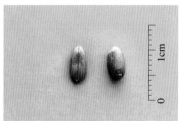

白四棱小麦

省库编号：LM 176　　国库编号：ZM 2051　　品种来源：山东沂水

【生物学习性】幼苗匍匐；冬性；抗寒性2级；生育期246d；株高113cm；穗长7.2cm，长方形，无芒，白壳；白粒，角质，千粒重30.3g。

【品质特性】籽粒粗蛋白含量（干基）14.30%，赖氨酸0.33%，铁8.7mg/kg，锌9.2mg/kg，SKCS硬度指数64；面粉白度值74.7，沉降值（14%）35.7mL；面团流变学特性：形成时间3.2min，稳定时间3.3min，弱化度69BU，峰高600BU，衰弱角20°；淀粉糊化特性（RVA）：峰值黏度2 489cP，保持黏度1 655cP，稀懈值834cP，终黏度2 943cP，回升值1 288cP，峰值时间6.1min，糊化温度67.9℃；麦谷蛋白亚基组成：n/7+8/2+12，Glu-A3a/Glu-B3d。

【已测分子标记结果】非1B/1R；八氢番茄红素合成酶（PSY）基因：YP7A标记/*PSY-A1a*；多酚氧化酶（PPO）基因：PPO33标记/*PPO-A1a*；抗白粉病基因*Pm4*、*Pm8*、*Pm13*、*Pm21*的标记均为阴性；抗叶锈病基因*Lr10*、*Lr19*、*Lr20*的标记均为阴性；光周期基因：Ppd标记/*Ppd-D1b*；春化基因：*vrn-A1*、*vrn-B1*、*vrn-B3*、*vrn-D1*；穗发芽相关基因：Vp1B3标记/*Vp1B3a*。

10cm

白蝈子头（1）

省库编号：LM 177　　国库编号：ZM 1875　　品种来源：山东泰安

【生物学习性】幼苗匍匐；弱冬性；抗寒性2级；生育期246d；株高107cm；穗长7.0cm，长方形，长芒，白壳；白粒，角质，千粒重26.1g。

【品质特性】籽粒粗蛋白含量（干基）15.50％，赖氨酸0.33％，铁11.5mg/kg，锌16.5mg/kg，SKCS硬度指数54；面粉白度值75.6，沉降值（14％）31.5mL；面团流变学特性：形成时间3.7min，稳定时间4.5min，弱化度70BU，峰高590BU，衰弱角44°；淀粉糊化特性（RVA）：峰值黏度2 302cP，保持黏度1 419cP，稀懈值883cP，终黏度2 640cP，回升值1 221cP，峰值时间6.0min，糊化温度67.9℃；麦谷蛋白亚基组成：n/7+8/2+12，Glu-A3b/Glu-B3g。

【已测分子标记结果】非1B/1R；八氢番茄红素合成酶（PSY）基因：YP7A标记/PSY-A1a；多酚氧化酶（PPO）基因：PPO33标记/PPO-A1b；抗白粉病基因Pm4、Pm8、Pm13、Pm21的标记均为阴性；抗叶锈病基因Lr10、Lr19、Lr20的标记均为阴性；光周期基因：Ppd标记/Ppd-D1b；春化基因：vrn-A1、vrn-B1、vrn-B3、vrn-D1；穗发芽相关基因：Vp1B3标记/Vp1B3a。

紫秸白（1）

省库编号：LM 178　　国库编号：ZM 1878　　品种来源：山东泰安

【生物学习性】幼苗匍匐；弱冬性；抗寒性2级；生育期246d；株高108cm；穗长8.0cm，纺锤形，长芒，白壳；白粒，角质，千粒重28.2g。

【品质特性】籽粒粗蛋白含量（干基）15.50%，赖氨酸0.32%，铁13.8mg/kg，锌24.7mg/kg，SKCS硬度指数65；面粉白度值74.0，沉降值（14%）33.6mL；面团流变学特性：形成时间2.3min，稳定时间2.3min，弱化度109BU，峰高570BU，衰弱角32°；淀粉糊化特性（RVA）：峰值黏度2 576cP，保持黏度1 753cP，稀懈值823cP，终黏度2 917cP，回升值1 164cP，峰值时间6.2min，糊化温度67.8℃；麦谷蛋白亚基组成：n/6*+8/2+12，Glu-A3a/Glu-B3g。

【已测分子标记结果】非1B/1R；八氢番茄红素合成酶（PSY）基因：YP7A标记/*PSY-A1a*；多酚氧化酶（PPO）基因：PPO33标记/*PPO-A1a*；抗白粉病基因*Pm4*、*Pm8*、*Pm13*、*Pm21*的标记均为阴性；抗叶锈病基因*Lr10*、*Lr19*、*Lr20*的标记均为阴性；光周期基因：Ppd标记/*Ppd-D1b*；春化基因：*vrn-A1*、*vrn-B1*、*vrn-D1*；穗发芽相关基因：Vp1B3标记/*Vp1B3a*。

白乖乖子头

省库编号：LM 179　　国库编号：ZM 11104　　品种来源：山东平邑

【生物学习性】幼苗匍匐；半冬性；抗寒性2级；生育期245d；株高106cm；穗长10.0cm，纺锤形，短芒，白壳；白粒，角质，千粒重25.7g。

【品质特性】籽粒粗蛋白含量（干基）15.45%，赖氨酸0.38%，铁11.4mg/kg，锌12.9mg/kg，SKCS硬度指数56；面粉白度值75.5，沉降值（14%）34.1mL；面团流变学特性：形成时间2.5min，稳定时间2.5min，弱化度86BU，峰高525BU，衰弱角32°；淀粉糊化特性（RVA）：峰值黏度2 521cP，保持黏度1 621cP，稀懈值900cP，终黏度2 828cP，回升值1 207cP，峰值时间6.2min，糊化温度67.9℃；麦谷蛋白亚基组成：n/7+8/2+12，Glu-A3a/Glu-B3d。

【已测分子标记结果】非1B/1R；八氢番茄红素合成酶（PSY）基因：YP7A标记/*PSY-A1a*；多酚氧化酶（PPO）基因：PPO33标记/*PPO-A1a*；抗白粉病基因*Pm4*、*Pm8*、*Pm13*、*Pm21*的标记均为阴性；抗叶锈病基因*Lr10*、*Lr19*、*Lr20*的标记均为阴性；光周期基因：Ppd标记/*Ppd-D1b*；春化基因：*vrn-A1*、*vrn-B1*、*vrn-B3*、*vrn-D1*；穗发芽相关基因：Vp1B3标记/*Vp1B3a*。

方　穗

省库编号：LM 180　　国库编号：ZM 1749　　品种来源：山东蓬莱

【生物学习性】幼苗匍匐；弱冬性；抗寒性2级；生育期246d；株高132cm；穗长9.5cm，纺锤形，短芒，白壳；白粒，角质，千粒重24.0g。

【品质特性】籽粒粗蛋白含量（干基）14.90％，赖氨酸0.34％，铁21.1mg/kg，锌22.2mg/kg，SKCS硬度指数62；面粉白度值74.4，沉降值（14％）39.9mL；面团流变学特性：形成时间4.1min，稳定时间1.6min，弱化度101BU，峰高600BU，衰弱角31°；淀粉糊化特性（RVA）：峰值黏度2 652cP，保持黏度1 737cP，稀懈值915cP，终黏度2 930cP，回升值1 193cP，峰值时间6.3min，糊化温度68.6℃；麦谷蛋白亚基组成：n/23+22/2+12，Glu-A3b/Glu-B3d。

【已测分子标记结果】非1B/1R；八氢番茄红素合成酶（PSY）基因：YP7A标记/*PSY-A1a*；多酚氧化酶（PPO）基因：PPO33标记/*PPO-A1b*；抗白粉病基因*Pm4*、*Pm8*、*Pm13*、*Pm21*的标记均为阴性；抗叶锈病基因*Lr10*、*Lr19*、*Lr20*的标记均为阴性；光周期基因：Ppd标记/*Ppd-D1b*；春化基因：*vrn-A1*、*vrn-B1*、*vrn-B3*、*vrn-D1*；穗发芽相关基因：Vp1B3标记/*Vp1B3a*。

白沙麦（1）

省库编号：LM 181　　国库编号：ZM 1743　　品种来源：山东福山

【生物学习性】幼苗半匍匐；强冬性；抗寒性3级；生育期244d；株高120cm；穗长8.8cm，纺锤形，短芒，白壳；白粒，半角质，千粒重30.5g。

【品质特性】籽粒粗蛋白含量（干基）14.70%，赖氨酸0.35%，铁10.5mg/kg，锌16.8mg/kg，SKCS硬度指数27；面粉白度值79.1，沉降值（14%）27.3mL；面团流变学特性：形成时间2.0min，稳定时间1.4min，弱化度121BU，峰高590BU，衰弱角25°；淀粉糊化特性（RVA）：峰值黏度2 597cP，保持黏度1 607cP，稀懈值990cP，终黏度2 861cP，回升值1 254cP，峰值时间6.2min，糊化温度85.7℃；麦谷蛋白亚基组成：n/7+8/2+12，Glu-A3a/Glu-B3f。

【已测分子标记结果】非1B/1R；八氢番茄红素合成酶（PSY）基因：YP7A标记/PSY-A1a；多酚氧化酶（PPO）基因：PPO33标记/PPO-A1a；抗白粉病基因Pm4、Pm8、Pm13、Pm21的标记均为阴性；抗叶锈病基因Lr10、Lr19、Lr20的标记均为阴性；光周期基因：Ppd标记/Ppd-D1b；春化基因：vrn-A1、vrn-B1、vrn-B3、vrn-D1；穗发芽相关基因：Vp1B3标记/Vp1B3a。

扁穗毛麦

省库编号：LM 182　　国库编号：ZM 1776　　品种来源：山东荣成

【生物学习性】幼苗匍匐；弱冬性；抗寒性2级；生育期244d；株高120cm；穗长8.3cm，纺锤形，短芒，白壳；白粒，角质，千粒重26.5g。

【品质特性】籽粒粗蛋白含量（干基）14.40%，赖氨酸0.37%，铁13.8mg/kg，锌19.7mg/kg，SKCS硬度指数62；面粉白度值75.2，沉降值（14%）35.7mL；面团流变学特性：形成时间2.9min，稳定时间3.0min，弱化度71BU，峰高560BU，衰弱角28°；淀粉糊化特性（RVA）：峰值黏度2 679cP，保持黏度1 871cP，稀懈值808cP，终黏度3 061cP，回升值1 190cP，峰值时间6.3min，糊化温度67.9℃；麦谷蛋白亚基组成：n/6*+8/2+12，Glu-A3a/Glu-B3f。

【已测分子标记结果】非1B/1R；八氢番茄红素合成酶（PSY）基因：YP7A标记/PSY-A1a；多酚氧化酶（PPO）基因：PPO33标记/PPO-A1a；抗白粉病基因Pm4的标记为阳性，Pm8、Pm13、Pm21的标记为阴性；抗叶锈病基因Lr10、Lr19、Lr20的标记均为阴性；光周期基因：Ppd标记/Ppd-D1b；春化基因：vrn-A1、vrn-D1；穗发芽相关基因：Vp1B3标记/Vp1B3a。

白蝈子头（2）

省库编号：LM 183   国库编号：ZM 1880   品种来源：山东泰安

【生物学习性】幼苗匍匐；弱冬性；抗寒性2级；生育期245d；株高122cm；穗长9.0cm，纺锤形，短芒，白壳；白粒，角质，千粒重27.8g。

【品质特性】籽粒粗蛋白含量（干基）14.00%，赖氨酸0.42%，铁15.0mg/kg，锌18.2mg/kg，SKCS硬度指数50；面粉白度值75.2，沉降值（14%）39.4mL；面团流变学特性：形成时间2.3min，稳定时间0.9min，弱化度160BU，峰高590BU，衰弱角29°；淀粉糊化特性（RVA）：峰值黏度2 597cP，保持黏度1 607cP，稀懈值990cP，终黏度2 861cP，回升值1 254cP，峰值时间6.2min，糊化温度85.7℃；麦谷蛋白亚基组成：n/7+8/2+12，Glu-A3b/Glu-B3d。

【已测分子标记结果】非1B/1R；八氢番茄红素合成酶（PSY）基因：YP7A标记/PSY-A1a；多酚氧化酶（PPO）基因：PPO33标记/PPO-A1a；抗白粉病基因Pm4、Pm8、Pm13、Pm21的标记均为阴性；抗叶锈病基因Lr10、Lr19、Lr20的标记均为阴性；光周期基因：Ppd标记/Ppd-D1b；春化基因：vrn-A1、vrn-B3、vrn-D1；穗发芽相关基因：Vp1B3标记/Vp1B3a。

蝈蝈头（2）

省库编号：LM 184   国库编号：ZM 2055   品种来源：山东蒙阴

【生物学习性】幼苗匍匐；弱冬性；抗寒性2级；生育期245d；株高119cm；穗长8.8cm，纺锤形，短芒，白壳；白粒，角质，千粒重22.0g。

【品质特性】籽粒粗蛋白含量（干基）13.90%，赖氨酸0.36%，铁13.6mg/kg，锌17.7mg/kg，SKCS硬度指数60；面粉白度值74.6，沉降值（14%）39.9mL；面团流变学特性：形成时间3.0min，稳定时间3.0min，弱化度67BU，峰高590BU，衰弱角28°；淀粉糊化特性（RVA）：峰值黏度2 687cP，保持黏度1 692cP，稀懈值995cP，终黏度2 823cP，回升值1 131cP，峰值时间6.2min，糊化温度67.8℃；麦谷蛋白亚基组成：n/7+8/2+12，Glu-A3b/Glu-B3d。

【已测分子标记结果】非1B/1R；八氢番茄红素合成酶（PSY）基因：YP7A标记/PSY-A1a；多酚氧化酶（PPO）基因：PPO33标记/PPO-A1a；抗白粉病基因Pm4、Pm8、Pm13、Pm21的标记均为阴性；抗叶锈病基因Lr10、Lr19、Lr20的标记均为阴性；光周期基因：Ppd标记/Ppd-D1b；春化基因：vrn-A1、vrn-B1、vrn-B3、vrn-D1；穗发芽相关基因：Vp1B3标记/Vp1B3a。

蝈蝈头（1）

省库编号：LM 185   国库编号：ZM 2060   品种来源：山东平邑

【生物学习性】幼苗匍匐；冬性；抗寒性2级；生育期245d；株高118cm；穗长8.5cm，纺锤形，无芒，白壳；白粒，角质，千粒重25.6g。

【品质特性】籽粒粗蛋白含量（干基）15.70％，赖氨酸0.30％，铁16.8mg/kg，锌18.5mg/kg，SKCS硬度指数56；面粉白度值74.4，沉降值（14％）38.9mL；面团流变学特性：形成时间3.3min，稳定时间4.4min，弱化度39BU，峰高540BU，衰弱角19°；淀粉糊化特性（RVA）：峰值黏度2 657cP，保持黏度1 691cP，稀懈值966cP，终黏度2 984cP，回升值1 293cP，峰值时间6.1min，糊化温度67.8℃；麦谷蛋白亚基组成：n/7+8/2+12，Glu-A3a/Glu-B3d。

【已测分子标记结果】非1B/1R；八氢番茄红素合成酶（PSY）基因：YP7A标记/*PSY-A1a*；多酚氧化酶（PPO）基因：PPO33标记/*PPO-A1a*；抗白粉病基因*Pm4*、*Pm8*、*Pm13*、*Pm21*的标记均为阴性；抗叶锈病基因*Lr10*、*Lr19*、*Lr20*的标记均为阴性；光周期基因：Ppd标记/*Ppd-D1b*；春化基因：*vrn-A1*、*vrn-B1*、*vrn-B3*、*vrn-D1*；穗发芽相关基因：Vp1B3标记/*Vp1B3a*。

蝈子头

省库编号：LM 186　　国库编号：ZM 2061　　品种来源：山东平邑

【生物学习性】幼苗匍匐；冬性；抗寒性2级；生育期246d；株高117cm；穗长9.0cm，纺锤形，长芒，白壳；白粒，角质，千粒重24.0g。

【品质特性】籽粒粗蛋白含量（干基）15.70％，赖氨酸0.36％，铁12.9mg/kg，锌15.6mg/kg，SKCS硬度指数45；面粉白度值75.4，沉降值（14％）38.5mL；面团流变学特性：形成时间3.2min，稳定时间2.5min，弱化度85BU，峰高585BU，衰弱角25°；淀粉糊化特性（RVA）：峰值黏度2 374cP，保持黏度1 694cP，稀懈值680cP，终黏度2 945cP，回升值1 251cP，峰值时间6.3min，糊化温度67.8℃；麦谷蛋白亚基组成：n/7+8/2+12，Glu-A3e/Glu-B3g。

【已测分子标记结果】非1B/1R；八氢番茄红素合成酶（PSY）基因：YP7A标记/PSY-A1a；多酚氧化酶（PPO）基因：PPO33标记/PPO-A1a；抗白粉病基因Pm4、Pm8、Pm13、Pm21的标记均为阴性；抗叶锈病基因Lr10、Lr19、Lr20的标记均为阴性；光周期基因：Ppd标记/Ppd-D1a；春化基因：vrn-A1、vrn-B1、vrn-B3、vrn-D1；穗发芽相关基因：Vp1B3标记/Vp1B3a。

10cm

蚂蚱头（2）

省库编号：LM 187　　国库编号：ZM 1903　　品种来源：山东肥城

【生物学习性】幼苗匍匐；弱冬性；抗寒性2级；生育期246d；株高122cm；穗长9.0cm，纺锤形，短芒，白壳；白粒，角质，千粒重25.5g。

【品质特性】籽粒粗蛋白含量（干基）16.40％，赖氨酸0.33％，铁8.5mg/kg，锌10.4mg/kg，SKCS硬度指数54；面粉白度值73.9，沉降值（14％）41.2mL；面团流变学特性：形成时间3.0min，稳定时间3.3min，弱化度76BU，峰高600BU，衰弱角31°；淀粉糊化特性（RVA）：峰值黏度2 637cP，保持黏度1 661cP，稀懈值976cP，终黏度2 796cP，回升值1 135cP，峰值时间6.2min，糊化温度67.9℃；麦谷蛋白亚基组成：n/7+8/2+12，Glu-A3c/Glu-B3g。

【已测分子标记结果】非1B/1R；八氢番茄红素合成酶（PSY）基因：YP7A标记/*PSY-A1a*；多酚氧化酶（PPO）基因：PPO33标记/*PPO-A1a*；抗白粉病基因*Pm4*、*Pm8*、*Pm13*、*Pm21*的标记均为阴性；抗叶锈病基因*Lr10*、*Lr19*、*Lr20*的标记均为阴性；光周期基因：Ppd标记/*Ppd-D1b*；春化基因：*vrn-A1*、*vrn-B1*、*vrn-B3*、*vrn-D1*；穗发芽相关基因：Vp1B3标记/*Vp1B3b*。

红芒麦（3）

省库编号：LM 188　　国库编号：ZM 1678　　品种来源：山东历城

【生物学习性】幼苗匍匐；弱冬性；抗寒性2级；生育期246d；株高116cm；穗长8.0cm，纺锤形，长芒，红壳；白粒，角质，千粒重22.5g。

【品质特性】籽粒粗蛋白含量（干基）16.40％，赖氨酸0.28％，铁19.1mg/kg，锌15.8mg/kg，SKCS硬度指数55；面粉白度值75.3，沉降值（14%）41.7mL；面团流变学特性：形成时间3.3min，稳定时间2.3min，弱化度113BU，峰高575BU，衰弱角27°；淀粉糊化特性（RVA）：峰值黏度2 802cP，保持黏度1 856cP，稀懈值946cP，终黏度2 965cP，回升值1 109cP，峰值时间6.2min，糊化温度67.9℃；麦谷蛋白亚基组成：n/7+8/2+12，Glu-A3c/Glu-B3g。

【已测分子标记结果】非1B/1R；八氢番茄红素合成酶（PSY）基因：YP7A标记/*PSY-A1a*；多酚氧化酶（PPO）基因：PPO33标记/*PPO-A1a*；抗白粉病基因*Pm4*、*Pm8*、*Pm13*、*Pm21*的标记均为阴性；抗叶锈病基因*Lr10*、*Lr19*、*Lr20*的标记均为阴性；光周期基因：Ppd标记/*Ppd-D1b*；春化基因：*vrn-A1*、*vrn-B1*、*vrn-B3*、*vrn-D1*；穗发芽相关基因：Vp1B3标记/*Vp1B3b*。

螳螂子（1）

省库编号：LM 189　　国库编号：ZM 1859　　品种来源：山东安丘

【生物学习性】幼苗匍匐；弱冬性；抗寒性2级；生育期248d；株高116cm；穗长8.0cm，长方形，短芒，白壳；白粒，角质，千粒重21.5g。

【品质特性】籽粒粗蛋白含量（干基）17.20%，赖氨酸0.35%，铁12.3mg/kg，锌15.0mg/kg，SKCS硬度指数58；面粉白度值74.9，沉降值（14%）38.0mL；面团流变学特性：形成时间1.3min，稳定时间0.7min，弱化度220BU，峰高565BU，衰弱角32°；淀粉糊化特性（RVA）：峰值黏度2 766cP，保持黏度1 811cP，稀懈值955cP，终黏度3 014cP，回升值1 203cP，峰值时间6.2min，糊化温度67.0℃；麦谷蛋白亚基组成：n/7+8/2+12，Glu-A3c/Glu-B3g。

【已测分子标记结果】非1B/1R；八氢番茄红素合成酶（PSY）基因：YP7A标记/*PSY-A1a*；多酚氧化酶（PPO）基因：PPO33标记/*PPO-A1a*；抗白粉病基因*Pm4*、*Pm8*、*Pm13*、*Pm21*的标记均为阴性；抗叶锈病基因*Lr10*、*Lr19*、*Lr20*的标记均为阴性；光周期基因：Ppd标记/*Ppd-D1b*；春化基因：*vrn-A1*、*vrn-B1*、*vrn-D1*；穗发芽相关基因：Vp1B3标记/*Vp1B3a*。

红 星 麦

省库编号：LM 190　　国库编号：ZM 1984　　品种来源：山东聊城

【生物学习性】幼苗半匍匐；弱冬性；抗寒性3级；生育期247d；株高112cm；穗长8.0cm，纺锤形，长芒，红壳；白粒，角质，千粒重28.0g。

【品质特性】籽粒粗蛋白含量（干基）16.90％，赖氨酸0.36％，铁10.4mg/kg，锌14.3mg/kg，SKCS硬度指数56；面粉白度值74.3，沉降值（14％）37.8mL；面团流变学特性：形成时间2.7min，稳定时间1.6min，弱化度113BU，峰高615BU，衰弱角44°；淀粉糊化特性（RVA）：峰值黏度2 171cP，保持黏度1 434cP，稀懈值737cP，终黏度2 626cP，回升值1 192cP，峰值时间6.0min，糊化温度67.1℃；麦谷蛋白亚基组成：n/7+8/2+12，Glu-A3e/Glu-B3g。

【已测分子标记结果】非1B/1R；八氢番茄红素合成酶（PSY）基因：YP7A标记/*PSY-A1a*；多酚氧化酶（PPO）基因：PPO33标记/*PPO-A1a*；抗白粉病基因*Pm4*、*Pm8*、*Pm13*、*Pm21*的标记均为阴性；抗叶锈病基因*Lr10*、*Lr19*、*Lr20*的标记均为阴性；光周期基因：Ppd标记/*Ppd-D1b*；春化基因：*vrn-A1*、*vrn-B1*、*vrn-B3*、*vrn-D1*；穗发芽相关基因：Vp1B3标记/*Vp1B3a*。

红蚂蚱头

省库编号：LM 191　　国库编号：ZM 1959　　品种来源：山东禹城

【生物学习性】幼苗匍匐；弱冬性；抗寒性2级；生育期248d；株高114cm；穗长6.2cm，棍棒形，长芒，红壳；白粒，角质，千粒重26.7g。

【品质特性】籽粒粗蛋白含量（干基）17.40%，赖氨酸0.33%，铁8.9mg/kg，锌13.2mg/kg，SKCS硬度指数53；面粉白度值75.6，沉降值（14%）34.1mL；面团流变学特性：形成时间3.4min，稳定时间2.5min，弱化度116BU，峰高545BU，衰弱角39°；淀粉糊化特性（RVA）：峰值黏度2 434cP，保持黏度1 605cP，稀懈值829cP，终黏度2 838cP，回升值1 233cP，峰值时间6.1min，糊化温度67.9℃；麦谷蛋白亚基组成：n/7+8/2+12，Glu-A3e/Glu-B3g。

【已测分子标记结果】非1B/1R；八氢番茄红素合成酶（PSY）基因：YP7A标记/*PSY-A1a*；多酚氧化酶（PPO）基因：PPO33标记/*PPO-A1a*；抗白粉病基因*Pm4*、*Pm8*、*Pm13*、*Pm21*的标记均为阴性；抗叶锈病基因*Lr10*、*Lr19*、*Lr20*的标记均为阴性；光周期基因：Ppd标记/*Ppd-D1b*；春化基因：*vrn-A1*、*vrn-B1*、*vrn-B3*、*vrn-D1*；穗发芽相关基因：Vp1B3标记/*Vp1B3a*。

西山扁穗

省库编号：LM 192   国库编号：ZM 1846   品种来源：山东胶南

【生物学习性】幼苗匍匐；弱冬性；抗寒性2级；生育期246d；株高118cm；穗长8.0cm，纺锤形，长芒，红壳；白粒，角质，千粒重26.2g。

【品质特性】籽粒粗蛋白含量（干基）16.70%，赖氨酸0.30%，铁17.1mg/kg，锌20.4mg/kg，SKCS硬度指数55；面粉白度值73.4，沉降值（14%）38.3mL；面团流变学特性：形成时间2.5min，稳定时间2.7min，弱化度98BU，峰高610BU，衰弱角31°；淀粉糊化特性（RVA）：峰值黏度2 249cP，保持黏度1 478cP，稀懈值771cP，终黏度2 634cP，回升值1 156cP，峰值时间6.1min，糊化温度66.2℃；麦谷蛋白亚基组成：n/7+8/2+12，Glu-A3a/Glu-B3g。

【已测分子标记结果】非1B/1R；八氢番茄红素合成酶（PSY）基因：YP7A标记/PSY-A1a；多酚氧化酶（PPO）基因：PPO33标记/PPO-A1b；抗白粉病基因Pm4、Pm8、Pm13、Pm21的标记均为阴性；抗叶锈病基因Lr10、Lr20的标记为阴性，Lr19的标记为阳性；光周期基因：Ppd标记/Ppd-D1b；春化基因：vrn-A1、vrn-B1、vrn-B3、vrn-D1；穗发芽相关基因：Vp1B3标记/Vp1B3a。

红芒小麦（1）

省库编号：LM 193　　国库编号：ZM 1785　　品种来源：山东文登

【生物学习性】幼苗匍匐；冬性；抗寒性2级；生育期246d；株高118cm；穗长8.5cm，长方形，长芒，红壳；白粒，角质，千粒重22.0g。

【品质特性】籽粒粗蛋白含量（干基）15.80％，赖氨酸0.32％，铁14.0mg/kg，锌20.0mg/kg，SKCS硬度指数55；面粉白度值72.6，沉降值（14％）35.7mL；面团流变学特性：形成时间3.0min，稳定时间2.7min，弱化度90BU，峰高565BU，衰弱角27°；淀粉糊化特性（RVA）：峰值黏度2 463cP，保持黏度1 600cP，稀懈值863cP，终黏度2 891cP，回升值1 291cP，峰值时间6.1min，糊化温度67.0℃；麦谷蛋白亚基组成：n/7+8/2+12，Glu-A3c/Glu-B3g。

【已测分子标记结果】非1B/1R；八氢番茄红素合成酶（PSY）基因：YP7A标记/*PSY-A1a*；多酚氧化酶（PPO）基因：PPO33标记/*PPO-A1a*；抗白粉病基因*Pm4*、*Pm8*、*Pm13*、*Pm21*的标记均为阴性；抗叶锈病基因*Lr10*、*Lr19*、*Lr20*的标记均为阴性；光周期基因：Ppd标记/*Ppd-D1b*；春化基因：*vrn-B1*、*vrn-B3*；穗发芽相关基因：Vp1B3标记/*Vp1B3c*。

螳螂子（3）

省库编号：LM 194   国库编号：ZM 1922   品种来源：山东章丘

【生物学习性】幼苗匍匐；弱冬性；抗寒性2级；生育期245d；株高117cm；穗长6.5cm，长方形，长芒，红壳；白粒，角质，千粒重24.5g。

【品质特性】籽粒粗蛋白含量（干基）15.20%，赖氨酸0.27%，铁12.7mg/kg，锌14.6mg/kg，SKCS硬度指数54；面粉白度值74.5，沉降值（14%）36.8mL；面团流变学特性：形成时间2.2min，稳定时间2.3min，弱化度107BU，峰高600BU，衰弱角40°；淀粉糊化特性（RVA）：峰值黏度2 280cP，保持黏度1 458cP，稀懈值822cP，终黏度2 726cP，回升值1 268cP，峰值时间6.0min，糊化温度67.9℃；麦谷蛋白亚基组成：n/7+8/2+12，Glu-A3a/Glu-B3g。

【已测分子标记结果】非1B/1R；八氢番茄红素合成酶（PSY）基因：YP7A标记/*PSY-A1a*；多酚氧化酶（PPO）基因：PPO33标记/*PPO-A1b*；抗白粉病基因*Pm4*、*Pm8*、*Pm13*、*Pm21*的标记均为阴性；抗叶锈病基因*Lr10*、*Lr19*、*Lr20*的标记均为阴性；光周期基因：Ppd标记/*Ppd-D1b*；春化基因：*vrn-A1*、*vrn-B1*、*vrn-B3*、*vrn-D1*；穗发芽相关基因：Vp1B3标记/*Vp1B3a*。

白半芒

省库编号：LM 195　　国库编号：ZM 1918　　品种来源：山东章丘

【生物学习性】幼苗匍匐；弱冬性；抗寒性2级；生育期245d；株高120cm；穗长7.0cm，纺锤形，短芒，红壳；白粒，角质，千粒重22.0g。

【品质特性】籽粒粗蛋白含量（干基）16.10%，赖氨酸0.26%，铁8.9mg/kg，锌10.9mg/kg，SKCS硬度指数58；面粉白度值74.1，沉降值（14%）41.2mL；面团流变学特性：形成时间3.9min，稳定时间2.6min，弱化度80BU，峰高575BU，衰弱角27°；淀粉糊化特性（RVA）：峰值黏度2 791cP，保持黏度1 800cP，稀懈值991cP，终黏度2 873cP，回升值1 073cP，峰值时间6.2min，糊化温度67.9℃；麦谷蛋白亚基组成：n/7+8/2+12，Glu-A3a/Glu-B3g。

【已测分子标记结果】非1B/1R；八氢番茄红素合成酶（PSY）基因：YP7A标记/*PSY-A1a*；抗白粉病基因*Pm4*、*Pm8*、*Pm13*、*Pm21*的标记均为阴性；抗叶锈病基因*Lr10*、*Lr19*、*Lr20*的标记均为阴性；光周期基因：Ppd标记/*Ppd-D1b*；春化基因：*vrn-A1*、*vrn-B1*、*vrn-B3*、*vrn-D1*；穗发芽相关基因：Vp1B3标记/*Vp1B3b*。

蝼蛄腚（3）

省库编号：LM 196　　国库编号：ZM 1675　　品种来源：山东历城

【生物学习性】幼苗半匍匐；弱冬性；抗寒性3⁺级；生育期244d；株高106cm；穗长7.8cm，纺锤形，长芒，红壳；白粒，角质，千粒重31.1g。

【品质特性】籽粒粗蛋白含量（干基）13.10％，赖氨酸0.22％，铁7.8mg/kg，锌12.8mg/kg，SKCS硬度指数11；面粉白度值82.4，沉降值（14％）43.6mL；面团流变学特性：形成时间3.0min，稳定时间2.4min，弱化度80BU，峰高650BU，衰弱角34°；淀粉糊化特性（RVA）：峰值黏度2 516cP，保持黏度1 867cP，稀懈值649cP，终黏度3 257cP，回升值1 390cP，峰值时间6.3min，糊化温度86.7℃；麦谷蛋白亚基组成：2*/7+8/4+12，Glu-A3c/Glu-B3g。

【已测分子标记结果】非1B/1R；八氢番茄红素合成酶（PSY）基因：YP7A标记/*PSY-A1a*；多酚氧化酶（PPO）基因：PPO33标记/*PPO-A1b*；抗白粉病基因*Pm4*、*Pm8*、*Pm13*、*Pm21*的标记均为阴性；抗叶锈病基因*Lr10*、*Lr19*、*Lr20*的标记均为阴性；光周期基因：Ppd标记/*Ppd-D1a*；春化基因：*vrn-A1*、*vrn-B1*、*vrn-B3*、*vrn-D1*；穗发芽相关基因：Vp1B3标记/*Vp1B3a*。

蝼蛄腚（2）

省库编号：LM 197　　国库编号：ZM 1674　　品种来源：山东历城

【生物学习性】幼苗匍匐；弱冬性；抗寒性2级；生育期246d；株高114cm；穗长7.5cm，长方形，长芒，红壳；白粒，角质，千粒重27.8g。

【品质特性】籽粒粗蛋白含量（干基）15.50％，赖氨酸0.33％，铁14.0mg/kg，锌18.6mg/kg，SKCS硬度指数50；面粉白度值74.4，沉降值（14％）37.8mL；面团流变学特性：形成时间2.7min，稳定时间2.4min，弱化度94BU，峰高570BU，衰弱角31°；淀粉糊化特性（RVA）：峰值黏度2 299cP，保持黏度1 471cP，稀懈值828cP，终黏度2 706cP，回升值1 235cP，峰值时间6.1min，糊化温度67.9℃；麦谷蛋白亚基组成：n/7+8/2+12，Glu-A3a/Glu-B3g。

【已测分子标记结果】非1B/1R；八氢番茄红素合成酶（PSY）基因：YP7A标记/*PSY-A1a*；多酚氧化酶（PPO）基因：PPO33标记/*PPO-A1b*；抗白粉病基因*Pm4*、*Pm8*、*Pm13*、*Pm21*的标记均为阴性；抗叶锈病基因*Lr10*、*Lr19*、*Lr20*的标记均为阴性；光周期基因：Ppd标记/*Ppd-D1a*；春化基因：*vrn-A1*、*vrn-B1*、*vrn-B3*、*vrn-D1*；穗发芽相关基因：Vp1B3标记/*Vp1B3a*。

半芒麦（5）

省库编号：LM 198　　国库编号：ZM 1962　　品种来源：山东禹城

【生物学习性】幼苗匍匐；弱冬性；抗寒性2级；生育期245d；株高120cm；穗长8.5cm，纺锤形，短芒，红壳；红粒，角质，千粒重24.8g。

【品质特性】籽粒粗蛋白含量（干基）16.3%，赖氨酸0.34%，铁19.5mg/kg，锌17.6mg/kg，SKCS硬度指数58；面粉白度值74.7，沉降值（14%）37.8mL；面团流变学特性：形成时间3.5min，稳定时间2.7min，弱化度79BU，峰高560BU，衰弱角24°；淀粉糊化特性（RVA）：峰值黏度2 691cP，保持黏度1 752cP，稀懈值939cP，终黏度3 068cP，回升值1 316cP，峰值时间6.2min，糊化温度67.8℃；麦谷蛋白亚基组成：n/7+8/2+12，Glu-A3b/Glu-B3d。

【已测分子标记结果】非1B/1R；八氢番茄红素合成酶（PSY）基因：YP7A标记/*PSY-A1a*；多酚氧化酶（PPO）基因：PPO33标记/*PPO-A1a*；抗白粉病基因*Pm4*、*Pm8*、*Pm13*、*Pm21*的标记均为阴性；抗叶锈病基因*Lr10*、*Lr19*、*Lr20*的标记均为阴性；光周期基因：Ppd标记/*Ppd-D1b*；春化基因：*vrn-A1*、*vrn-B1*、*vrn-B3*、*vrn-D1*；穗发芽相关基因：Vp1B3标记/*Vp1B3a*。

红芒麦（4）

省库编号：LM 199　　国库编号：ZM 1928　　品种来源：山东邹平

【生物学习性】幼苗匍匐；弱冬性；抗寒性2级；生育期245d；株高115cm；穗长7.0cm，纺锤形，长芒，红壳；白粒，角质，千粒重27.0g。

【品质特性】籽粒粗蛋白含量（干基）14.90%，赖氨酸0.30%，铁12.2mg/kg，锌10.9mg/kg，SKCS硬度指数52；面粉白度值74.2，沉降值（14%）37.8mL；面团流变学特性：形成时间2.7min，稳定时间2min，弱化度132BU，峰高600BU，衰弱角35°；淀粉糊化特性（RVA）：峰值黏度2 347cP，保持黏度1 581cP，稀懈值766cP，终黏度2 773cP，回升值1 192cP，峰值时间6.2min，糊化温度67.8℃；麦谷蛋白亚基组成：1/7+8/2+12，Glu-A3a/Glu-B3f。

【已测分子标记结果】非1B/1R；八氢番茄红素合成酶（PSY）基因：YP7A标记/*PSY-A1a*；多酚氧化酶（PPO）基因：PPO33标记/*PPO-A1b*；抗白粉病基因*Pm4*、*Pm8*、*Pm13*、*Pm21*的标记均为阴性；抗叶锈病基因*Lr10*、*Lr19*、*Lr20*的标记均为阴性；光周期基因：Ppd标记/*Ppd-D1b*；春化基因：*vrn-A1*、*vrn-B1*、*vrn-B3*、*vrn-D1*；穗发芽相关基因：Vp1B3标记/*Vp1B3a*。

半芒麦（3）

省库编号：LM 200　　国库编号：ZM 1726　　品种来源：山东掖县*

【生物学习性】幼苗匍匐；弱冬性；抗寒性2级；生育期244d；株高110cm；穗长7.0cm，棍棒形，短芒，红壳；白粒，半角质，千粒重24.0g。

【品质特性】籽粒粗蛋白含量（干基）15.30%，赖氨酸0.35%，铁18.4mg/kg，锌21.8mg/kg，SKCS硬度指数60；面粉白度值74.5，沉降值（14%）38.9mL；面团流变学特性：形成时间4.9min，稳定时间2.6min，弱化度114BU，峰高615BU，衰弱角36°；淀粉糊化特性（RVA）：峰值黏度2 712cP，保持黏度1 768cP，稀懈值944cP，终黏度2 880cP，回升值1 112cP，峰值时间6.3min，糊化温度68.8℃；麦谷蛋白亚基组成：n/6*+8/2+12，Glu-A3/Glu-B3g。

【已测分子标记结果】非1B/1R；八氢番茄红素合成酶（PSY）基因：YP7A标记/*PSY-A1a*；多酚氧化酶（PPO）基因：PPO33标记/*PPO-A1a*；抗白粉病基因*Pm4*、*Pm8*、*Pm13*、*Pm21*的标记均为阴性；抗叶锈病基因*Lr10*、*Lr19*、*Lr20*的标记均为阴性；光周期基因：Ppd标记/*Ppd-D1b*；春化基因：*vrn-A1*、*vrn-B1*、*vrn-B3*、*vrn-D1*；穗发芽相关基因：Vp1B3标记/*Vp1B3a*。

黄县大粒

省库编号：LM 201　　国库编号：ZM 1924　　品种来源：山东章丘

【生物学习性】幼苗半匍匐；弱冬性；抗寒性3级；生育期245d；株高117cm；穗长9.5cm，纺锤形，长芒，白壳；白粒，粉质，千粒重35.3g。

【品质特性】籽粒粗蛋白含量（干基）13.80%，赖氨酸0.29%，铁15.2mg/kg，锌23.6mg/kg，SKCS硬度指数54；面粉白度值75.1，沉降值（14%）45.2mL；面团流变学特性：形成时间4.5min，稳定时间4.1min，弱化度53BU，峰高700BU，衰弱角45°；淀粉糊化特性（RVA）：峰值黏度2 602cP，保持黏度1 717cP，稀懈值885cP，终黏度3 027cP，回升值1 310cP，峰值时间6.0min，糊化温度66.1℃；麦谷蛋白亚基组成：n/7+8/2+12，Glu-A3b/Glu-B3d。

【已测分子标记结果】非1B/1R；八氢番茄红素合成酶（PSY）基因：YP7A标记/*PSY-A1a*；多酚氧化酶（PPO）基因：PPO33标记/*PPO-A1b*；抗白粉病基因*Pm4*、*Pm8*、*Pm13*、*Pm21*的标记均为阴性；抗叶锈病基因*Lr10*、*Lr20*的标记为阴性，*Lr19*的标记为阳性；光周期基因：Ppd标记/*Ppd-D1b*；春化基因：*vrn-A1*、*vrn-B1*、*vrn-B3*、*Vrn-D1*；穗发芽相关基因：Vp1B3标记/*Vp1B3c*。

半芒麦（4）

省库编号：LM 202　　国库编号：ZM 1789　　品种来源：山东招远

【生物学习性】幼苗匍匐；弱冬性；抗寒性2级；生育期246d；株高115cm；穗长8.5cm，纺锤形，短芒，白壳；白粒，角质，千粒重25.4g。

【品质特性】籽粒粗蛋白含量（干基）17.00%，赖氨酸0.29%，铁14.4mg/kg，锌14.9mg/kg，SKCS硬度指数57；面粉白度值73.8，沉降值（14%）42.0mL；面团流变学特性：形成时间5.2min，稳定时间4.8min，弱化度45BU，峰高640BU，衰弱角44°；淀粉糊化特性（RVA）：峰值黏度2 562cP，保持黏度1 686cP，稀懈值876cP，终黏度3 010cP，回升值1 324cP，峰值时间5.9min，糊化温度66.2℃；麦谷蛋白亚基组成：n/7+8/2+12，Glu-A3b/Glu-B3d。

【已测分子标记结果】非1B/1R；八氢番茄红素合成酶（PSY）基因：YP7A标记/*PSY-A1a*；多酚氧化酶（PPO）基因：PPO33标记/*PPO-A1b*；抗白粉病基因*Pm4*、*Pm8*、*Pm13*、*Pm21*的标记均为阴性；抗叶锈病基因*Lr10*、*Lr19*、*Lr20*的标记均为阴性；光周期基因：Ppd标记/*Ppd-D1b*；春化基因：*vrn-B1*、*vrn-B3*；穗发芽相关基因：Vp1B3标记/*Vp1B3c*。

蝼蛄腚（4）

省库编号：LM 203　　国库编号：ZM 1694　　品种来源：山东五龙[*]

【生物学习性】幼苗匍匐；弱冬性；抗寒性2[+]级；生育期246d；株高125cm；穗长6.8cm，纺锤形，长芒，白壳；白粒，角质，千粒重24.2g。

【品质特性】籽粒粗蛋白含量（干基）15.00%，赖氨酸0.30%，SKCS硬度指数56；面粉白度值73.1；面团流变学特性：形成时间3.0min，稳定时间2.6min，弱化度98BU；麦谷蛋白亚基组成：2[*]/7+8/2+12，Glu-A3b/Glu-B3d。

【已测分子标记结果】非1B/1R；八氢番茄红素合成酶（PSY）基因：YP7A标记/*PSY-A1a*；多酚氧化酶（PPO）基因：PPO33标记/*PPO-A1a*；抗白粉病基因*Pm4*、*Pm8*、*Pm13*、*Pm21*的标记均为阴性；抗叶锈病基因*Lr10*、*Lr19*、*Lr20*的标记均为阴性；光周期基因：Ppd标记/*Ppd-D1b*；春化基因：*vrn-B1*、*vrn-B3*；穗发芽相关基因：Vp1B3标记/*Vp1B3a*。

半芒（3）

省库编号：LM 204　　国库编号：ZM 1873　　品种来源：山东胶县*

【生物学习性】幼苗匍匐；弱冬性；抗寒性3级；生育期246d；株高123cm；穗长8.5cm，纺锤形，短芒，白壳；白粒，角质，千粒重26.0g。

【品质特性】籽粒粗蛋白含量（干基）15.70％，赖氨酸0.34％，铁13.8mg/kg，锌13.3mg/kg，SKCS硬度指数63；面粉白度值74.1，沉降值（14％）34.7mL；面团流变学特性：形成时间4.0min，稳定时间10.8min，弱化度26BU，峰高590BU，衰弱角27°；淀粉糊化特性（RVA）：峰值黏度2 706cP，保持黏度1 854cP，稀懈值852cP，终黏度3 113cP，回升值1 259cP，峰值时间6.3min，糊化温度67.1℃；麦谷蛋白亚基组成：n/7+8/2+12，Glu-A3a/Glu-B3d。

【已测分子标记结果】非1B/1R；八氢番茄红素合成酶（PSY）基因：YP7A标记/*PSY-A1a*；多酚氧化酶（PPO）基因：PPO33标记/*PPO-A1a*；抗白粉病基因*Pm4*、*Pm8*、*Pm13*、*Pm21*的标记均为阴性；抗叶锈病基因*Lr10*、*Lr19*、*Lr20*的标记均为阴性；光周期基因：Ppd标记/*Ppd-D1b*；春化基因：*vrn-A1*、*vrn-B1*、*vrn-B3*、*vrn-D1*；穗发芽相关基因：Vp1B3标记/*Vp1B3a*。

小 洋 麦

省库编号：LM 205　　国库编号：ZM 1842　　品种来源：山东高密

【生物学习性】幼苗半匍匐；弱冬性；抗寒性3级；生育期248d；株高125cm；穗长7.5cm，纺锤形，长芒，白壳，白粒，角质，千粒重28.2g。

【品质特性】籽粒粗蛋白含量（干基）17.10%，赖氨酸0.39%，铁12.8mg/kg，锌15.5mg/kg，SKCS硬度指数56；面粉白度值75.6，沉降值（14%）43.1mL；面团流变学特性：形成时间4.0min，稳定时间3.2min，弱化度78BU，峰高590BU，衰弱角33°；淀粉糊化特性（RVA）：峰值黏度2 437cP，保持黏度1 633cP，稀懈值804cP，终黏度2 832cP，回升值1 199cP，峰值时间6.2min，糊化温度67.9℃；麦谷蛋白亚基组成：n/7+8/2+12，Glu-A3a/Glu-B3f。

【已测分子标记结果】非1B/1R；八氢番茄红素合成酶（PSY）基因：YP7A标记/PSY-A1a；多酚氧化酶（PPO）基因：PPO33标记/PPO-A1a；抗白粉病基因Pm4、Pm8、Pm13、Pm21的标记均为阴性；抗叶锈病基因Lr10、Lr19、Lr20的标记均为阴性；光周期基因：Ppd标记/Ppd-D1b；春化基因：vrn-A1、vrn-B1、vrn-B3、vrn-D1；穗发芽相关基因：Vp1B3标记/Vp1B3a。

白芒扁穗（1）

省库编号：LM 206　　国库编号：ZM 1847　　品种来源：山东胶南

【生物学习性】幼苗匍匐；弱冬性；抗寒性3级；生育期246d；株高130cm；穗长9.5cm，纺锤形，短芒，白壳；白粒，角质，千粒重24.8g。

【品质特性】籽粒粗蛋白含量（干基）16.30%，赖氨酸0.35%，铁13.6mg/kg，锌16.7mg/kg，SKCS硬度指数62；面粉白度值74.9，沉降值（14%）33.5mL；面团流变学特性：形成时间2.7min，稳定时间2.5min，弱化度86BU，峰高640BU，衰弱角35°；淀粉糊化特性（RVA）：峰值黏度2 780cP，保持黏度1 846cP，稀懈值934cP，终黏度3 163cP，回升值1 317cP，峰值时间6.3min，糊化温度67.0℃；麦谷蛋白亚基组成：n/7+8/2+12，Glu-A3b/Glu-B3d。

【已测分子标记结果】非1B/1R；八氢番茄红素合成酶（PSY）基因：YP7A标记/*PSY-A1a*；多酚氧化酶（PPO）基因：PPO33标记/*PPO-A1a*；抗白粉病基因*Pm4*、*Pm8*、*Pm13*、*Pm21*的标记均为阴性；抗叶锈病基因*Lr10*、*Lr19*、*Lr20*的标记均为阴性；光周期基因：Ppd标记/*Ppd-D1b*；春化基因：*vrn-A1*、*vrn-B1*、*vrn-B3*、*vrn-D1*；穗发芽相关基因：Vp1B3标记/*Vp1B3a*。

半芒（1）

省库编号：LM 207　　国库编号：ZM 1812　　品种来源：山东益都*

【生物学习性】幼苗匍匐；冬性；抗寒性2⁺级；生育期246d；株高130cm；穗长8.5cm，纺锤形，短芒，白壳；白粒，角质，千粒重24.6g。

【品质特性】籽粒粗蛋白含量（干基）15.80％，赖氨酸0.40％，铁11.6mg/kg，锌19.8mg/kg，SKCS硬度指数53；面粉白度值75.6，沉降值（14％）43.1mL；面团流变学特性：形成时间4.2min，稳定时间3.6min，弱化度65BU，峰高600BU，衰弱角29°；淀粉糊化特性（RVA）：峰值黏度2 811cP，保持黏度1 909cP，稀懈值902cP，终黏度3 137cP，回升值1 228cP，峰值时间6.3min，糊化温度67.1℃；麦谷蛋白亚基组成：n/7+8/2+12，Glu-A3a/Glu-B3f。

【已测分子标记结果】非1B/1R；八氢番茄红素合成酶（PSY）基因：YP7A标记/*PSY-A1a*；多酚氧化酶（PPO）基因：PPO33标记/*PPO-A1a*；抗白粉病基因*Pm4*、*Pm8*、*Pm13*、*Pm21*的标记均为阴性；抗叶锈病基因*Lr10*、*Lr19*、*Lr20*的标记均为阴性；光周期基因：Ppd标记/*Ppd-D1b*；春化基因：*vrn-A1*、*vrn-B1*、*vrn-B3*、*vrn-D1*；穗发芽相关基因：Vp1B3标记/*Vp1B3a*。

10cm

0 1cm

雁翎白

省库编号：LM 208　　国库编号：ZM 1969　　品种来源：山东齐河

【生物学习性】幼苗匍匐；冬性；抗寒性3级；生育期245d；株高118cm；穗长9.0cm，纺锤形，长芒，白壳；红粒，角质，千粒重21.2g。

【品质特性】籽粒粗蛋白含量（干基）15.60％，赖氨酸0.32％，铁14.1mg/kg，锌12.5mg/kg，SKCS硬度指数17；面粉白度值81.0，沉降值（14％）42.0mL；面团流变学特性：形成时间2.5min，稳定时间2.3min，弱化度114BU，峰高615BU，衰弱角32°；淀粉糊化特性（RVA）：峰值黏度2 579cP，保持黏度1 743cP，稀懈值836cP，终黏度2 982cP，回升值1 239cP，峰值时间6.3min，糊化温度86.8℃；麦谷蛋白亚基组成：n/7+8/2+12，Glu-A3e/Glu-B3c。

【已测分子标记结果】非1B/1R；八氢番茄红素合成酶（PSY）基因：YP7A标记/PSY-A1a；多酚氧化酶（PPO）基因：PPO33标记/PPO-A1a；抗白粉病基因Pm4、Pm8、Pm13、Pm21的标记均为阴性；抗叶锈病基因Lr10、Lr19、Lr20的标记均为阴性；光周期基因：Ppd标记/Ppd-D1b；春化基因：vrn-A1、vrn-B1、vrn-B3、vrn-D1；穗发芽相关基因：Vp1B3标记/Vp1B3a。

白芒麦（2）

省库编号：LM 209　　国库编号：ZM 11101　　品种来源：不详

【生物学习性】幼苗匍匐；半冬性；抗寒性3级；生育期245d；株高106cm；穗长9.0cm，纺锤形，长芒，白壳；白粒，角质，千粒重25.7g。

【品质特性】籽粒粗蛋白含量（干基）15.45％，赖氨酸0.38％，铁12.3mg/kg，锌15.9mg/kg，SKCS硬度指数52；面粉白度值74.2，沉降值（14％）40.4mL；面团流变学特性：形成时间4.2min，稳定时间3.8min，弱化度48BU，峰高590BU，衰弱角23°；淀粉糊化特性（RVA）：峰值黏度2 608cP，保持黏度1 793cP，稀懈值815cP，终黏度3 001cP，回升值1 208cP，峰值时间6.3min，糊化温度67.8℃；麦谷蛋白亚基组成：n/7+8/2+12，Glu-A3b/Glu-B3d。

【已测分子标记结果】非1B/1R；八氢番茄红素合成酶（PSY）基因：YP7A标记/*PSY-A1a*；多酚氧化酶（PPO）基因：PPO33标记/*PPO-A1a*；抗白粉病基因*Pm4*、*Pm8*、*Pm13*、*Pm21*的标记均为阴性；抗叶锈病基因*Lr10*、*Lr19*、*Lr20*的标记均为阴性；光周期基因：Ppd标记/*Ppd-D1b*；春化基因：*vrn-A1*、*vrn-B*1、*vrn-B3*、*vrn-D1*；穗发芽相关基因：Vp1B3标记/*Vp1B3a*。

白秃头（3）

省库编号：LM 210　　国库编号：ZM 1704　　品种来源：山东峄县*

【生物学习性】幼苗匍匐；弱冬性；抗寒性2⁺级；生育期246d；株高110cm；穗长9.0cm，纺锤形，无芒，白壳；白粒，角质，千粒重28.5g。

【品质特性】籽粒粗蛋白含量（干基）14.80%，赖氨酸0.32%，铁15.1mg/kg，锌22.6mg/kg，SKCS硬度指数56；面粉白度值74.0，沉降值（14%）42.0mL；面团流变学特性：形成时间2.2min，稳定时间1.3min，弱化度146BU，峰高600BU，衰弱角22°；淀粉糊化特性（RVA）：峰值黏度2 666cP，保持黏度1 851cP，稀懈值815cP，终黏度3 041cP，回升值1 190cP，峰值时间6.4min，糊化温度67.9℃；麦谷蛋白亚基组成：n/7+8/2+12，Glu-A3c/Glu-B3d。

【已测分子标记结果】非1B/1R；八氢番茄红素合成酶（PSY）基因：YP7A标记/*PSY-A1a*；多酚氧化酶（PPO）基因：PPO33标记/*PPO-A1a*；抗白粉病基因*Pm8*、*Pm13*、*Pm21*的标记为阴性，*Pm4*标记为阳性；抗叶锈病基因*Lr10*、*Lr19*、*Lr20*的标记均为阴性；光周期基因：Ppd标记/*Ppd-D1b*；春化基因：*vrn-B1*、*vrn-B3*；穗发芽相关基因：Vp1B3标记/*Vp1B3c*。

红粒半芒

省库编号：LM 211　　国库编号：ZM 1832　　品种来源：山东昌邑

【生物学习性】幼苗匍匐；强冬性；抗寒性2$^+$级；生育期247d；株高120cm；穗长8.7cm，纺锤形，短芒，白壳；红粒，角质，千粒重22.8g。

【品质特性】籽粒粗蛋白含量（干基）15.20%，赖氨酸0.32%，铁13.8mg/kg，锌16.6mg/kg，SKCS硬度指数64；面粉白度值75.6，沉降值（14%）35.7mL；面团流变学特性：形成时间2.9min，稳定时间2.8min，弱化度83BU，峰高570BU，衰弱角23°；淀粉糊化特性（RVA）：峰值黏度2 948cP，保持黏度1 960cP，稀懈值988cP，终黏度3 190cP，回升值1 230cP，峰值时间6.3min，糊化温度67.1℃；麦谷蛋白亚基组成：n/7+8/2+12，Glu-A3c/Glu-B3g。

【已测分子标记结果】非1B/1R；八氢番茄红素合成酶（PSY）基因：YP7A标记/*PSY-A1a*；多酚氧化酶（PPO）基因：PPO33标记/*PPO-A1a*；抗白粉病基因*Pm4*、*Pm8*、*Pm13*、*Pm21*的标记均为阴性；抗叶锈病基因*Lr10*、*Lr20*的标记为阴性，*Lr19*的标记为阳性；光周期基因：Ppd标记/*Ppd-D1b*；春化基因：*vrn-A1*、*vrn-B1*、*vrn-B3*、*vrn-D1*；穗发芽相关基因：Vp1B3标记/*Vp1B3a*。

白肚（1）

省库编号：LM 212　　国库编号：ZM 1951　　品种来源：山东桓台

【生物学习性】幼苗匍匐；弱冬性；抗寒性3级；生育期246d；株高125cm；穗长8.0cm，长方形，短芒，白壳；红粒，角质，千粒重24.4g。

【品质特性】籽粒粗蛋白含量（干基）16.50％，赖氨酸0.35％，铁13.1mg/kg，锌12.7mg/kg，SKCS硬度指数61；面粉白度值74.9，沉降值（14％）41.7mL；面团流变学特性：形成时间4.3min，稳定时间2.6min，弱化度87BU，峰高630BU，衰弱角25°；淀粉糊化特性（RVA）：峰值黏度2 944cP，保持黏度2 014cP，稀懈值930cP，终黏度3 204cP，回升值1 190cP，峰值时间6.3min，糊化温度67.9℃；麦谷蛋白亚基组成：n/7+8/2+12，Glu-A3c/Glu-B3g。

【已测分子标记结果】非1B/1R；八氢番茄红素合成酶（PSY）基因：YP7A标记/*PSY-A1a*；多酚氧化酶（PPO）基因：PPO33标记/*PPO-A1a*；抗白粉病基因*Pm4*、*Pm8*、*Pm13*、*Pm21*的标记均为阴性；抗叶锈病基因*Lr10*、*Lr19*、*Lr20*的标记均为阴性；光周期基因：Ppd标记/*Ppd-D1b*；春化基因：*vrn-A1*、*vrn-B1*、*vrn-B3*、*vrn-D1*；穗发芽相关基因：Vp1B3标记/*Vp1B3a*。

半截芒（4）

省库编号：LM 213　　国库编号：ZM 2102　　品种来源：山东峄山[*]

【生物学习性】幼苗匍匐；弱冬性；抗寒性2级；生育期246d；株高107cm；穗长7.2cm，纺锤形，短芒，红壳；白粒，半角质，千粒重26.9g。

【品质特性】籽粒粗蛋白含量（干基）14.60%，赖氨酸0.44%，铁6.9mg/kg，锌12.3mg/kg，SKCS硬度指数58；面粉白度值71.3，沉降值（14%）32.6mL；面团流变学特性：形成时间3.0min，稳定时间2.0min，弱化度114BU，峰高600BU，衰弱角44；淀粉糊化特性（RVA）：峰值黏度2 419cP，保持黏度1 577cP，稀懈值842cP，终黏度2 780cP，回升值1 203cP，峰值时间6.1min，糊化温度68.6℃；麦谷蛋白亚基组成：n/23+22/2+12，Glu-A3a/Glu-B3g。

【已测分子标记结果】非1B/1R；八氢番茄红素合成酶（PSY）基因：YP7A标记/*PSY-A1a*；多酚氧化酶（PPO）基因：PPO33标记/*PPO-A1a*；抗白粉病基因*Pm4*、*Pm8*、*Pm13*、*Pm21*的标记均为阴性；抗叶锈病基因*Lr10*、*Lr19*、*Lr20*的标记均为阴性；光周期基因：Ppd标记/*Ppd-D1b*；春化基因：*vrn-A1*、*vrn-B1*、*vrn-B3*、*vrn-D1*；穗发芽相关基因：Vp1B3标记/*Vp1B3c*。

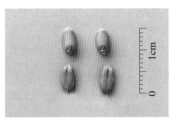

半截芒（2）

省库编号：LM 214　　国库编号：ZM 2022　　品种来源：山东郓城

【生物学习性】幼苗匍匐；弱冬性；抗寒性2⁺级；生育期246d；株高113cm；穗长7.5cm，纺锤形，短芒，红壳；白粒，角质，千粒重25.9g。

【品质特性】籽粒粗蛋白含量（干基）14.30％，赖氨酸0.45％，铁12.5mg/kg，锌12.9mg/kg，SKCS硬度指数54；面粉白度值70.6，沉降值（14％）31.0mL；面团流变学特性：形成时间1.9min，稳定时间1.6min，弱化度155BU，峰高580BU，衰弱角48°；淀粉糊化特性（RVA）：峰值黏度2 318cP，保持黏度1 504cP，稀懈值814cP，终黏度2 682cP，回升值1 178cP，峰值时间6.1min，糊化温度68.6℃；麦谷蛋白亚基组成：n/7+8/2+12，Glu-A3a/Glu-B3g。

【已测分子标记结果】非1B/1R；八氢番茄红素合成酶（PSY）基因：YP7A标记/*PSY-A1a*；多酚氧化酶（PPO）基因：PPO33标记/*PPO-A1a*；抗白粉病基因*Pm4*、*Pm8*、*Pm13*、*Pm21*的标记均为阴性；抗叶锈病基因*Lr10*、*Lr19*、*Lr20*的标记均为阴性；光周期基因：Ppd标记/*Ppd-D1b*；春化基因：*vrn-B1*、*vrn-B3*；穗发芽相关基因：Vp1B3标记/*Vp1B3c*。

半截芒大白麦

省库编号：LM 215　　国库编号：ZM 1908　　品种来源：山东肥城

【生物学习性】幼苗匍匐；弱冬性；抗寒性2⁺级；生育期245d；株高117cm；穗长8.0cm，纺锤形，短芒，白壳；白粒，角质，千粒重26.1g。

【品质特性】籽粒粗蛋白含量（干基）15.70%，赖氨酸0.29%，铁13.2mg/kg，锌16.8mg/kg，SKCS硬度指数60；面粉白度值71.9，沉降值（14%）28.4mL；面团流变学特性：形成时间2.5min，稳定时间2.2min，弱化度101BU，峰高570BU，衰弱角41°；淀粉糊化特性（RVA）：峰值黏度2 317cP，保持黏度1 566cP，稀懈值751cP，终黏度2 802cP，回升值1 236cP，峰值时间6.1min，糊化温度67.9℃；麦谷蛋白亚基组成：n/6*+8/2+12，Glu-A3c/Glu-B3g。

【已测分子标记结果】非1B/1R；八氢番茄红素合成酶（PSY）基因：YP7A标记/*PSY-A1a*；多酚氧化酶（PPO）基因：PPO33标记/*PPO-A1a*；抗白粉病基因*Pm4*、*Pm8*、*Pm13*、*Pm21*的标记均为阴性；抗叶锈病基因*Lr10*、*Lr19*、*Lr20*的标记均为阴性；光周期基因：Ppd标记/*Ppd-D1b*；春化基因：*vrn-A1*、*vrn-B1*、*vrn-B3*、*vrn-D1*；穗发芽相关基因：Vp1B3标记/*Vp1B3c*。

10cm

0 1cm

红秃头（3）

省库编号：LM 216　　国库编号：ZM 1708　　品种来源：山东临淄

【生物学习性】幼苗匍匐；强冬性；抗寒性2⁺级；生育期246d；株高125cm；穗长9.0cm，纺锤形，无芒，红壳；白粒，角质，千粒重18.6g。

【品质特性】籽粒粗蛋白含量（干基）14.10%，赖氨酸0.34%，铁10.9mg/kg，锌13.0mg/kg，SKCS硬度指数61；面粉白度值76.6，沉降值（14%）44.4mL；面团流变学特性：形成时间2.0min，稳定时间1.3min，弱化度192BU，峰高615BU，衰弱角27°；淀粉糊化特性（RVA）：峰值黏度2 801cP，保持黏度1 825cP，稀懈值976cP，终黏度2 999cP，回升值1 174cP，峰值时间6.3min，糊化温度67.9℃；麦谷蛋白亚基组成：n/7+8/2+12，Glu-A3c/Glu-B3g。

【已测分子标记结果】非1B/1R；八氢番茄红素合成酶（PSY）基因：YP7A标记/*PSY-A1a*；多酚氧化酶（PPO）基因：PPO33标记/*PPO-A1a*；抗白粉病基因*Pm4*、*Pm8*、*Pm13*、*Pm21*的标记均为阴性；抗叶锈病基因*Lr10*、*Lr19*、*Lr20*的标记均为阴性；光周期基因：Ppd标记/*Ppd-D1b*；春化基因：*vrn-A1*、*vrn-B1*、*vrn-B3*、*vrn-D1*；穗发芽相关基因：Vp1B3标记/*Vp1B3a*。

半芒红穗

省库编号：LM 217　　国库编号：ZM 1925　　品种来源：山东惠民

【生物学习性】幼苗匍匐；冬性；抗寒性2⁺级；生育期246d；株高125cm；穗长8.2cm，纺锤形，短芒，红壳；白粒，角质，千粒重23.5g。

【品质特性】籽粒粗蛋白含量（干基）15.20%，铁10.2mg/kg，锌10.8mg/kg，SKCS硬度指数59；面粉白度值74.7，沉降值（14%）50.8mL；面团流变学特性：形成时间4.4min，稳定时间3.3min，弱化度62BU，峰高645BU，衰弱角24°；淀粉糊化特性（RVA）：峰值黏度3 104cP，保持黏度1 882cP，稀懈值1 222cP，终黏度2 940cP，回升值1 058cP，峰值时间6.3min，糊化温度68.8℃；麦谷蛋白亚基组成：n/6⁺+8/2+12，Glu-A3a/Glu-B3g。

【已测分子标记结果】非1B/1R；八氢番茄红素合成酶（PSY）基因：YP7A标记/*PSY-A1a*；多酚氧化酶（PPO）基因：PPO33标记/*PPO-A1b*；抗白粉病基因*Pm4*、*Pm8*、*Pm13*、*Pm21*的标记均为阴性；抗叶锈病基因*Lr10*、*Lr19*、*Lr20*的标记均为阴性；光周期基因：Ppd标记/*Ppd-D1b*；春化基因：*vrn-A1*、*vrn-B1*、*vrn-B3*、*vrn-D1*；穗发芽相关基因：Vp1B3标记/*Vp1B3a*。

10cm

半截芒（1）

省库编号：LM 218　　国库编号：ZM 1977　　品种来源：山东济阳

【生物学习性】幼苗匍匐；弱冬性；抗寒性2级；生育期245d；株高112cm；穗长8.0cm，纺锤形，短芒，红壳；白粒，半角质，千粒重27.0g。

【品质特性】籽粒粗蛋白含量（干基）14.30%，赖氨酸0.37%，铁14.6mg/kg，锌21.0mg/kg，SKCS硬度指数61；面粉白度值70.4，沉降值（14%）22.1mL；面团流变学特性：形成时间2.4min，稳定时间1.6min，弱化度149BU，峰高570BU，衰弱角48°；淀粉糊化特性（RVA）：峰值黏度4 099cP，保持黏度2 446cP，稀懈值1 653cP，终黏度4 132cP，回升值1 686cP，峰值时间6.1min，糊化温度67.9℃；麦谷蛋白亚基组成：n/23+22/2+12，Glu-A3a/Glu-B3g。

【已测分子标记结果】非1B/1R；八氢番茄红素合成酶（PSY）基因：YP7A标记/*PSY-A1a*；多酚氧化酶（PPO）基因：PPO33标记/*PPO-A1a*；抗白粉病基因*Pm4*、*Pm8*、*Pm13*、*Pm21*的标记均为阴性；抗叶锈病基因*Lr10*、*Lr19*、*Lr20*的标记均为阴性；光周期基因：Ppd标记/*Ppd-D1b*；春化基因：*vrn-A1*、*vrn-B1*、*vrn-B3*、*vrn-D1*；穗发芽相关基因：Vp1B3标记/*Vp1B3c*。

半截芒（3）

省库编号：LM 219　　国库编号：ZM 2059　　品种来源：山东平邑

【生物学习性】幼苗匍匐；弱冬性；抗寒性2级；生育期245d；株高114cm；穗长8.0cm，纺锤形，短芒，红壳；白粒，角质，千粒重26.3g。

【品质特性】籽粒粗蛋白含量（干基）14.90％，赖氨酸0.42％，铁12.5mg/kg，锌17.1mg/kg，SKCS硬度指数60；面粉白度值70.5，沉降值（14％）28.4mL；面团流变学特性：形成时间2.4min，稳定时间1.4min，弱化度178BU，峰高575BU，衰弱角35°；淀粉糊化特性（RVA）：峰值黏度2 252cP，保持黏度1 441cP，稀懈值811cP，终黏度2 582cP，回升值1 141cP，峰值时间6.1min，糊化温度68.7℃；麦谷蛋白亚基组成：n/7+8/2+12，Glu-A3a/Glu-B3g。

【已测分子标记结果】非1B/1R；八氢番茄红素合成酶（PSY）基因：YP7A标记/*PSY-A1a*；多酚氧化酶（PPO）基因：PPO33标记/*PPO-A1a*；抗白粉病基因*Pm4*、*Pm8*、*Pm13*、*Pm21*的标记均为阴性；抗叶锈病基因*Lr10*、*Lr19*、*Lr20*的标记均为阴性；光周期基因：Ppd标记/*Ppd-D1b*；春化基因：*vrn-B1*、*vrn-B3*；穗发芽相关基因：Vp1B3标记/*Vp1B3c*。

10cm

1cm

红葫芦头

省库编号：LM 220　　国库编号：ZM 1982　　品种来源：山东恩县[*]

【生物学习性】幼苗匍匐；冬性；抗寒性2^+级；生育期244d；株高112cm；穗长10.0cm，纺锤形，无芒，红壳；白粒，角质，千粒重28.2g。

【品质特性】籽粒粗蛋白含量（干基）16.60%，赖氨酸0.38%，铁13.6mg/kg，锌17.3mg/kg，SKCS硬度指数59；面粉白度值75.3，沉降值（14%）21.0mL；面团流变学特性：形成时间1.8min，稳定时间1.0min，弱化度142BU，峰高570BU，衰弱角40°；淀粉糊化特性（RVA）：峰值黏度2 417cP，保持黏度1 738cP，稀懈值679cP，终黏度3 044cP，回升值1 306cP，峰值时间6.3min，糊化温度67.8℃；麦谷蛋白亚基组成：n/7/2，Glu-A3a/Glu-B3g。

【已测分子标记结果】非1B/1R；八氢番茄红素合成酶（PSY）基因：YP7A标记/*PSY-A1a*；多酚氧化酶（PPO）基因：PPO33标记/*PPO-A1a*；抗白粉病基因*Pm4*、*Pm8*、*Pm13*、*Pm21*的标记均为阴性；抗叶锈病基因*Lr10*、*Lr19*、*Lr20*的标记均为阴性；光周期基因：Ppd标记/*Ppd-D1b*；春化基因：*vrn-A1*、*vrn-B1*、*vrn-B3*、*vrn-D1*；穗发芽相关基因：Vp1B3标记/*Vp1B3c*。

10cm

红半芒（1）

省库编号：LM 221　　国库编号：ZM 1685　　品种来源：山东历城

【生物学习性】幼苗匍匐；冬性；抗寒性3⁻级；生育期242d；株高116cm；穗长8.5cm，纺锤形，短芒，红壳；白粒，角质，千粒重28.9g。

【品质特性】籽粒粗蛋白含量（干基）15.10％，赖氨酸0.34％，铁13.6mg/kg，锌22.4mg/kg，SKCS硬度指数51；面粉白度值74.4，沉降值（14％）42.2mL；面团流变学特性：形成时间3.2min，稳定时间2.8min，弱化度84BU，峰高680BU，衰弱角35°；淀粉糊化特性（RVA）：峰值黏度2 744cP，保持黏度1 733cP，稀懈值1 011cP，终黏度2 843cP，回升值1 110cP，峰值时间6.2min，糊化温度67.8℃；麦谷蛋白亚基组成：n/6*+8/2+12，Glu-A3a/Glu-B3f。

【已测分子标记结果】非1B/1R；八氢番茄红素合成酶（PSY）基因：YP7A标记/*PSY-A1a*；多酚氧化酶（PPO）基因：PPO33标记/*PPO-A1a*；抗白粉病基因*Pm4*、*Pm8*、*Pm13*、*Pm21*的标记均为阴性；抗叶锈病基因*Lr10*、*Lr19*、*Lr20*的标记均为阴性；光周期基因：Ppd标记/*Ppd-D1b*；春化基因：*vrn-A1*、*vrn-B1*、*vrn-B3*、*vrn-D1*；穗发芽相关基因：Vp1B3标记/*Vp1B3c*。

10cm

红半芒白麦

省库编号：LM 222　　国库编号：ZM 1913　　品种来源：山东长清

【生物学习性】幼苗匍匐；冬性；抗寒性2级；生育期244d；株高109cm；穗长9.2cm，纺锤形，短芒，红壳；白粒，角质，千粒重27.1g。

【品质特性】籽粒粗蛋白含量（干基）15.70%，赖氨酸0.33%，铁12.9mg/kg，锌19.1mg/kg，SKCS硬度指数66；面粉白度值73.3，沉降值（14%）44.3mL；面团流变学特性：形成时间3.9min，稳定时间2.5min，弱化度81BU，峰高710BU，衰弱角36°；淀粉糊化特性（RVA）：峰值黏度2 935cP，保持黏度1 824cP，稀懈值1 111cP，终黏度2 946cP，回升值1 122cP，峰值时间6.2min，糊化温度67.1℃；麦谷蛋白亚基组成：n/7+8/2+12，Glu-A3a/Glu-B3g。

【已测分子标记结果】非1B/1R；八氢番茄红素合成酶（PSY）基因：YP7A标记/*PSY-A1a*；多酚氧化酶（PPO）基因：PPO33标记/*PPO-A1a*；抗白粉病基因*Pm4*、*Pm8*、*Pm13*、*Pm21*的标记均为阴性；抗叶锈病基因*Lr10*、*Lr19*、*Lr20*的标记均为阴性；光周期基因：Ppd标记/*Ppd-D1b*；春化基因：*vrn-B1*、*vrn-B3*；穗发芽相关基因：Vp1B3标记/*Vp1B3c*。

改麦（1）

省库编号：LM 223　　国库编号：ZM 1697　　品种来源：山东蒲台*

【生物学习性】幼苗匍匐；弱冬性；抗寒性2+级；生育期245d；株高110cm；穗长8.5cm，纺锤形，短芒，红壳；白粒，角质，千粒重20.0g。

【品质特性】籽粒粗蛋白含量（干基）17.20%，赖氨酸0.28%，铁13.0mg/kg，锌19.1mg/kg，SKCS硬度指数60；面粉白度值75.1，沉降值（14%）42.0mL；面团流变学特性：形成时间3.8min，稳定时间3.8min，弱化度57BU，峰高650BU，衰弱角32°；淀粉糊化特性（RVA）：峰值黏度2 595cP，保持黏度1 712cP，稀懈值883cP，终黏度2 928cP，回升值1 216cP，峰值时间6.2min，糊化温度67.8℃；麦谷蛋白亚基组成：n/23+22/2+12，Glu-A3c/Glu-B3d。

【已测分子标记结果】非1B/1R；八氢番茄红素合成酶（PSY）基因：YP7A标记/PSY-A1a；多酚氧化酶（PPO）基因：PPO33标记/PPO-A1a；抗白粉病基因Pm4、Pm8、Pm13、Pm21的标记均为阴性；抗叶锈病基因Lr10、Lr19、Lr20的标记均为阴性；光周期基因：Ppd标记/Ppd-D1b；春化基因：vrn-A1、vrn-B1、vrn-B3、vrn-D1；穗发芽相关基因：Vp1B3标记/Vp1B3c。

红秃头（2）

省库编号：LM 224　　国库编号：ZM 1707　　品种来源：山东临淄

【生物学习性】幼苗匍匐；强冬性；抗寒性2级；生育期246d；株高130cm；穗长10.5cm，纺锤形，无芒，红壳；白粒，角质，千粒重25.5g。

【品质特性】籽粒粗蛋白含量（干基）14.40%，赖氨酸0.27%，铁17.2mg/kg，锌16.8mg/kg，SKCS硬度指数54；面粉白度值77.5，沉降值（14%）38.9mL；面团流变学特性：形成时间3.0min，稳定时间2.3min，弱化度93BU，峰高620BU，衰弱角30°；淀粉糊化特性（RVA）：峰值黏度2 850cP，保持黏度1 885cP，稀懈值965cP，终黏度3 125cP，回升值1 240cP，峰值时间6.3min，糊化温度67.8℃；麦谷蛋白亚基组成：n/7+8/2+12，Glu-A3b/Glu-B3d。

【已测分子标记结果】非1B/1R；八氢番茄红素合成酶（PSY）基因：YP7A标记/*PSY-A1a*；多酚氧化酶（PPO）基因：PPO33标记/*PPO-A1b*；抗白粉病基因*Pm4*、*Pm8*、*Pm13*、*Pm21*的标记均为阴性；抗叶锈病基因*Lr10*、*Lr19*、*Lr20*的标记均为阴性；光周期基因：Ppd标记/*Ppd-D1b*；春化基因：*vrn-A1*、*vrn-B1*、*vrn-B3*、*vrn-D1*；穗发芽相关基因：Vp1B3标记/*Vp1B3c*。

红半芒（3）

省库编号：LM 225　　国库编号：ZM 1802　　品种来源：山东栖东*

【生物学习性】幼苗匍匐；弱冬性；抗寒性3⁻级；生育期246d；株高130cm；穗长9.5cm，纺锤形，短芒，红壳；白粒，角质，千粒重24.2g。

【品质特性】籽粒粗蛋白含量（干基）15.10%，赖氨酸0.29%，铁10.9mg/kg，锌12.5mg/kg，SKCS硬度指数57；面粉白度值75.5，沉降值（14%）40.2mL；面团流变学特性：峰高590BU，衰弱角19；淀粉糊化特性（RVA）：峰值黏度2 754cP，保持黏度1 823cP，稀懈值931cP，终黏度3 032cP，回升值1 209cP，峰值时间6.3min，糊化温度67.8℃；麦谷蛋白亚基组成：n/7+8/2+12，Glu-A3a/Glu-B3g。

【已测分子标记结果】非1B/1R；八氢番茄红素合成酶（PSY）基因：YP7A标记/*PSY-A1a*；多酚氧化酶（PPO）基因：PPO33标记/*PPO-A1a*；抗白粉病基因*Pm4*、*Pm8*、*Pm13*、*Pm21*的标记均为阴性；抗叶锈病基因*Lr10*、*Lr19*、*Lr20*的标记均为阴性；光周期基因：Ppd标记/*Ppd-D1b*；春化基因：*vrn-A1*、*Vrn-D1*；穗发芽相关基因：Vp1B3标记/*Vp1B3b*。

红半芒（2）

省库编号：LM 226　　国库编号：ZM 1759　　品种来源：山东即墨

【生物学习性】幼苗匍匐；半冬性；抗寒性2级；生育期246d；株高120cm；穗长9.0cm，纺锤形，短芒，白壳；白粒，角质，千粒重20.4g。

【品质特性】籽粒粗蛋白含量（干基）15.60%，赖氨酸0.31%，铁13.8mg/kg，锌17.9mg/kg，SKCS硬度指数69；面粉白度值75.4，沉降值（14%）35.2mL；面团流变学特性：峰高595BU，衰弱角26°；淀粉糊化特性（RVA）：峰值黏度2 671cP，保持黏度1 815cP，稀懈值856cP，终黏度2 944cP，回升值1 129cP，峰值时间6.3min，糊化温度67.9℃；麦谷蛋白亚基组成：n/7+8/2+12，Glu-A3a/Glu-B3f。

【已测分子标记结果】非1B/1R；八氢番茄红素合成酶（PSY）基因：YP7A标记/PSY-A1a；多酚氧化酶（PPO）基因：PPO33标记/PPO-A1a；抗白粉病基因Pm4、Pm8、Pm13、Pm21的标记均为阴性；抗叶锈病基因Lr10、Lr19、Lr20的标记均为阴性；光周期基因：Ppd标记/Ppd-D1b；春化基因：vrn-A1、vrn-B1、vrn-B3、vrn-D1；穗发芽相关基因：Vp1B3标记/Vp1B3a。

红芒麦（5）

省库编号：LM 227　国库编号：ZM 11109　品种来源：山东五莲

【生物学习性】幼苗匍匐；半冬性；抗寒性2级；生育期245d；株高106cm；穗长8.8cm，纺锤形，短芒，红壳；红粒，角质，千粒重25.7g。

【品质特性】籽粒粗蛋白含量（干基）15.45%，赖氨酸0.38%，铁16.4mg/kg，锌20.0mg/kg，SKCS硬度指数62；面粉白度值74.7，沉降值（14%）37.3mL；面团流变学特性：形成时间3.4min，稳定时间2.3min，弱化度69BU，峰高600BU，衰弱角24°；淀粉糊化特性（RVA）：峰值黏度2 545cP，保持黏度1 710cP，稀懈值835cP，终黏度2 955cP，回升值1 245cP，峰值时间6.3min，糊化温度67.8℃；麦谷蛋白亚基组成：n/7+22/2+12，Glu-A3e/Glu-B3g。

【已测分子标记结果】非1B/1R；八氢番茄红素合成酶（PSY）基因：YP7A标记/*PSY-A1a*；多酚氧化酶（PPO）基因：PPO33标记/*PPO-A1a*；抗白粉病基因*Pm4*、*Pm8*、*Pm13*、*Pm21*的标记均为阴性；抗叶锈病基因*Lr10*、*Lr19*、*Lr20*的标记均为阴性；光周期基因：Ppd标记/*Ppd-D1b*；春化基因：*vrn-B1*、*vrn-B3*；穗发芽相关基因：Vp1B3标记/*Vp1B3a*。

红半芒（4）

省库编号：LM 228　　国库编号：ZM 1868　　品种来源：山东诸城

【生物学习性】幼苗匍匐；弱冬性；抗寒性2$^+$级；生育期244d；株高115cm；穗长8.8cm，纺锤形，短芒，红壳；红粒，角质，千粒重21.7g。

【品质特性】籽粒粗蛋白含量（干基）15.10%，赖氨酸0.29%，铁10.9mg/kg，锌12.5mg/kg，SKCS硬度指数57；面粉白度值75.5，沉降值（14%）40.2mL；面团流变学特性：峰高590BU，衰弱角19°；淀粉糊化特性（RVA）：峰值黏度2 754cP，保持黏度1 823cP，稀懈值931cP，终黏度3 032cP，回升值1 209cP，峰值时间6.3min，糊化温度67.8℃；麦谷蛋白亚基组成：n/7+8/2+12，Glu-A3a/Glu-B3g。

【已测分子标记结果】非1B/1R；八氢番茄红素合成酶（PSY）基因：YP7A标记/*PSY-A1a*；多酚氧化酶（PPO）基因：PPO33标记/*PPO-A1a*；抗白粉病基因*Pm4*、*Pm8*、*Pm13*、*Pm21*的标记均为阴性；抗叶锈病基因*Lr10*、*Lr19*、*Lr20*的标记均为阴性；光周期基因：Ppd标记/*Ppd-D1b*；春化基因：*vrn-A1*、*Vrn-D1*；穗发芽相关基因：Vp1B3标记/*Vp1B3b*。

荣 炳 麦

省库编号：LM 229　　国库编号：ZM 1757　　品种来源：山东莱阳

【生物学习性】幼苗匍匐；冬性；抗寒性2^+级；生育期245d；株高125cm；穗长9.5cm，纺锤形，短芒，红壳；红粒，角质，千粒重21.0g。

【品质特性】籽粒粗蛋白含量（干基）15.40%，赖氨酸0.31%，铁13.7mg/kg，锌14.3mg/kg，SKCS硬度指数66；面粉白度值74.4，沉降值（14%）36.8mL；面团流变学特性：形成时间4.0min，稳定时间3.8min，弱化度56BU，峰高595BU，衰弱角21°；淀粉糊化特性（RVA）：峰值黏度2 509cP，保持黏度1 606cP，稀懈值903cP，终黏度2 821cP，回升值1 215cP，峰值时间6.1min，糊化温度67.9℃；麦谷蛋白亚基组成：n/7+8/2+12，Glu-A3a/Glu-B3g。

【已测分子标记结果】非1B/1R；八氢番茄红素合成酶（PSY）基因：YP7A标记/*PSY-A1a*；多酚氧化酶（PPO）基因：PPO33标记/*PPO-A1a*；抗白粉病基因*Pm4*、*Pm8*、*Pm13*、*Pm21*的标记均为阴性；抗叶锈病基因*Lr10*、*Lr19*、*Lr20*的标记均为阴性；光周期基因：Ppd标记/*Ppd-D1b*；春化基因：*vrn-A1*、*vrn-B1*、*vrn-D1*；穗发芽相关基因：Vp1B3标记/*Vp1B3a*。

大 蛆 子

省库编号：LM 230　　国库编号：ZM 1813　　品种来源：山东益都*

【生物学习性】幼苗匍匐；冬性；抗寒性2+级；生育期245d；株高115cm；穗长7.2cm，纺锤形，短芒，白壳；白粒，角质，千粒重21.7g。

【品质特性】籽粒粗蛋白含量（干基）15.50%，赖氨酸0.32%，铁13.8mg/kg，锌24.7mg/kg，SKCS硬度指数65；面粉白度值74.0，沉降值（14%）33.6mL；面团流变学特性：形成时间2.3min，稳定时间2.3min，弱化度109BU，峰高570BU，衰弱角32°；淀粉糊化特性（RVA）：峰值黏度2 576cP，保持黏度1 753cP，稀懈值823cP，终黏度2 917cP，回升值1 164cP，峰值时间6.2min，糊化温度67.8℃；麦谷蛋白亚基组成：n/6*+8/2+12，Glu-A3a/Glu-B3g。

【已测分子标记结果】非1B/1R；八氢番茄红素合成酶（PSY）基因：YP7A标记/*PSY-A1a*；多酚氧化酶（PPO）基因：PPO33标记/*PPO-A1a*；抗白粉病基因*Pm4*、*Pm8*、*Pm13*、*Pm21*的标记均为阴性；抗叶锈病基因*Lr10*、*Lr19*、*Lr20*的标记均为阴性；光周期基因：Ppd标记/*Ppd-D1b*；春化基因：*vrn-A1*、*vrn-B1*、*vrn-D1*；穗发芽相关基因：Vp1B3标记/*Vp1B3a*。

咬乖肚子麦

省库编号：LM 231　　国库编号：ZM 1807　　品种来源：山东长山[*]

【生物学习性】幼苗匍匐；弱冬性；抗寒性2[+]级；生育期245d；株高110cm；穗长7.5cm，棍棒形，短芒，白壳；白粒，角质，千粒重21.8g。

【品质特性】籽粒粗蛋白含量（干基）15.70%，赖氨酸0.27%，铁8.1mg/kg，锌16.9mg/kg，SKCS硬度指数65；面粉白度值74.8，沉降值（14%）33.0mL；面团流变学特性：形成时间3.5min，稳定时间2.8min，弱化度61BU，峰高550BU，衰弱角16°；淀粉糊化特性（RVA）：峰值黏度2 903cP，保持黏度1 968cP，稀懈值935cP，终黏度3 171cP，回升值1 203cP，峰值时间6.3min，糊化温度68.7℃；麦谷蛋白亚基组成：n/7+8/2+12，Glu-A3b/Glu-B3d。

【已测分子标记结果】非1B/1R；八氢番茄红素合成酶（PSY）基因：YP7A标记/*PSY-A1a*；多酚氧化酶（PPO）基因：PPO33标记/*PPO-A1b*；抗白粉病基因*Pm4*、*Pm8*、*Pm13*、*Pm21*的标记均为阴性；抗叶锈病基因*Lr10*、*Lr19*、*Lr20*的标记均为阴性；光周期基因：Ppd标记/*Ppd-D1b*；春化基因：*vrn-A1*、*vrn-B1*、*vrn-B3*、*vrn-D1*；穗发芽相关基因：Vp1B3标记/*Vp1B3a*。

10cm

咬蝈肚（2）

省库编号：LM 232　　国库编号：ZM 1949　　品种来源：山东恒台

【生物学习性】幼苗匍匐；弱冬性；抗寒性2⁺级；生育期244d；株高115cm；穗长7.2cm，长方形，短芒，白壳；白粒，角质，千粒重22.0g。

【品质特性】籽粒粗蛋白含量（干基）15.80%，赖氨酸0.33%，铁15.0mg/kg，锌21.2mg/kg，SKCS硬度指数62；面粉白度值74.3，沉降值（14%）34.0mL；面团流变学特性：峰高580BU，衰弱角24°；淀粉糊化特性（RVA）：峰值黏度2 823cP，保持黏度1 909cP，稀懈值914cP，终黏度3 185cP，回升值1 276cP，峰值时间6.3min，糊化温度67.8℃；麦谷蛋白亚基组成：n/7+8/2+12，Glu-A3b/Glu-B3d。

【已测分子标记结果】非1B/1R；八氢番茄红素合成酶（PSY）基因：YP7A标记/*PSY-A1a*；多酚氧化酶（PPO）基因：PPO33标记/*PPO-A1a*；抗白粉病基因*Pm4*、*Pm8*、*Pm13*、*Pm21*的标记均为阴性；抗叶锈病基因*Lr10*、*Lr19*、*Lr20*的标记均为阴性；光周期基因：Ppd标记/*Ppd-D1b*；春化基因：*vrn-B1*、*vrn-B3*；穗发芽相关基因：Vp1B3标记/*Vp1B3a*。

洋　麦

省库编号：LM 233　　国库编号：ZM 1965　　品种来源：山东禹城

【生物学习性】幼苗匍匐；弱冬性；抗寒性2^+级；生育期244d；株高115cm；穗长8.0cm，纺锤形，短芒，白壳；白粒，角质，千粒重23.7g。

【品质特性】籽粒粗蛋白含量（干基）15.40%，赖氨酸0.27%，铁8.3mg/kg，锌9.2mg/kg，SKCS硬度指数66；面粉白度值74，沉降值（14%）33.1mL；面团流变学特性：形成时间2.9min，稳定时间2.3min，弱化度92BU，峰高580BU，衰弱角33°；淀粉糊化特性（RVA）：峰值黏度2 720cP，保持黏度1 886cP，稀懈值834cP，终黏度3 077cP，回升值1 191cP，峰值时间6.3min，糊化温度67.8℃；麦谷蛋白亚基组成：$n/6^*+8/2+12$，Glu-A3a/Glu-B3g。

【已测分子标记结果】非1B/1R；八氢番茄红素合成酶（PSY）基因：YP7A标记/*PSY-A1a*；多酚氧化酶（PPO）基因：PPO33标记/*PPO-A1a*；抗白粉病基因*Pm4*、*Pm8*、*Pm13*、*Pm21*的标记均为阴性；抗叶锈病基因*Lr10*、*Lr19*、*Lr20*的标记均为阴性；光周期基因：Ppd标记/*Ppd-D1b*；春化基因：*vrn-A1*、*vrn-B1*、*vrn-B3*、*vrn-D1*；穗发芽相关基因：Vp1B3标记/*Vp1B3a*。

蝼蛄腚 (5)

省库编号: LM 234   国库编号: ZM 1958   品种来源: 山东禹城

【生物学习性】幼苗匍匐; 弱冬性; 抗寒性2⁺级; 生育期243d; 株高115cm; 穗长8.0cm, 纺锤形, 无芒, 白壳; 白粒, 角质, 千粒重24.7g。

【品质特性】籽粒粗蛋白含量(干基)15.60%, 赖氨酸0.36%, 铁14.4mg/kg, 锌22.9mg/kg, SKCS硬度指数54; 面粉白度值73.2, 沉降值(14%)49.4mL; 面团流变学特性: 形成时间3.7min, 稳定时间4.2min, 弱化度57BU, 峰高640BU, 衰弱角22°; 淀粉糊化特性(RVA): 峰值黏度2 693cP, 保持黏度1 829cP, 稀懈值864cP, 终黏度3 085cP, 回升值1 256cP, 峰值时间6.3min, 糊化温度67.1℃; 麦谷蛋白亚基组成: n/6*+8/2+12, Glu-A3a/Glu-B3g。

【已测分子标记结果】非1B/1R; 八氢番茄红素合成酶(PSY)基因: YP7A标记/*PSY-A1a*; 多酚氧化酶(PPO)基因: PPO33标记/*PPO-A1a*; 抗白粉病基因*Pm4*、*Pm8*、*Pm13*、*Pm21*的标记均为阴性; 抗叶锈病基因*Lr10*、*Lr19*、*Lr20*的标记均为阴性; 光周期基因: Ppd标记/*Ppd-D1b*; 春化基因: *vrn-A1*、*vrn-B1*、*vrn-B3*、*vrn-D1*; 穗发芽相关基因: Vp1B3标记/*Vp1B3a*。

蝼蛄肚

省库编号：LM 235　　国库编号：ZM 1957　　品种来源：山东禹城

【生物学习性】幼苗匍匐；弱冬性；抗寒性2⁺级；生育期244d；株高123cm；穗长8.0cm，长方形，无芒，白壳；白粒，角质，千粒重24.0g。

【品质特性】籽粒粗蛋白含量（干基）14.30％，赖氨酸0.26％，铁11.9mg/kg，锌13.6mg/kg，SKCS硬度指数55；面粉白度值72.5，沉降值（14％）40.4mL；面团流变学特性：峰高600BU，衰弱角22°；淀粉糊化特性（RVA）：峰值黏度2 539cP，保持黏度1 766cP，稀懈值773cP，终黏度3 045cP，回升值1 279cP，峰值时间6.3min，糊化温度67.9℃；麦谷蛋白亚基组成：n/7+8/2+12，Glu-A3a/Glu-B3f。

【已测分子标记结果】非1B/1R；八氢番茄红素合成酶（PSY）基因：YP7A标记/*PSY-A1a*；多酚氧化酶（PPO）基因：PPO33标记/*PPO-A1a*；抗白粉病基因*Pm4*、*Pm8*、*Pm13*、*Pm21*的标记均为阴性；抗叶锈病基因*Lr10*、*Lr19*、*Lr20*的标记均为阴性；光周期基因：Ppd标记/*Ppd-D1b*；春化基因：*vrn-A1*、*vrn-B1*、*vrn-B3*、*vrn-D1*；穗发芽相关基因：Vp1B3标记/*Vp1B3a*。

白 和 尚

省库编号：LM 236　　国库编号：ZM 1709　　品种来源：山东淄川

【生物学习性】幼苗匍匐；弱冬性；抗寒性2级；生育期244d；株高115cm；穗长10.0cm，纺锤形，无芒，白壳；白粒，角质，千粒重26.7g。

【品质特性】籽粒粗蛋白含量（干基）14.60%，赖氨酸0.25%，铁12.5mg/kg，锌12.5mg/kg，SKCS硬度指数62；面粉白度值73.0，沉降值（14%）38.3mL；面团流变学特性：形成时间3.3min，稳定时间2.4min，弱化度64BU，峰高585BU，衰弱角24°；淀粉糊化特性（RVA）：峰值黏度2 643cP，保持黏度1 821cP，稀懈值822cP，终黏度3 154cP，回升值1 333cP，峰值时间6.2min，糊化温度66.2℃；麦谷蛋白亚基组成：n/7+8/2+12，Glu-A3a/Glu-B3g。

【已测分子标记结果】非1B/1R；八氢番茄红素合成酶（PSY）基因：YP7A标记/*PSY-A1a*；多酚氧化酶（PPO）基因：PPO33标记/*PPO-A1b*；抗白粉病基因*Pm4*、*Pm8*、*Pm13*、*Pm21*的标记均为阴性；抗叶锈病基因*Lr10*、*Lr19*、*Lr20*的标记均为阴性；光周期基因：Ppd标记/*Ppd-D1b*；春化基因：*vrn-B1*、*vrn-B3*；穗发芽相关基因：Vp1B3标记/*Vp1B3a*。

 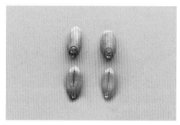 

10cm

0 1cm

螳螂子（2）

省库编号：LM 237　　国库编号：ZM 1921　　品种来源：山东章丘

【生物学习性】幼苗匍匐；弱冬性；抗寒性2级；生育期245d；株高11 9cm；穗长8.5cm，纺锤形，无芒，白壳；白粒，角质，千粒重25.4g。

【品质特性】籽粒粗蛋白含量（干基）15.20％，赖氨酸0.34％，铁12.4mg/kg，锌10.2mg/kg，SKCS硬度指数63；面粉白度值74.7，沉降值（14%）42.0mL；面团流变学特性：峰高590BU，衰弱角31°；淀粉糊化特性（RVA）：峰值黏度2 572cP，保持黏度1 717cP，稀懈值855cP，终黏度2 922cP，回升值1 205cP，峰值时间6.1min，糊化温度67.1℃；麦谷蛋白亚基组成：n/7+8/2+12，Glu-A3a/Glu-B3f。

【已测分子标记结果】非1B/1R；八氢番茄红素合成酶（PSY）基因：YP7A标记/*PSY-A1a*；多酚氧化酶（PPO）基因：PPO33标记/*PPO-A1a*；抗白粉病基因*Pm4*、*Pm8*、*Pm13*、*Pm21*的标记均为阴性；抗叶锈病基因*Lr10*、*Lr19*、*Lr20*的标记均为阴性；光周期基因：Ppd标记/*Ppd-D1b*；春化基因：*vrn-A1*、*vrn-B1*、*vrn-B3*、*vrn-D1*；穗发芽相关基因：Vp1B3标记/*Vp1B3a*。

10cm

0 1cm

拐子腚

省库编号：LM 238　　国库编号：ZM 1917　　品种来源：山东章丘

【生物学习性】幼苗匍匐；弱冬性；抗寒性2级；生育期245d；株高120cm；穗长9.5cm，纺锤形，无芒，白壳；白粒，角质，千粒重26.8g。

【品质特性】籽粒粗蛋白含量（干基）14.60%，赖氨酸0.28%，铁17.4mg/kg，锌22.6mg/kg，SKCS硬度指数61；面粉白度值71.8，沉降值（14%）37.3mL；面团流变学特性：形成时间2.7min，稳定时间2.1min，弱化度86BU，峰高515BU，衰弱角24°；淀粉糊化特性（RVA）：峰值黏度2 502cP，保持黏度1 785cP，稀懈值717cP，终黏度3 124cP，回升值1 339cP，峰值时间6.3min，糊化温度67.0℃；麦谷蛋白亚基组成：n/7+8/2+12，Glu-A3a/Glu-B3g。

【已测分子标记结果】非1B/1R；八氢番茄红素合成酶（PSY）基因：YP7A标记/PSY-A1a；多酚氧化酶（PPO）基因：PPO33标记/PPO-A1b；抗白粉病基因Pm4、Pm8、Pm13、Pm21的标记均为阴性；抗叶锈病基因Lr10、Lr19、Lr20的标记均为阴性；光周期基因：Ppd标记/Ppd-D1b；春化基因：vrn-A1、vrn-B1、vrn-B3、vrn-D1；穗发芽相关基因：Vp1B3标记/Vp1B3a。

咬蝈肚（1）

省库编号：LM 239　　国库编号：ZM 1716　　品种来源：山东博山

【生物学习性】幼苗匍匐；弱冬性；抗寒性2+级；生育期245d；株高120cm；穗长10.0cm，纺锤形，无芒，红壳；红粒，角质，千粒重25.3g。

【品质特性】籽粒粗蛋白含量（干基）15.40%，赖氨酸0.31%，铁14.2mg/kg，锌16.5mg/kg，SKCS硬度指数62；面粉白度值73.4，沉降值（14%）32 .6mL；面团流变学特性：形成时间2.5min，稳定时间1.8min，弱化度127BU，峰高690BU，衰弱角32°；淀粉糊化特性（RVA）：峰值黏度2 581cP，保持黏度1 687cP，稀懈值894cP，终黏度2 832cP，回升值1 145cP，峰值时间6.3min，糊化温度68.6℃；麦谷蛋白亚基组成：n/7+8/2+12，Glu-A3c/Glu-B3g。

【已测分子标记结果】非1B/1R；八氢番茄红素合成酶（PSY）基因：YP7A标记/*PSY-A1a*；多酚氧化酶（PPO）基因：PPO33标记/*PPO-A1a*；抗白粉病基因*Pm4*、*Pm8*、*Pm13*、*Pm21*的标记均为阴性；抗叶锈病基因*Lr10*、*Lr19*、*Lr20*的标记均为阴性；光周期基因：Ppd标记/*Ppd-D1b*；春化基因：*vrn-A1*、*vrn-B1*、*vrn-B3*、*vrn-D1*；穗发芽相关基因：Vp1B3标记/*Vp1B3a*。

半芒麦（2）

省库编号：LM 240　　国库编号：ZM 1718　　品种来源：山东博山

【生物学习性】幼苗匍匐；弱冬性；抗寒性2^+级；生育期245d；株高120cm；穗长7.7cm；圆锥形，无芒，白壳；白粒，角质，千粒重25.2g。

【品质特性】籽粒粗蛋白含量（干基）14.70％，赖氨酸0.33％，铁14.4mg/kg，锌13.7mg/kg，SKCS硬度指数60；面粉白度值74.5，沉降值（14%）37.8mL；面团流变学特性：峰高730BU，衰弱角35°；淀粉糊化特性（RVA）：峰值黏度2 488cP，保持黏度1 712cP，稀懈值776cP，终黏度2 908cP，回升值1 196cP，峰值时间6.2min，糊化温度67.0℃；麦谷蛋白亚基组成：n/7+8/2+12，Glu-A3c/Glu-B3f。

【已测分子标记结果】非1B/1R；八氢番茄红素合成酶（PSY）基因：YP7A标记/*PSY-A1a*；多酚氧化酶（PPO）基因：PPO33标记/*PPO-A1b*；抗白粉病基因*Pm4*、*Pm8*、*Pm13*、*Pm21*的标记均为阴性；抗叶锈病基因*Lr10*、*Lr19*、*Lr20*的标记均为阴性；光周期基因：Ppd标记/*Ppd-D1b*；春化基因：*vrn-A1*、*vrn-B1*、*vrn-B3*、*vrn-D1*；穗发芽相关基因：Vp1B3标记/*Vp1B3a*。

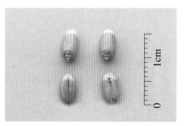

半芒（2）

省库编号：LM 241　国库编号：ZM 1853　品种来源：山东昌乐

【生物学习性】幼苗匍匐；弱冬性；抗寒性2$^+$级；生育期245d；株高120cm；穗长9.2cm，纺锤形，无芒，白壳；白粒，角质，千粒重23.6g。

【品质特性】籽粒粗蛋白含量（干基）13.10％，赖氨酸0.35％，铁11.8mg/kg，锌12.9mg/kg，SKCS硬度指数14；面粉白度值80.8，沉降值（14％）36.8mL；面团流变学特性：峰高550BU，衰弱角19°；淀粉糊化特性（RVA）：峰值黏度2 465cP，保持黏度1 608cP，稀懈值857cP，终黏度2 757cP，回升值1 149cP，峰值时间6.3min，糊化温度86.7℃；麦谷蛋白亚基组成：1/7+8/2+12，Glu-A3e/Glu-B3b。

【已测分子标记结果】非1B/1R；八氢番茄红素合成酶（PSY）基因：YP7A标记/*PSY-A1a*；多酚氧化酶（PPO）基因：PPO33标记/*PPO-A1a*；抗白粉病基因*Pm4*、*Pm8*、*Pm13*、*Pm21*的标记均为阴性；抗叶锈病基因*Lr10*、*Lr19*、*Lr20*的标记均为阴性；光周期基因：Ppd标记/*Ppd-D1b*；春化基因：*vrn-A1*、*vrn-B1*、*vrn-B3*、*vrn-D1*；穗发芽相关基因：Vp1B3标记/*Vp1B3c*。

半芒麦（1）

省库编号：LM 242　　国库编号：ZM 1691　　品种来源：山东青岛

【生物学习性】幼苗匍匐；弱冬性；抗寒性2级；生育期245d；株高120cm；穗长9.0cm，纺锤形，短芒，白壳；白粒，角质，千粒重24.0g。

【品质特性】籽粒粗蛋白含量（干基）15.40%，赖氨酸0.37%，铁13.7mg/kg，锌28.3mg/kg，SKCS硬度指数59；面粉白度值74.8，沉降值（14%）42.0mL；面团流变学特性：形成时间3.0min，稳定时间2.3min，弱化度120BU，峰高600BU，衰弱角19°；淀粉糊化特性（RVA）：峰值黏度2 879cP，保持黏度1 864cP，稀懈值1 015cP，终黏度3 040cP，回升值1 176cP，峰值时间6.3min，糊化温度68.6℃；麦谷蛋白亚基组成：n/6*+8/2+12，Glu-A3b/Glu-B3g。

【已测分子标记结果】非1B/1R；八氢番茄红素合成酶（PSY）基因：YP7A标记/*PSY-A1a*；多酚氧化酶（PPO）基因：PPO33标记/*PPO-A1a*；抗白粉病基因*Pm4*、*Pm8*、*Pm13*、*Pm21*的标记均为阴性；抗叶锈病基因*Lr10*、*Lr19*、*Lr20*的标记均为阴性；光周期基因：Ppd标记/*Ppd-D1b*；春化基因：*vrn-A1*、*vrn-B1*、*vrn-B3*、*vrn-D1*；穗发芽相关基因：Vp1B3标记/*Vp1B3a*。

白葫芦头（2）

省库编号：LM 243　　国库编号：ZM 1980　　品种来源：山东恩县[*]

【生物学习性】幼苗匍匐；弱冬性；抗寒性2级；生育期246d；株高118cm；穗长10.5cm，纺锤形，无芒，白壳；白粒，角质，千粒重28.9g。

【品质特性】籽粒粗蛋白含量（干基）14.90%，赖氨酸0.25%，铁15.0mg/kg，锌21.8mg/kg，SKCS硬度指数66；面粉白度值73.2，沉降值（14%）40.4mL；面团流变学特性：形成时间3.2min，稳定时间2.5min，弱化度69BU，峰高695BU，衰弱角26°；淀粉糊化特性（RVA）：峰值黏度2 587cP，保持黏度1 840cP，稀懈值743cP，终黏度3 178cP，回升值1 334cP，峰值时间6.3min，糊化温度67.1℃；麦谷蛋白亚基组成：n/7+8/2+12，Glu-A3a/Glu-B3g。

【已测分子标记结果】非1B/1R；八氢番茄红素合成酶（PSY）基因：YP7A标记/*PSY-A1a*；多酚氧化酶（PPO）基因：PPO33标记/ *PPO-A1b*；抗白粉病基因*Pm4*、*Pm8*、*Pm13*、*Pm21*的标记均为阴性；抗叶锈病基因*Lr10*、*Lr19*、*Lr20*的标记均为阴性；光周期基因：Ppd标记/*Ppd-D1b*；春化基因：*vrn-B1*、*vrn -B3*；穗发芽相关基因：Vp1B3标记/*Vp1B3a*。

二 秃 头

省库编号：LM 244　　国库编号：ZM 1771　　品种来源：山东荣成

【生物学习性】幼苗匍匐；弱冬性；抗寒性2级；生育期245d；株高120cm；穗长8.0cm，长方形，无芒，白壳；白粒，角质，千粒重27.5g。

【品质特性】籽粒粗蛋白含量（干基）15.50％，赖氨酸0.28％，铁25.2mg/kg，锌22.1mg/kg，SKCS硬度指数65；面粉白度值72.8，沉降值（14%）40.4mL；面团流变学特性：峰高600BU，衰弱角28°；淀粉糊化特性（RVA）：峰值黏度2 461cP，保持黏度1 757cP，稀懈值704cP，终黏度2 973cP，回升值1 216cP，峰值时间6.3min，糊化温度67.0℃；麦谷蛋白亚基组成：n/7+8/2+12，Glu-A3a/Glu-B3f。

【已测分子标记结果】非1B/1R；八氢番茄红素合成酶（PSY）基因：YP7A标记/PSY-A1a；多酚氧化酶（PPO）基因：PPO33标记/PPO-A1b；抗白粉病基因Pm4、Pm8、Pm13、Pm21的标记均为阴性；抗叶锈病基因Lr10、Lr19、Lr20的标记均为阴性；光周期基因：Ppd标记/Ppd-D1b；春化基因：vrn-A1、vrn-B1、vrn -B3、vrn-D1；穗发芽相关基因：Vp1B3标记/ Vp1B3a。

二棵芒

省库编号：LM 245　　国库编号：ZM 1779　　品种来源：山东荣成

【生物学习性】幼苗匍匐；冬性；抗寒性2级；生育期246d；株高122cm；穗长9.5cm，纺锤形，无芒，白壳；白粒，角质，千粒重25.8g。

【品质特性】籽粒粗蛋白含量（干基）16.00%，赖氨酸0.38%，铁13.8mg/kg，锌17.0mg/kg，SKCS硬度指数58；面粉白度值73.7，沉降值（14%）42.0mL；面团流变学特性：形成时间4.5min，稳定时间6.8min，弱化度70BU，峰高595BU，衰弱角26°；淀粉糊化特性（RVA）：峰值黏度2 358cP，保持黏度1 623cP，稀懈值735cP，终黏度2 754cP，回升值1 331cP，峰值时间6.3min，糊化温度67.9℃；麦谷蛋白亚基组成：n/7+8/2+12，Glu-A3a/Glu-B3g。

【已测分子标记结果】非1B/1R；八氢番茄红素合成酶（PSY）基因：YP7A标记/*PSY-A1a*；多酚氧化酶（PPO）基因：PPO33标记/*PPO-A1a*；抗白粉病基因*Pm4*、*Pm8*、*Pm13*、*Pm21*的标记均为阴性；抗叶锈病基因*Lr10*、*Lr19*、*Lr20*的标记均为阴性；光周期基因：Ppd标记/*Ppd-D1b*；春化基因：*vrn-A1*、*vrn-B1*、*vrn-B3*、*vrn-D1*；穗发芽相关基因：Vp1B3标记/*Vp1B3c*。

蝼蛄腚（1）

省库编号：LM 246　国库编号：ZM 1673　品种来源：山东历城

【生物学习性】幼苗匍匐；弱冬性；抗寒性3级；生育期248d；株高120cm；穗长9.0cm，长方形，顶芒，红壳；白粒，角质，千粒重27.5g。

【品质特性】籽粒粗蛋白含量（干基）11.50%，赖氨酸0.40%，铁10.4mg/kg，锌9.0mg/kg，SKCS硬度指数17，面粉白度值81.7，沉降值（14%）37.8mL；面团流变学特性：形成时间4.5min，稳定时间6.1min，弱化度28BU，峰高460BU，衰弱角8°；淀粉糊化特性（RVA）：峰值黏度2 825cP，保持黏度1 781cP，稀懈值1 044cP，终黏度2 989cP，回升值1 208cP，峰值时间6.3min，糊化温度86.7℃；麦谷蛋白亚基组成：1/7+8/2+12，Glu-A3a/Glu-B3g。

【已测分子标记结果】非1B/1R；八氢番茄红素合成酶（PSY）基因：YP7A标记/PSY-A1a；多酚氧化酶（PPO）基因：PPO33标记/PPO-A1a；抗白粉病基因Pm4、Pm8、Pm13、Pm21的标记均为阴性；抗叶锈病基因Lr10、Lr19、Lr20的标记均为阴性；光周期基因：Ppd标记/Ppd-D1b；春化基因：vrn-A1、vrn-B1、vrn-B3、vrn-D1；穗发芽相关基因：Vp1B3标记/Vp1B3a。

10cm

大红扁穗

省库编号：LM 247　　国库编号：ZM 1941　　品种来源：山东博兴

【生物学习性】幼苗匍匐；冬性；抗寒性3级；生育期245d；株高120cm；穗长9.0cm，纺锤形，顶芒，红壳；白粒，粉质，千粒重25.0g。

【品质特性】籽粒粗蛋白含量（干基）12.10%，赖氨酸0.29%，SKCS硬度指数43；面粉白度值72.6；麦谷蛋白亚基组成：n/7+8/2+12，Glu-A3e/Glu-B3f。

【已测分子标记结果】非1B/1R；八氢番茄红素合成酶（PSY）基因：YP7A标记/*PSY-A1a*；多酚氧化酶（PPO）基因：PPO33标记/*PPO-A1b*；抗白粉病基因*Pm4*、*Pm8*、*Pm13*、*Pm21*的标记均为阴性；抗叶锈病基因*Lr10*、*Lr19*、*Lr20*的标记均为阴性；光周期基因：Ppd标记/*Ppd-D1b*；春化基因：*vrn-A1*、*vrn-B1*、*vrn-B3*、*vrn-D1*；穗发芽相关基因：Vp1B3标记/ *Vp1B3b*。

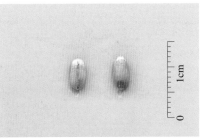

前进1号

省库编号：LM 248　　国库编号：ZM15664　　品种来源：山东益都*

【生物学习性】幼苗匍匐；弱冬性；抗寒性3级；生育期240d；株高114cm；穗长8.2cm，纺锤形，顶芒，红壳；白粒，角质，千粒重26.0g。

【品质特性】籽粒粗蛋白含量（干基）12.10%，赖氨酸0.29%，铁7.2mg/kg，锌6.8mg/kg，SKCS硬度指数55；面粉白度值74.4，沉降值（14%）47.3mL；面团流变学特性：峰高620BU，衰弱角22°；淀粉糊化特性（RVA）：峰值黏度2 414cP，保持黏度1 753cP，稀懈值661cP，终黏度2 994cP，回升值1 241cP，峰值时间6.3min，糊化温度67.0℃；麦谷蛋白亚基组成：n/7+8/2+12，Glu-A3a/Glu-B3f。

【已测分子标记结果】非1B/1R；八氢番茄红素合成酶（PSY）基因：YP7A标记/PSY-A1a；多酚氧化酶（PPO）基因：PPO33标记/PPO-A1a；抗白粉病基因Pm4、Pm8、Pm13、Pm21的标记均为阴性；抗叶锈病基因Lr10、Lr19、Lr20的标记均为阴性；光周期基因：Ppd标记/Ppd-D1a；春化基因：vrn-A1、vrn-B1、vrn-B3、vrn-D1；穗发芽相关基因：Vp1B3标记/Vp1B3a。

霸 王 鞭

省库编号：LM 249　　国库编号：ZM 1758　　品种来源：山东莱西

【生物学习性】幼苗匍匐；冬性；抗寒性2⁺级；生育期240d；株高110cm；穗长8.0cm，圆锥形，无芒，红壳；白粒，粉质，千粒重24.2g。

【品质特性】籽粒粗蛋白含量（干基）14.60％，赖氨酸0.30％，铁14.3mg/kg，锌21.7mg/kg，SKCS硬度指数60；面粉白度值74.2，沉降值（14％）39.4mL；面团流变学特性：形成时间3.2min，稳定时间2.9min，弱化度86BU，峰高610BU，衰弱角25°；淀粉糊化特性（RVA）：峰值黏度2 423cP，保持黏度1 770cP，稀懈值653cP，终黏度3 007cP，回升值1 237cP，峰值时间6.4min，糊化温度66.9℃；麦谷蛋白亚基组成：n/7+8/2+12，Glu-A3a/Glu-B3g。

【已测分子标记结果】非1B/1R；八氢番茄红素合成酶（PSY）基因：YP7A标记/*PSY-A1a*；多酚氧化酶（PPO）基因：PPO33标记/*PPO-A1a*；抗白粉病基因*Pm4*、*Pm8*、*Pm13*、*Pm21*的标记均为阴性；抗叶锈病基因*Lr10*、*Lr20*的标记为阴性，*Lr19*的标记为阳性；光周期基因：Ppd标记/*Ppd-D1a*；春化基因：*vrn-A1*、*vrn-B1*、*vrn-B3*、*vrn-D1*；穗发芽相关基因：Vp1B3标记/*Vp1B3a*。

10cm

紫茎青

省库编号：LM 250　　国库编号：ZM 1778　　品种来源：山东荣成

【生物学习性】幼苗匍匐；弱冬性；抗寒性2⁺级；生育期240d；株高115cm；穗长7.0cm，纺锤形，短芒，红壳；白粒，角质，千粒重25.5g。

【品质特性】籽粒粗蛋白含量（干基）13.00%，赖氨酸0.23%，铁10.1mg/kg，锌15.4mg/kg，SKCS硬度指数53；面粉白度值74.6，沉降值（14%）42.0mL；面团流变学特性：形成时间5.0min，稳定时间2.9min，弱化度120BU，峰高650BU，衰弱角32°；淀粉糊化特性（RVA）：峰值黏度2 398cP，保持黏度1 647cP，稀懈值751cP，终黏度2 791cP，回升值1 144cP，峰值时间6.3min，糊化温度67.9℃；麦谷蛋白亚基组成：n/7+8/2+12，Glu-A3b/Glu-B3a。

【已测分子标记结果】非1B/1R；八氢番茄红素合成酶（PSY）基因：YP7A标记/*PSY-A1a*；多酚氧化酶（PPO）基因：PPO33标记/*PPO-A1b*；抗白粉病基因*Pm4*、*Pm8*、*Pm13*、*Pm21*的标记均为阴性；抗叶锈病基因*Lr10*、*Lr19*、*Lr20*的标记均为阴性；光周期基因：Ppd标记/*Ppd-D1b*；春化基因：*vrn-B1*、*vrn-B3*；穗发芽相关基因：Vp1B3标记/*Vp1B3a*。

解放麦子（1）

省库编号：LM 251　国库编号：ZM 1794　品种来源：山东牟平

【生物学习性】幼苗匍匐；弱冬性；抗寒性3级；生育期240d；株高105cm；穗长7.8cm，纺锤形，无芒，红壳；白粒，角质，千粒重23.0g。

【品质特性】籽粒粗蛋白含量（干基）15.30%，赖氨酸0.29%，铁9.0mg/kg，锌14.8mg/kg，SKCS硬度指数55；面粉白度值73.5，沉降值（14%）44.1mL；面团流变学特性：形成时间4.0min，稳定时间2.0min，弱化度112BU，峰高620BU，衰弱角24°；淀粉糊化特性（RVA）：峰值黏度2 279cP，保持黏度1 669cP，稀懈值610cP，终黏度2 897cP，回升值1 228cP，峰值时间6.3min，糊化温度67.0℃；麦谷蛋白亚基组成：n/7+8/2+12，Glu-A3a/Glu-B3g。

【已测分子标记结果】非1B/1R；八氢番茄红素合成酶（PSY）基因：YP7A标记/PSY-A1a；多酚氧化酶（PPO）基因：PPO33标记/PPO-A1a；抗白粉病基因Pm4、Pm8、Pm13、Pm21的标记均为阴性；抗叶锈病基因Lr10、Lr19、Lr20的标记均为阴性；光周期基因：Ppd标记/Ppd-D1a；春化基因：vrn-A1、vrn-B1、vrn-B3、vrn-D1；穗发芽相关基因：Vp1B3标记/Vp1B3a。

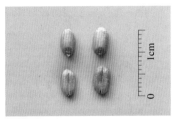

白秃头 (17)

省库编号：LM 252   国库编号：ZM 2092   品种来源：山东滋阳[*]

【生物学习性】幼苗半匍匐；弱冬性；抗寒性3级；生育期248d；株高114cm；穗长10.0cm，纺锤形，无芒，白壳；白粒，粉质，千粒重23.2g。

【品质特性】籽粒粗蛋白含量（干基）15.00%，铁12.7mg/kg，锌18.5mg/kg，SKCS硬度指数58；面粉白度值72.8，沉降值（14%）36.2mL；面团流变学特性：形成时间2.4min，稳定时间1.4min，弱化度121BU，峰高560BU，衰弱角21°；淀粉糊化特性（RVA）：峰值黏度2 814cP，保持黏度2 045cP，稀懈值769cP，终黏度3 397cP，回升值1 352cP，峰值时间6.4min，糊化温度67.8℃；麦谷蛋白亚基组成：n/7+8/2，Glu-A3a/Glu-B3g。

【已测分子标记结果】非1B/1R；八氢番茄红素合成酶（PSY）基因：YP7A标记/PSY-A1a；多酚氧化酶（PPO）基因：PPO33标记/PPO-A1a；抗白粉病基因Pm4、Pm8、Pm13、Pm21的标记均为阴性；抗叶锈病基因Lr10、Lr19、Lr20的标记均为阴性；光周期基因：Ppd标记/Ppd-D1b；春化基因：vrn-A1、vrn-B1、vrn-B3、vrn-D1；穗发芽相关基因：Vp1B3标记/Vp1B3a。

10cm

白秃头（2）

省库编号：LM 253　　国库编号：ZM 1683　　品种来源：山东历城

【生物学习性】幼苗半匍匐；弱冬性；抗寒性3级；生育期246d；株高116cm；穗长8.5cm，纺锤形，无芒，白壳；白粒，半角质，千粒重29.6g。

【品质特性】籽粒粗蛋白含量（干基）13.40%，赖氨酸0.30%，铁9.7mg/kg，锌12.7mg/kg，SKCS硬度指数36；面粉白度值79.2，沉降值（14%）35.2mL；面团流变学特性：形成时间2.5min，稳定时间1.6min，弱化度105BU，峰高540BU，衰弱角19°；淀粉糊化特性（RVA）：峰值黏度2 499cP，保持黏度1 650cP，稀懈值849cP，终黏度2 875cP，回升值1 225cP，峰值时间6.3min，糊化温度86.7℃；麦谷蛋白亚基组成：n/6*+8/2+12，Glu-A3c/Glu-B3d。

【已测分子标记结果】非1B/1R；八氢番茄红素合成酶（PSY）基因：YP7A标记/PSY-A1a；多酚氧化酶（PPO）基因：PPO33标记/PPO-A1a；抗白粉病基因Pm4、Pm8、Pm13、Pm21的标记均为阴性；抗叶锈病基因Lr10、Lr19、Lr20的标记均为阴性；光周期基因：Ppd标记/Ppd-D1b；春化基因：vrn-A1、vrn-B1、vrn-B3、vrn-D1；穗发芽相关基因：Vp1B3标记/Vp1B3c。

白芒秃斯

省库编号：LM 254　　国库编号：ZM 1919　　品种来源：山东章丘

【生物学习性】幼苗匍匐；弱冬性；抗寒性3⁻级；生育期242d；株高117cm；穗长9.8cm，长方形，无芒，白壳；白粒，角质，千粒重29.6g。

【品质特性】籽粒粗蛋白含量（干基）14.80%，赖氨酸0.31%，铁12.6mg/kg，锌15.7mg/kg，SKCS硬度指数54；面粉白度值73.3，沉降值（14%）41.0mL；面团流变学特性：形成时间3.7min，稳定时间5.2min，弱化度39BU，峰高570BU，衰弱角21°；淀粉糊化特性（RVA）：峰值黏度2 537cP，保持黏度1 759cP，稀懈值778cP，终黏度2 942cP，回升值1 183cP，峰值时间6.3min，糊化温度67.8℃；麦谷蛋白亚基组成：n/6*+8/2+12，Glu-A3c/Glu-B3g。

【已测分子标记结果】非1B/1R；八氢番茄红素合成酶（PSY）基因：YP7A标记/*PSY-A1a*；多酚氧化酶（PPO）基因：PPO33标记/*PPO-A1a*；抗白粉病基因*Pm4*、*Pm8*、*Pm13*、*Pm21*的标记均为阴性；抗叶锈病基因*Lr10*、*Lr19*、*Lr20*的标记均为阴性；光周期基因：Ppd标记/*Ppd-D1b*；春化基因：*vrn-A1*、*vrn-B1*、*vrn-B3*、*vrn-D1*；穗发芽相关基因：Vp1B3标记/*Vp1B3a*。

大秃头

省库编号：LM 255　　国库编号：ZM 1909　　品种来源：山东肥城

【生物学习性】幼苗匍匐；弱冬性；抗寒性2^+级；生育期242d；株高105cm；穗长9.0cm，纺锤形，无芒，白壳；白粒，角质，千粒重31.3g。

【品质特性】籽粒粗蛋白含量（干基）14.00%，赖氨酸0.31%，铁8.4mg/kg，锌22.1mg/kg，SKCS硬度指数58；面粉白度值72.0；面团流变学特性：形成时间2.5min，稳定时间2.4min，弱化度88BU，峰高540BU，衰弱角37°；淀粉糊化特性（RVA）：峰值黏度1 976cP，保持黏度1 204cP，稀懈值772cP，终黏度2 230cP，回升值1 026cP，峰值时间6.1min，糊化温度67.8℃；麦谷蛋白亚基组成：n/20/2+12，Glu-A3e/Glu-B3b。

【已测分子标记结果】非1B/1R；八氢番茄红素合成酶（PSY）基因：YP7A标记/*PSY-A1a*；多酚氧化酶（PPO）基因：PPO33标记/*PPO-A1a*；抗白粉病基因*Pm4*、*Pm8*、*Pm13*、*Pm21*的标记均为阴性；抗叶锈病基因*Lr10*、*Lr19*、*Lr20*的标记均为阴性；光周期基因：Ppd标记/*Ppd-D1b*；春化基因：*vrn-A1*、*vrn-B1*、*vrn-B3*、*vrn-D1*；穗发芽相关基因：Vp1B3标记/*Vp1B3c*。

白秃头（10）

省库编号：LM 256　　国库编号：ZM 1900　　品种来源：山东肥城

【生物学习性】幼苗匍匐；弱冬性；抗寒性2级；生育期242d；株高105cm；穗长9.8cm，纺锤形，无芒，白壳；白粒，角质，千粒重26.2g。

【品质特性】籽粒粗蛋白含量（干基）15.10%，赖氨酸0.33%，铁16.2mg/kg，锌20.2mg/kg，SKCS硬度指数64；面粉白度值71.8，沉降值（14%）43.1mL；面团流变学特性：形成时间5.3min，稳定时间2.3min，弱化度118BU，峰高600BU，衰弱角23°；淀粉糊化特性（RVA）：峰值黏度2 418cP，保持黏度1 565cP，稀懈值853cP，终黏度2 731cP，回升值1 166cP，峰值时间6.1min，糊化温度67.8℃；麦谷蛋白亚基组成：n/7+8/2+12，Glu-A3b/Glu-B3b。

【已测分子标记结果】非1B/1R；八氢番茄红素合成酶（PSY）基因：YP7A标记/PSY-A1a；多酚氧化酶（PPO）基因：PPO33标记/PPO-A1b；抗白粉病基因Pm4、Pm8、Pm13、Pm21的标记均为阴性；抗叶锈病基因Lr10、Lr19、Lr20的标记均为阴性；光周期基因：Ppd标记/Ppd-D1b；春化基因：vrn-A1、vrn-B1、vrn-B3、vrn-D1；穗发芽相关基因：Vp1B3标记/Vp1B3b。

白秃头（9）

省库编号：LM 257　　国库编号：ZM 1891　　品种来源：山东宁阳

【生物学习性】幼苗匍匐；弱冬性；抗寒性2级；生育期245d；株高107cm；穗长9.0cm，纺锤形，无芒，白壳；红粒，角质，千粒重27.7g。

【品质特性】籽粒粗蛋白含量（干基）13.40%，赖氨酸0.31%，铁10.3mg/kg，锌14.0mg/kg，SKCS硬度指数61；面粉白度值73.6，沉降值（14%）38.9mL；面团流变学特性：形成时间5.3min，稳定时间11.4min，弱化度90BU，峰高680BU，衰弱角35°；淀粉糊化特性（RVA）：峰值黏度2 699cP，保持黏度1 800cP，稀懈值899cP，终黏度2 940cP，回升值1 140cP，峰值时间6.3min，糊化温度67.8℃；麦谷蛋白亚基组成：n/6*+8/2+12，Glu-A3a/Glu-B3g。

【已测分子标记结果】非1B/1R；八氢番茄红素合成酶（PSY）基因：YP7A标记/PSY-A1a；多酚氧化酶（PPO）基因：PPO33标记/PPO-A1a；抗白粉病基因Pm4、Pm8、Pm13、Pm21的标记均为阴性；抗叶锈病基因Lr10、Lr19、Lr20的标记均为阴性；光周期基因：Ppd标记/Ppd-D1b；春化基因：vrn-A1、vrn-B1、vrn-B3、vrn-D1；穗发芽相关基因：Vp1B3标记/Vp1B3a。

白迎春小麦

省库编号：LM 258　　国库编号：ZM 1886　　品种来源：山东宁阳

【生物学习性】幼苗匍匐；弱冬性；抗寒性2⁺级；生育期245d；株高112cm；穗长6.0cm，长方形，短芒，白壳；白粒，角质，千粒重26.3g。

【品质特性】籽粒粗蛋白含量（干基）14.90%，赖氨酸0.32%，铁18.0mg/kg，锌27.5mg/kg，SKCS硬度指数60；面粉白度值74.2，沉降值（14%）44.1mL；面团流变学特性：形成时间6.5min，稳定时间5.5min，弱化度10BU，峰高580BU，衰弱角19°；淀粉糊化特性（RVA）：峰值黏度2 705cP，保持黏度1 747cP，稀懈值958cP，终黏度2 958cP，回升值1 211cP，峰值时间6.2min，糊化温度67.9℃；麦谷蛋白亚基组成：n/6*+8/2+12，Glu-A3a/Glu-B3g。

【已测分子标记结果】非1B/1R；八氢番茄红素合成酶（PSY）基因：YP7A标记/*PSY-A1a*；多酚氧化酶（PPO）基因：PPO33标记/*PPO-A1a*；抗白粉病基因*Pm4*、*Pm8*、*Pm13*、*Pm21*的标记均为阴性；抗叶锈病基因*Lr10*、*Lr19*、*Lr20*的标记均为阴性；光周期基因：Ppd标记/*Ppd-D1b*；春化基因：*vrn-A1*、*vrn-B1*、*vrn-B3*、*vrn-D1*；穗发芽相关基因：Vp1B3标记/*Vp1B3a*。

白秃头 (18)

省库编号：LM 259　　国库编号：ZM 11103　　品种来源：山东冠县

【生物学习性】幼苗匍匐；弱冬性；抗寒性2⁺级；生育期245d；株高125cm；穗长6.5cm，纺锤形，无芒，白壳；白粒，角质，千粒重26.3g。

【品质特性】籽粒粗蛋白含量（干基）15.50%，赖氨酸0.34%，铁18.3mg/kg，锌21.4mg/kg，SKCS硬度指数60；面粉白度值75.2，沉降值（14%）30.5mL；面团流变学特性：形成时间2.0min，稳定时间1.1min，弱化度166BU，峰高580BU，衰弱角32°；淀粉糊化特性（RVA）：峰值黏度2 350cP，保持黏度1 764cP，稀懈值586cP，终黏度3 087cP，回升值1 323cP，峰值时间6.3min，糊化温度67.9℃；麦谷蛋白亚基组成：n/7+8/2+12，Glu-A3e/Glu-B3g。

【已测分子标记结果】非1B/1R；八氢番茄红素合成酶（PSY）基因：YP7A标记/*PSY-A1a*；多酚氧化酶（PPO）基因：PPO33标记/*PPO-A1b*；抗白粉病基因*Pm4*、*Pm8*、*Pm13*、*Pm21*的标记均为阴性；抗叶锈病基因*Lr10*、*Lr19*、*Lr20*的标记均为阴性；春化基因：*vrn-A1*、*vrn-B1*、*vrn-B3*、*vrn-D1*；穗发芽相关基因：Vp1B3标记/*Vp1B3b*。

小白秃头

省库编号：LM 260　　国库编号：ZM 1956　　品种来源：山东禹城

【生物学习性】幼苗匍匐；弱冬性；抗寒性2⁺级；生育期246d；株高118cm；穗长7.3cm，纺锤形，无芒，白壳；红粒，角质，千粒重22.2g。

【品质特性】籽粒粗蛋白含量（干基）15.40%，赖氨酸0.37%，铁13.7mg/kg，锌28.3mg/kg，SKCS硬度指数59；面粉白度值74.8，沉降值（14%）42.0mL；面团流变学特性：形成时间3.0min，稳定时间2.3min，弱化度120BU，峰高600BU，衰弱角19°；淀粉糊化特性（RVA）：峰值黏度2 879cP，保持黏度1 864cP，稀懈值1 015cP，终黏度3 040cP，回升值1 176cP，峰值时间6.3min，糊化温度68.6℃；麦谷蛋白亚基组成：n/6⁺+8/2+12，Glu-A3b/Glu-B3g。

【已测分子标记结果】非1B/1R；八氢番茄红素合成酶（PSY）基因：YP7A标记/*PSY-A1a*；多酚氧化酶（PPO）基因：PPO33标记/*PPO-A1a*；抗白粉病基因*Pm4*、*Pm8*、*Pm13*、*Pm21*的标记均为阴性；抗叶锈病基因*Lr10*、*Lr19*、*Lr20*的标记均为阴性；光周期基因：Ppd标记/*Ppd-D1b*；春化基因：*vrn-A1*、*vrn-B1*、*vrn-B3*、*vrn-D1*；穗发芽相关基因：Vp1B3标记/*Vp1B3a*。

白葫芦头（1）

省库编号：LM 261　　国库编号：ZM 1970　　品种来源：山东齐河

【生物学习性】幼苗匍匐；弱冬性；抗寒性2+级；生育期246d；株高122cm；穗长7.3cm，纺锤形，短芒，白壳；白粒，角质，千粒重26.0g。

【品质特性】籽粒粗蛋白含量（干基）14.80%，赖氨酸0.34%，SKCS硬度指数29；面团流变学特性：形成时间5.2min，稳定时间2.9min，弱化度90BU；麦谷蛋白亚基组成：n/6*+8/2+12，Glu-A3c/Glu-B3g。

【已测分子标记结果】非1B/1R；八氢番茄红素合成酶（PSY）基因：YP7A标记/*PSY-A1a*；多酚氧化酶（PPO）基因：PPO33标记/*PPO-A1b*；抗白粉病基因*Pm4*、*Pm8*、*Pm13*、*Pm21*的标记均为阴性；抗叶锈病基因*Lr10*、*Lr19*、*Lr20*的标记均为阴性；光周期基因：Ppd标记/*Ppd-D1b*；春化基因：*vrn-A1*、*vrn-B1*、*vrn-B3*、*vrn-D1*；穗发芽相关基因：Vp1B3标记/*Vp1B3a*。

白秃头（14）

省库编号：LM 262　　　国库编号：ZM 1983　　　品种来源：山东齐东*

【生物学习性】幼苗匍匐；弱冬性；抗寒性2⁺级；生育期246d；株高115cm；穗长7.2cm，纺锤形，无芒，白壳；白粒，角质，千粒重24.5g。

【品质特性】籽粒粗蛋白含量（干基）14.90%，赖氨酸0.34%，铁21.1mg/kg，锌22.2mg/kg，SKCS硬度指数62；面粉白度值74.4，沉降值（14%）39.9mL；面团流变学特性：形成时间4.1min，稳定时间1.6min，弱化度101BU；峰高600BU，衰弱角31°；淀粉糊化特性（RVA）：峰值黏度2 652cP，保持黏度1 737cP，稀懈值915cP，终黏度2 930cP，回升值1 193cP，峰值时间6.3min，糊化温度68.6℃；麦谷蛋白亚基组成：n/23+22/2+12，Glu-A3b/Glu-B3d。

【已测分子标记结果】非1B/1R；八氢番茄红素合成酶（PSY）基因：YP7A标记/*PSY-A1a*；多酚氧化酶（PPO）基因：PPO33标记/*PPO-A1b*；抗白粉病基因*Pm4*、*Pm8*、*Pm13*、*Pm21*的标记均为阴性；抗叶锈病基因*Lr10*、*Lr19*、*Lr20*的标记均为阴性；光周期基因：Ppd标记/*Ppd-D1b*；春化基因：*vrn-A1*、*vrn-B1*、*vrn-B3*、*vrn-D1*；穗发芽相关基因：Vp1B3标记/*Vp1B3a*。

白秃头（12）

省库编号：LM 263　　国库编号：ZM 1944　　品种来源：山东博兴

【生物学习性】幼苗匍匐；弱冬性；抗寒性2⁺级；生育期245d；株高121cm；穗长7.2cm，纺锤形，无芒，白壳；白粒，角质，千粒重26.0g。

【品质特性】籽粒粗蛋白含量（干基）15.30%，赖氨酸0.35%，铁18.4mg/kg，锌21.8mg/kg，SKCS硬度指数60；面粉白度值74.5，沉降值（14%）38.9mL；面团流变学特性：形成时间4.9min，稳定时间2.6min，弱化度114BU，峰高615BU，衰弱角36°；淀粉糊化特性（RVA）：峰值黏度2 712cP，保持黏度1 768cP，稀懈值944cP，终黏度2 880cP，回升值1 112cP，峰值时间6.3min，糊化温度68.8℃；麦谷蛋白亚基组成：n/6⁎+8/2+12，Glu-A3/Glu-B3g。

【已测分子标记结果】非1B/1R；八氢番茄红素合成酶（PSY）基因：YP7A标记/*PSY-A1a*；多酚氧化酶（PPO）基因：PPO33标记/*PPO-A1a*；抗白粉病基因*Pm4*、*Pm8*、*Pm13*、*Pm21*的标记均为阴性；抗叶锈病基因*Lr10*、*Lr19*、*Lr20*的标记均为阴性；光周期基因：Ppd标记/*Ppd-D1b*；春化基因：*vrn-A1*、*vrn-B1*、*vrn-B3*、*vrn-D1*；穗发芽相关基因：Vp1B3标记/*Vp1B3a*。

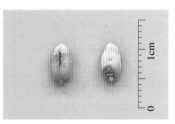

白秃头（7）

省库编号：LM 264　　国库编号：ZM 1829　　品种来源：山东平度

【生物学习性】幼苗匍匐；弱冬性；抗寒性2级；生育期241d；株高121cm；穗长7.0cm，长方形，无芒，白壳；白粒，角质，千粒重25.8g。

【品质特性】籽粒粗蛋白含量（干基）14.60%，赖氨酸0.29%，铁15.1mg/kg，锌18.8mg/kg，SKCS硬度指数63；面粉白度值74.1，沉降值（14%）41.5mL；面团流变学特性：形成时间3.5min，稳定时间2.1min，弱化度110BU，峰高680BU，衰弱角38°；淀粉糊化特性（RVA）：峰值黏度2 399cP，保持黏度1 571cP，稀懈值828cP，终黏度2 745cP，回升值1 174cP，峰值时间6.2min，糊化温度67.9℃；麦谷蛋白亚基组成：n/6*+8/2+12，Glu-A3a/Glu-B3d。

【已测分子标记结果】非1B/1R；八氢番茄红素合成酶（PSY）基因：YP7A标记/*PSY-A1a*；多酚氧化酶（PPO）基因：PPO33标记/*PPO-A1b*；抗白粉病基因*Pm4*的标记为阳性，*Pm8*、*Pm13*、*Pm21*的标记为阴性；抗叶锈病基因*Lr10*、*Lr19*、*Lr20*的标记均为阴性；光周期基因：Ppd标记/*Ppd-D1b*；春化基因：*vrn-B1*、*vrn-B3*、*vrn-D1*；穗发芽相关基因：Vp1B3标记/*Vp1B3b*。

白秃头（8）

省库编号：LM 265　　国库编号：ZM 1840　　品种来源：山东高密

【生物学习性】幼苗匍匐；冬性；抗寒性2级；生育期241d；株高121cm；穗长9.6cm，纺锤形，无芒，白壳；白粒，角质，千粒重27.5g。

【品质特性】籽粒粗蛋白含量（干基）15.00%，赖氨酸0.35%，铁10.2mg/kg，锌15.4mg/kg，SKCS硬度指数55；面粉白度值74.4，沉降值（14%）42.0mL；面团流变学特性：形成时间4.0min，稳定时间2.5min，弱化度125BU，峰高640BU，衰弱角27°；淀粉糊化特性（RVA）：峰值黏度2 621cP，保持黏度1 834cP，稀懈值787cP，终黏度3 007cP，回升值1 173cP，峰值时间6.4min，糊化温度67.9℃；麦谷蛋白亚基组成：n/7+8/2+12，Glu-A3a/Glu-B3g。

【已测分子标记结果】非1B/1R；八氢番茄红素合成酶（PSY）基因：YP7A标记/*PSY-A1a*；多酚氧化酶（PPO）基因：PPO33标记/*PPO-A1b*；抗白粉病基因*Pm4*、*Pm8*、*Pm13*、*Pm21*的标记均为阴性；抗叶锈病基因*Lr10*、*Lr19*、*Lr20*的标记均为阴性；光周期基因：Ppd标记/*Ppd-D1b*；春化基因：*vrn-A1*、*vrn-B1*、*vrn-B3*、*vrn-D1*；穗发芽相关基因：Vp1B3标记/*Vp1B3a*。

齐 麦

省库编号：LM 266　　国库编号：ZM 1696　　品种来源：山东龙口

【生物学习性】幼苗匍匐；冬性；抗寒性2级；生育期242d；株高130cm；穗长11.5cm，纺锤形，无芒，白壳；白粒，角质，千粒重24.5g。

【品质特性】籽粒粗蛋白含量（干基）14.30%，赖氨酸0.29%，SKCS硬度指数42；面粉白度值74；面团流变学特性：形成时间3.7min，稳定时间11.0min，弱化度20BU；麦谷蛋白亚基组成：n/7+8/2+12，Glu-A3b/Glu-B3d。

【已测分子标记结果】非1B/1R；八氢番茄红素合成酶（PSY）基因：YP7A标记/*PSY-A1a*；多酚氧化酶（PPO）基因：PPO33标记/*PPO-A1b*；抗白粉病基因*Pm4*、*Pm8*、*Pm13*、*Pm21*的标记均为阴性；抗叶锈病基因*Lr10*、*Lr19*、*Lr20*的标记均为阴性；光周期基因：Ppd标记/*Ppd-D1b*；春化基因：*vrn-A1*、*vrn-B1*、*vrn-B3*、*vrn-D1*；穗发芽相关基因：Vp1B3标记/*Vp1B3a*。

秃头（2）

省库编号：LM 267　　国库编号：ZM 1752　　品种来源：山东莱阳

【生物学习性】幼苗匍匐；弱冬性；抗寒性2⁺级；生育期242d；株高107cm；穗长8.6cm，纺锤形，无芒，白壳；白粒，角质，千粒重27.0g。

【品质特性】籽粒粗蛋白含量（干基）13.60%，赖氨酸0.30%，铁11.4mg/kg，锌14.4mg/kg，SKCS硬度指数58；面粉白度值75.1，沉降值（14%）41.5mL；面团流变学特性：形成时间3.5min，稳定时间2.8min，弱化度100BU，峰高595BU，衰弱角17°；淀粉糊化特性（RVA）：峰值黏度2 789cP，保持黏度1 877cP，稀懈值912cP，终黏度3 026cP，回升值1 149cP，峰值时间6.3min，糊化温度67.6℃；麦谷蛋白亚基组成：n/6*+8/2+12，Glu-A3a/Glu-B3g。

【已测分子标记结果】非1B/1R；八氢番茄红素合成酶（PSY）基因：YP7A标记/*PSY-A1a*；多酚氧化酶（PPO）基因：PPO33标记/*PPO-A1b*；抗白粉病基因*Pm4*、*Pm8*、*Pm13*、*Pm21*的标记均为阴性；抗叶锈病基因*Lr10*、*Lr19*、*Lr20*的标记均为阴性；光周期基因：Ppd标记/*Ppd-D1b*；春化基因：*vrn-A1*、*vrn-B1*、*vrn-B3*、*vrn-D1*；穗发芽相关基因：Vp1B3标记/*Vp1B3a*。

白秃头麦

省库编号：LM 268　　国库编号：ZM 1989　　品种来源：山东冠县

【生物学习性】幼苗匍匐；弱冬性；抗寒性2级；生育期243d；株高121cm；穗长10.0cm，纺锤形，无芒，白壳；白粒，角质，千粒重29.0g。

【品质特性】籽粒粗蛋白含量（干基）14.80%，赖氨酸0.29%，铁12.0mg/kg，锌11.2mg/kg，SKCS硬度指数50；面粉白度值76.6，沉降值（14%）38.9mL；面团流变学特性：形成时间3.4min，稳定时间1.2min，弱化度128BU，峰高630BU，衰弱角46°；淀粉糊化特性（RVA）：峰值黏度2 574cP，保持黏度1 820cP，稀懈值754cP，终黏度3 041cP，回升值1 221cP，峰值时间6.3min，糊化温度67.8℃；麦谷蛋白亚基组成：n/7+8/2+12，Glu-A3a/Glu-B3g。

【已测分子标记结果】非1B/1R；八氢番茄红素合成酶（PSY）基因：YP7A标记/*PSY-A1a*；多酚氧化酶（PPO）基因：PPO33标记/*PPO-A1a*；抗白粉病基因*Pm4*、*Pm8*、*Pm13*、*Pm21*的标记均为阴性；抗叶锈病基因*Lr10*、*Lr19*、*Lr20*的标记均为阴性；光周期基因：Ppd标记/*Ppd-D1b*；春化基因：*vrn-A1*、*vrn-B1*、*vrn-D1*；穗发芽相关基因：Vp1B3标记/*Vp1B3a*。

葫 芦 头

省库编号：LM 269　　国库编号：ZM 1972　　品种来源：山东武城

【生物学习性】幼苗匍匐；弱冬性；抗寒性2级；生育期243d；株高116cm；穗长8.7cm，纺锤形，无芒，白壳；白粒，角质，千粒重25.5g。

【品质特性】籽粒粗蛋白含量（干基）14.50％，赖氨酸0.28％，铁18.5mg/kg，锌20.0mg/kg，SKCS硬度指数47；面粉白度值77.5，沉降值（14％）40.4mL；面团流变学特性：形成时间4.0min，稳定时间5.0min，弱化度60BU，峰高620BU，衰弱角24°；淀粉糊化特性（RVA）：峰值黏度2 540cP，保持黏度1 733cP，稀懈值807cP，终黏度2 970cP，回升值1 237cP，峰值时间6.3min，糊化温度68.7℃；麦谷蛋白亚基组成：n/7+8/2+12，Glu-A3e/Glu-B3c。

【已测分子标记结果】非1B/1R；八氢番茄红素合成酶（PSY）基因：YP7A标记/*PSY-A1a*；多酚氧化酶（PPO）基因：PPO33标记/PPO-A1a；抗白粉病基因*Pm4*、*Pm8*、*Pm13*、*Pm21*的标记均为阴性；抗叶锈病基因*Lr10*、*Lr19*、*Lr20*的标记均为阴性；光周期基因：Ppd标记/*Ppd-D1b*；春化基因：*vrn-A1*、*vrn-B1*、*vrn-B3*、*vrn-D1*；穗发芽相关基因：Vp1B3标记/*Vp1B3a*。

白秃头（13）

省库编号：LM 270   国库编号：ZM 1955   品种来源：山东禹城

【生物学习性】幼苗匍匐；弱冬性；抗寒性2级；生育期243d；株高107cm；穗长8.5cm，纺锤形，无芒，白壳；白粒，角质，千粒重27.0g。

【品质特性】籽粒粗蛋白含量（干基）14.50%，赖氨酸0.28%，铁18.5mg/kg，锌20.0mg/kg，SKCS硬度指数47；面粉白度值77.5，沉降值（14%）40.4mL；面团流变学特性：形成时间4.0min，稳定时间5.0min，弱化度60BU，峰高620BU，衰弱角24°；淀粉糊化特性（RVA）：峰值黏度2 540cP，保持黏度1 733cP，稀懈值807cP，终黏度2 970cP，回升值1 237cP，峰值时间6.3min，糊化温度68.7℃；麦谷蛋白亚基组成：n/7+8/2+12，Glu-A3e/Glu-B3c。

【已测分子标记结果】非1B/1R；八氢番茄红素合成酶（PSY）基因：YP7A标记/*PSY-A1a*；多酚氧化酶（PPO）基因：PPO33标记/*PPO-A1a*；抗白粉病基因*Pm4*、*Pm8*、*Pm13*、*Pm21*的标记均为阴性；抗叶锈病基因*Lr10*、*Lr19*、*Lr20*的标记均为阴性；光周期基因：Ppd标记/*Ppd-D1b*；春化基因：*vrn-A1*、*vrn-B1*、*vrn-B3*、*vrn-D1*；穗发芽相关基因：Vp1B3标记/*Vp1B3a*。

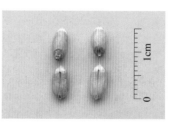

紫 根 白

省库编号：LM 271　　国库编号：ZM 1777　　品种来源：山东荣成

【生物学习性】幼苗匍匐；弱冬性；抗寒性2⁺级；生育期245d；株高110cm；穗长8.5cm，圆锥形，无芒，白壳；白粒，角质，千粒重21.2g。

【品质特性】籽粒粗蛋白含量（干基）15.30%，赖氨酸0.37%，铁12.9mg/kg，锌19.9mg/kg，SKCS硬度指数63；面粉白度值75.1，沉降值（14%）35.7mL；面团流变学特性：形成时间2.5min，稳定时间1.3min，弱化度150BU，峰高570BU，衰弱角25°；淀粉糊化特性（RVA）：峰值黏度2 612cP，保持黏度1 734cP，稀懈值878cP，终黏度2 931cP，回升值1 197cP，峰值时间6.3min，糊化温度67.8℃；麦谷蛋白亚基组成：n/7+8/2+12，Glu-A3d/Glu-B3g。

【已测分子标记结果】非1B/1R；八氢番茄红素合成酶（PSY）基因：YP7A标记/*PSY-A1a*；多酚氧化酶（PPO）基因：PPO33标记/*PPO-A1b*；抗白粉病基因*Pm4*、*Pm8*、*Pm13*、*Pm21*的标记均为阴性；抗叶锈病基因*Lr10*、*Lr19*、*Lr20*的标记均为阴性；光周期基因：Ppd标记/*Ppd-D1b*；春化基因：*vrn-B1*；穗发芽相关基因：Vp1B3标记/*Vp1B3a*。

白秃头（15）

省库编号：LM 272　　国库编号：ZM 2045　　品种来源：山东莒县

【生物学习性】幼苗匍匐；冬性；抗寒性2⁺级；生育期245d；株高116cm；穗长9.0cm，纺锤形，无芒，白壳；白粒，角质，千粒重30.1g。

【品质特性】籽粒粗蛋白含量（干基）14.90%，赖氨酸0.35%，铁10.4mg/kg，锌13.9mg/kg，SKCS硬度指数45；面粉白度值77.2，沉降值（14%）36.8mL；面团流变学特性：形成时间3.0min，稳定时间2.5min，弱化度134BU，峰高650BU，衰弱角28°；淀粉糊化特性（RVA）：峰值黏度2 550cP，保持黏度1 752cP，稀懈值798cP，终黏度3 021cP，回升值1 269cP，峰值时间6.3min，糊化温度67.9℃；麦谷蛋白亚基组成：1/7+8/2+12，Glu-A3e/Glu-B3f。

【已测分子标记结果】非1B/1R；八氢番茄红素合成酶（PSY）基因：YP7A标记/*PSY-A1a*；多酚氧化酶（PPO）基因：PPO33标记/*PPO-A1a*；抗白粉病基因*Pm4*、*Pm8*、*Pm13*、*Pm21*的标记均为阴性；抗叶锈病基因*Lr10*、*Lr19*、*Lr20*的标记均为阴性；光周期基因：Ppd标记/*Ppd-D1b*；春化基因：*vrn-B1*、*vrn-B3*；穗发芽相关基因：Vp1B3标记/*Vp1B3a*。

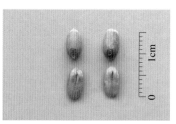

小白穗（2）

省库编号：LM 273　　国库编号：ZM 1822　　品种来源：山东平度

【生物学习性】幼苗匍匐；冬性；抗寒性2^+级；生育期245d；株高120cm；穗长9.4cm，圆锥形，无芒，白壳；红粒，角质，千粒重19.2g。

【品质特性】籽粒粗蛋白含量（干基）14.70%，赖氨酸0.33%，铁10.8mg/kg，锌15.2mg/kg，SKCS硬度指数59；面粉白度值75.1，沉降值（14%）34.2mL；面团流变学特性：形成时间5.3min，稳定时间3.0min，弱化度76BU，峰高600BU，衰弱角29°；淀粉糊化特性（RVA）：峰值黏度2 596cP，保持黏度1 745cP，稀懈值851cP，终黏度2 964cP，回升值1 219cP，峰值时间6.3min，糊化温度68.7℃；麦谷蛋白亚基组成：n/7+8/2+12，Glu-A3e/Glu-B3g。

【已测分子标记结果】非1B/1R；八氢番茄红素合成酶（PSY）基因：YP7A标记/*PSY-A1a*；多酚氧化酶（PPO）基因：PPO33标记/*PPO-A1a*；抗白粉病基因*Pm4*、*Pm8*、*Pm13*、*Pm21*的标记均为阴性；抗叶锈病基因*Lr10*、*Lr19*、*Lr20*的标记均为阴性；光周期基因：Ppd标记/*Ppd-D1b*；春化基因：*vrn-A1*、*vrn-B1*、*vrn-D1*；穗发芽相关基因：Vp1B3标记/*Vp1B3a*。

亮麦（1）

省库编号：LM 274　　国库编号：ZM 1689　　品种来源：山东青岛

【生物学习性】幼苗匍匐；弱冬性；抗寒性2^+级；生育期244d；株高125cm；穗长7.7cm，纺锤形，无芒，白壳；红粒，角质，千粒重20.0g。

【品质特性】籽粒粗蛋白含量（干基）15.40％，赖氨酸0.26％，铁11.5mg/kg，锌18.0mg/kg，SKCS硬度指数60；面粉白度值75.6，沉降值（14％）36.9mL；面团流变学特性：形成时间3.7min，稳定时间2.3min，弱化度108BU，峰高640BU，衰弱角18°；淀粉糊化特性（RVA）：峰值黏度2 722cP，保持黏度1 835cP，稀懈值887cP，终黏度3 006cP，回升值1 171cP，峰值时间6.3min，糊化温度68.7℃；麦谷蛋白亚基组成：n/7+8/2+12，Glu-A3a/Glu-B3g。

【已测分子标记结果】非1B/1R；八氢番茄红素合成酶（PSY）基因：YP7A标记/*PSY-A1a*；多酚氧化酶（PPO）基因：PPO33标记/*PPO-A1b*；抗白粉病基因*Pm4*、*Pm8*、*Pm13*、*Pm21*的标记均为阴性；抗叶锈病基因*Lr10*、*Lr19*、*Lr20*的标记均为阴性；光周期基因：Ppd标记/*Ppd-D1b*；春化基因：*vrn-A1*、*vrn-B1*、*vrn-B3*、*vrn-D1*；穗发芽相关基因：Vp1B3标记/*Vp1B3a*。

10cm

0　1cm

白秃头小麦

省库编号：LM 275　　国库编号：ZM 1754　　品种来源：山东莱阳

【生物学习性】幼苗匍匐；冬性；抗寒性3⁻级；生育期245d；株高125cm；穗长9.2cm，纺锤形，无芒，白壳；白粒，角质，千粒重25.2g。

【品质特性】籽粒粗蛋白含量（干基）14.60％，赖氨酸0.38％，铁10.9mg/kg，锌18.8mg/kg，SKCS硬度指数56；面粉白度值73.6，沉降值（14％）38.3mL；面团流变学特性：峰高650BU，衰弱角24°；淀粉糊化特性（RVA）：峰值黏度2 735cP，保持黏度1 882cP，稀懈值853cP，终黏度3 055cP，回升值1 173cP，峰值时间6.3min，糊化温度68.8℃；麦谷蛋白亚基组成：n/7+8/2+12，Glu-A3a/Glu-B3f。

【已测分子标记结果】非1B/1R；八氢番茄红素合成酶（PSY）基因：YP7A标记/*PSY-A1a*；多酚氧化酶（PPO）基因：PPO33标记/*PPO-A1b*；抗白粉病基因*Pm4*、*Pm8*、*Pm13*、*Pm21*的标记均为阴性；抗叶锈病基因*Lr10*、*Lr19*、*Lr20*的标记均为阴性；光周期基因：Ppd标记/*Ppd-D1b*；春化基因：*vrn-A1*、*vrn-D1*；穗发芽相关基因：Vp1B3标记/*Vp1B3a*。

白　秃

省库编号：LM 276　　国库编号：ZM 1798　　品种来源：山东海阳

【生物学习性】幼苗匍匐；弱冬性；抗寒性2级；生育期245d；株高130cm；穗长9.9cm，圆锥形，无芒，白壳；红粒，角质，千粒重26.0g。

【品质特性】籽粒粗蛋白含量（干基）14.10%，赖氨酸0.35%，铁7.3mg/kg，锌14.7mg/kg，SKCS硬度指数56；面粉白度值74.1，沉降值（14%）38.9mL；面团流变学特性：形成时间3.4min，稳定时间2.3min，弱化度132BU，峰高650BU，衰弱角26°；淀粉糊化特性（RVA）：峰值黏度2 739cP，保持黏度1 863cP，稀懈值876cP，终黏度3 024cP，回升值1 161cP，峰值时间6.3min，糊化温度67.9℃；麦谷蛋白亚基组成：n/7+8/2+12，Glu-A3c/Glu-B3g。

【已测分子标记结果】非1B/1R；八氢番茄红素合成酶（PSY）基因：YP7A标记/*PSY-A1a*；多酚氧化酶（PPO）基因：PPO33标记/*PPO-A1b*；抗白粉病基因*Pm4*、*Pm8*、*Pm13*、*Pm21*的标记均为阴性；抗叶锈病基因*Lr10*、*Lr19*、*Lr20*的标记均为阴性；光周期基因：Ppd标记/*Ppd-D1b*；春化基因：*vrn-A1*、*vrn-B1*、*vrn-B3*、*vrn-D1*；穗发芽相关基因：Vp1B3标记/*Vp1B3a*。

筋 大 粒

省库编号：LM 277　　国库编号：ZM 1739　　品种来源：山东黄县[*]

【生物学习性】幼苗匍匐；弱冬性；抗寒性2级；生育期245d；株高125cm；穗长9.7cm，圆锥形，无芒，白壳；红粒，角质，千粒重26.3g。

【品质特性】籽粒粗蛋白含量（干基）14.80％，赖氨酸0.32％，铁13.2mg/kg，锌15.6mg/kg，SKCS硬度指数61；面粉白度值73.9，沉降值（14％）37.8mL；面团流变学特性：形成时间2.7min，稳定时间3.7min，弱化度90BU，峰高680BU，衰弱角30°；淀粉糊化特性（RVA）：峰值黏度2 733cP，保持黏度1 785cP，稀懈值948cP，终黏度3 075cP，回升值1 290cP，峰值时间6.1min，糊化温度67.8℃；麦谷蛋白亚基组成：n/6[*]+8/2+12，Glu-A3d/Glu-B3d。

【已测分子标记结果】非1B/1R；八氢番茄红素合成酶（PSY）基因：YP7A标记/*PSY-A1a*；多酚氧化酶（PPO）基因：PPO33标记/*PPO-A1a*；抗白粉病基因*Pm4*、*Pm8*、*Pm13*、*Pm21*的标记均为阴性；抗叶锈病基因*Lr10*、*Lr19*、*Lr20*的标记均为阴性；光周期基因：Ppd标记/*Ppd-D1b*；春化基因：*vrn-A1*、*vrn-B1*、*vrn-B3*、*vrn-D1*；穗发芽相关基因：Vp1B3标记/*Vp1B3a*。

白灵麦

省库编号：LM 278 国库编号：ZM 1738 品种来源：山东黄县[*]

【生物学习性】幼苗匍匐；冬性；抗寒性2级；生育期246d；株高100cm；穗长8.2cm，圆锥形，无芒，白壳；红粒，角质，千粒重24.5g。

【品质特性】籽粒粗蛋白含量（干基）14.70%，赖氨酸0.29%，铁13.4mg/kg，锌17.3mg/kg，SKCS硬度指数57；面粉白度值73.8，沉降值（14%）36.2mL；面团流变学特性：形成时间2.7min，稳定时间2.4min，弱化度93BU，峰高580BU，衰弱角33°；淀粉糊化特性（RVA）：峰值黏度2 761cP，保持黏度1 810cP，稀懈值951cP，终黏度3 131cP，回升值1 321cP，峰值时间6.3min，糊化温度69.5℃；麦谷蛋白亚基组成：n/6*+8/2+12，Glu-A3e/Glu-B3f。

【已测分子标记结果】非1B/1R；八氢番茄红素合成酶（PSY）基因：YP7A标记/*PSY-A1a*；多酚氧化酶（PPO）基因：PPO33标记/*PPO-A1a*；抗白粉病基因*Pm4*、*Pm8*、*Pm13*、*Pm21*的标记均为阴性；抗叶锈病基因*Lr10*、*Lr19*、*Lr20*的标记均为阴性；光周期基因：Ppd标记/*Ppd-D1b*；春化基因：*vrn-A1*、*vrn-B1*、*vrn-B3*、*vrn-D1*；穗发芽相关基因：Vp1B3标记/*Vp1B3a*。

10cm

红秃头（12）

省库编号：LM 279　　国库编号：ZM 1894　　品种来源：山东平阴

【生物学习性】幼苗匍匐；弱冬性；抗寒性2级；株高108cm；生育期246d；穗长9.7cm，纺锤形，无芒，红壳；白粒，角质，千粒重27.9g。

【品质特性】籽粒粗蛋白含量（干基）15.70%，赖氨酸0.32%，铁12.3mg/kg，锌17.6mg/kg，SKCS硬度指数67；面粉白度值73.9，沉降值（14%）35.0mL；面团流变学特性：形成时间3.7min，稳定时间2.0min，弱化度130BU，峰高560BU，衰弱角19°；淀粉糊化特性（RVA）：峰值黏度2 598cP，保持黏度1 727cP，稀懈值871cP，终黏度3 033cP，回升值1 306cP，峰值时间6.1min，糊化温度67.8℃；麦谷蛋白亚基组成：n/7/2+12，Glu-A3a/Glu-B3g。

【已测分子标记结果】非1B/1R；八氢番茄红素合成酶（PSY）基因：YP7A标记/*PSY-A1a*；多酚氧化酶（PPO）基因：PPO33标记/*PPO-A1b*；抗白粉病基因*Pm4*、*Pm8*、*Pm13*、*Pm21*的标记均为阴性；抗叶锈病基因*Lr10*、*Lr19*、*Lr20*的标记均为阴性；光周期基因：Ppd标记/*Ppd-D1b*；春化基因：*vrn-A1*、*vrn-B1*、*vrn-B3*、*vrn-D1*；穗发芽相关基因：Vp1B3标记/*Vp1B3a*。

红火麦（2）

省库编号：LM 280　　国库编号：ZM 1681　　品种来源：山东历城

【生物学习性】幼苗匍匐；弱冬性；抗寒性2级；生育期245d；株高110cm；穗长8.7cm，圆锥形，无芒，红壳；白粒，角质，千粒重29.0g。

【品质特性】籽粒粗蛋白含量（干基）15.90%，赖氨酸0.29%，铁8.3mg/kg，锌11.1mg/kg，SKCS硬度指数68；面粉白度值75.4，沉降值（14%）41.5mL；面团流变学特性：形成时间4.5min，稳定时间4.4min，弱化度98BU，峰高640BU，衰弱角15°；淀粉糊化特性（RVA）：峰值黏度2 771cP，保持黏度1 694cP，稀懈值1 077cP，终黏度2 851cP，回升值1 157cP，峰值时间6.1min，糊化温度67.9℃；麦谷蛋白亚基组成：n/6*+8/2+12，Glu-A3c/Glu-B3g。

【已测分子标记结果】非1B/1R；八氢番茄红素合成酶（PSY）基因：YP7A标记/*PSY-A1a*；抗白粉病基因*Pm4*、*Pm8*、*Pm13*、*Pm21*的标记均为阴性；抗叶锈病基因*Lr10*、*Lr19*、*Lr20*的标记均为阴性；光周期基因：Ppd标记/*Ppd-D1b*；春化基因：*vrn-A1*、*vrn-B1*、*vrn-B3*、*vrn-D1*；穗发芽相关基因：Vp1B3标记/*Vp1B3a*。

10cm

红秃头 (15)

省库编号：LM 281　　国库编号：ZM 1985　　品种来源：山东聊城

【生物学习性】幼苗匍匐；弱冬性；抗寒性2级；生育期245d；株高113cm；穗长10.5cm，纺锤形，无芒，红壳；白粒，角质，千粒重28.0g。

【品质特性】籽粒粗蛋白含量（干基）15.40%，赖氨酸0.31%，铁13.7mg/kg，锌16.6mg/kg，SKCS硬度指数62；面粉白度值74.1，沉降值（14%）23.1mL；面团流变学特性：形成时间2.3min，稳定时间1.7min，弱化度95BU，峰高630BU，衰弱角38°；淀粉糊化特性（RVA）：峰值黏度2 404cP，保持黏度1 654cP，稀懈值750cP，终黏度2 904cP，回升值1 250cP，峰值时间6.2min，糊化温度67.0℃；麦谷蛋白亚基组成：n/7/2，Glu-A3c/Glu-B3g。

【已测分子标记结果】非1B/1R；八氢番茄红素合成酶（PSY）基因：YP7A标记/*PSY-A1a*；多酚氧化酶（PPO）基因：PPO33标记/*PPO-A1a*；抗白粉病基因*Pm4*、*Pm8*、*Pm13*、*Pm21*的标记均为阴性；抗叶锈病基因*Lr10*、*Lr19*、*Lr20*的标记均为阴性；光周期基因：Ppd标记/*Ppd-D1b*；春化基因：*vrn-B1*、*vrn-B3*；穗发芽相关基因：Vp1B3标记/*Vp1B3a*。

红秃头（9）

省库编号：LM 282　　国库编号：ZM 1854　　品种来源：山东昌乐

【生物学习性】幼苗匍匐；冬性；抗寒性3级；生育期246d；株高130cm；穗长10.2cm，纺锤形，无芒，红壳；白粒，角质，千粒重27.0g。

【品质特性】籽粒粗蛋白含量（干基）16.90％，赖氨酸0.30％，铁10.8mg/kg，锌15.8mg/kg，SKCS硬度指数56；面粉白度值74.1，沉降值（14％）23.1mL；面团流变学特性：形成时间2min，稳定时间1.1min，弱化度140BU，峰高580BU，衰弱角34°；淀粉糊化特性（RVA）：峰值黏度2 652cP，保持黏度1 825cP，稀懈值827cP，终黏度3 009cP，回升值1 184cP，峰值时间6.3min，糊化温度67.9℃；麦谷蛋白亚基组成：n/7/2，Glu-A3a/Glu-B3g。

【已测分子标记结果】非1B/1R；八氢番茄红素合成酶（PSY）基因：YP7A标记/PSY-A1a；多酚氧化酶（PPO）基因：PPO33标记/PPO-A1b；抗白粉病基因Pm4、Pm8、Pm13、Pm21的标记均为阴性；抗叶锈病基因Lr10、Lr19、Lr20的标记均为阴性；光周期基因：Ppd标记/Ppd-D1b；春化基因：vrn-B1、vrn-B3；穗发芽相关基因：Vp1B3标记/Vp1B3a。

松 树 楼

省库编号：LM 283　　国库编号：ZM 1803　　品种来源：山东栖霞

【生物学习性】幼苗匍匐；冬性；抗寒性2级；生育期248d；株高130cm；穗长8.9cm，纺锤形，无芒，红壳；白粒，角质，千粒重24.4g。

【品质特性】籽粒粗蛋白含量（干基）14.70％，赖氨酸0.26％，铁8.9mg/kg，锌10.1mg/kg，SKCS硬度指数69；面粉白度值74.8，沉降值（14%）34.1mL；面团流变学特性：形成时间4.1min，稳定时间3min，弱化度110BU，峰高620BU，衰弱角26°；淀粉糊化特性（RVA）：峰值黏度2 586cP，保持黏度1 551cP，稀懈值1 035cP，终黏度2 634cP，回升值1 092cP，峰值时间6.1min，糊化温度67.9℃；麦谷蛋白亚基组成：1/7+8/2+12，Glu-A3a/Glu-B3g。

【已测分子标记结果】非1B/1R；八氢番茄红素合成酶（PSY）基因：YP7A标记/PSY-A1a；多酚氧化酶（PPO）基因：PPO33标记/PPO-A1b；抗白粉病基因Pm4、Pm8、Pm13、Pm21的标记均为阴性；抗叶锈病基因Lr10、Lr19、Lr20的标记均为阴性；光周期基因：Ppd标记/Ppd-D1b；春化基因：vrn-A1、vrn-B1、vrn-B3、vrn-D1；穗发芽相关基因：Vp1B3标记/Vp1B3b。

红糠白（1）

省库编号：LM 284　　国库编号：ZM 1772　　品种来源：山东荣成

【生物学习性】幼苗匍匐；冬性；抗寒性2级；生育期248d；株高130cm；穗长9.1cm，纺锤形，无芒，红壳；白粒，角质，千粒重24.0g。

【品质特性】籽粒粗蛋白含量（干基）15.50%，赖氨酸0.27%，铁11.6mg/kg，锌20.0mg/kg，SKCS硬度指数51；面粉白度值73.6，沉降值（14%）42.0mL；面团流变学特性：形成时间6.5min，稳定时间4.0min，弱化度70BU，峰高640BU，衰弱角23°；淀粉糊化特性（RVA）：峰值黏度2 775cP，保持黏度1 848cP，稀懈值927cP，终黏度3 164cP，回升值1 316cP，峰值时间6.2min，糊化温度67.1℃；麦谷蛋白亚基组成：n/7+8/2+12，Glu-A3c/Glu-B3g。

【已测分子标记结果】非1B/1R；八氢番茄红素合成酶（PSY）基因：YP7A标记/PSY-A1a；多酚氧化酶（PPO）基因：PPO33标记/PPO-A1a；抗白粉病基因Pm4、Pm8、Pm13、Pm21的标记均为阴性；抗叶锈病基因Lr10、Lr19、Lr20的标记均为阴性；光周期基因：Ppd标记/Ppd-D1b；春化基因：vrn-A1、vrn-B1、vrn-B3、vrn-D1；穗发芽相关基因：Vp1B3标记/Vp1B3a。

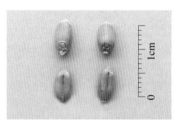

红秃小麦（1）

省库编号：LM 285　　国库编号：ZM 1755　　品种来源：山东莱阳

【生物学习性】幼苗匍匐；强冬性；抗寒性3⁻级；生育期248d；株高130cm；穗长9.7cm，纺锤形，无芒，红壳；白粒，角质，千粒重26.5g。

【品质特性】籽粒粗蛋白含量（干基）15.80%，赖氨酸0.32%，铁13.4mg/kg，锌15.1mg/kg，SKCS硬度指数55；面粉白度值73.8，沉降值（14%）47.4mL；面团流变学特性：形成时间3.7min，稳定时间2.0min，弱化度50BU，峰高700BU，衰弱角25°；淀粉糊化特性（RVA）：峰值黏度2 744cP，保持黏度1 933cP，稀懈值811cP，终黏度3 198cP，回升值1 265cP，峰值时间6.3min，糊化温度67.1℃；麦谷蛋白亚基组成：n/7+8/2+12，Glu-A3a/Glu-B3g。

【已测分子标记结果】非1B/1R；八氢番茄红素合成酶（PSY）基因：YP7A标记/*PSY-A1a*；多酚氧化酶（PPO）基因：PPO33标记/*PPO-A1b*；抗白粉病基因*Pm4*、*Pm8*、*Pm13*、*Pm21*的标记均为阴性；抗叶锈病基因*Lr10*、*Lr19*、*Lr20*的标记均为阴性；光周期基因：Ppd标记/*Ppd-D1b*；春化基因：*vrn-A1*、*vrn-B1*、*vrn-B3*、*vrn-D1*；穗发芽相关基因：Vp1B3标记/*Vp1B3a*。

红 蛄 头

省库编号：LM 286 国库编号：ZM 1727 品种来源：山东掖县[*]

【生物学习性】幼苗匍匐；强冬性；抗寒性3级；生育期246d；株高140cm；穗长10.7cm，纺锤形，无芒，红壳；白粒，角质，千粒重26.3g。

【品质特性】籽粒粗蛋白含量（干基）14.40%，赖氨酸0.36%，铁12.1mg/kg，锌17.6mg/kg，SKCS硬度指数62，面粉白度值74.2，沉降值（14%）40.4mL；面团流变学特性：形成时间4.2min，稳定时间3.6min，弱化度103BU，峰高580BU，衰弱角20°；淀粉糊化特性（RVA）：峰值黏度2 851cP，保持黏度1 893cP，稀懈值958cP，终黏度3 080cP，回升值1 187cP，峰值时间6.3min，糊化温度68.7℃；麦谷蛋白亚基组成：n/7+8/2+12，Glu-A3a/Glu-B3g。

【已测分子标记结果】非1B/1R；八氢番茄红素合成酶（PSY）基因：YP7A标记/PSY-A1a；多酚氧化酶（PPO）基因：PPO33标记/PPO-A1b；抗白粉病基因Pm4、Pm8、Pm13、Pm21的标记均为阴性；抗叶锈病基因Lr10、Lr19、Lr20的标记均为阴性；春化基因：vrn-A1、vrn-B1、vrn-B3、vrn-D1；穗发芽相关基因：Vp1B3标记/Vp1B3a。

小半芒（2）

省库编号：LM 287　　国库编号：ZM 11095　　品种来源：山东掖县[*]

【生物学习性】幼苗匍匐；强冬性；抗寒性2级；生育期246d；株高124cm；穗长8cm，纺锤形，顶芒，红壳；白粒，角质，千粒重26.3g。

【品质特性】籽粒粗蛋白含量（干基）14.30％，赖氨酸0.24％，铁12.6mg/kg，锌14.1mg/kg，SKCS硬度指数56；面粉白度值74.5，沉降值（14％）44.8mL；面团流变学特性：形成时间3.3min，稳定时间3.7min，弱化度59BU，峰高610BU，衰弱角21°；淀粉糊化特性（RVA）：峰值黏度2 484cP，保持黏度1 828cP，稀懈值656cP，终黏度3 068cP，回升值1 240cP，峰值时间6.4min，糊化温度67.1℃；麦谷蛋白亚基组成：n/7+8/2+12，Glu-A3a/Glu-B3g。

【已测分子标记结果】非1B/1R；八氢番茄红素合成酶（PSY）基因：YP7A标记/PSY-A1a；多酚氧化酶（PPO）基因：PPO33标记/PPO-A1a；抗白粉病基因Pm4、Pm8、Pm13、Pm21的标记均为阴性；抗叶锈病基因Lr10、Lr19、Lr20的标记均为阴性；光周期基因：Ppd标记/Ppd-D1a；春化基因：vrn-A1、vrn-B1、vrn-B3、vrn-D1；穗发芽相关基因：Vp1B3标记/Vp1B3a。

10cm

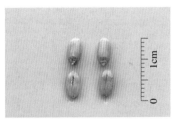

小半芒 （1）

省库编号：LM 288　　国库编号：ZM 1728　　品种来源：山东掖县[*]

【生物学习性】幼苗匍匐；弱冬性；抗寒性2级；生育期245d；株高128cm；穗长9.9cm，纺锤形，短芒，红壳；白粒，角质，千粒重21.7g。

【品质特性】籽粒粗蛋白含量（干基）15.70%，赖氨酸0.32%，铁12.3mg/kg，锌17.6mg/kg，SKCS硬度指数67；面粉白度值73.9，沉降值（14%）35.0mL；面团流变学特性：形成时间3.7min，稳定时间2.0min，弱化度130BU，峰高560BU，衰弱角19°；淀粉糊化特性（RVA）：峰值黏度2 598cP，保持黏度1 727cP，稀懈值871cP，终黏度3 033cP，回升值1 306cP，峰值时间6.1min，糊化温度67.8℃；麦谷蛋白亚基组成：n/7/2+12，Glu-A3a/Glu-B3g。

【已测分子标记结果】非1B/1R；八氢番茄红素合成酶（PSY）基因：YP7A标记/*PSY-A1a*；多酚氧化酶（PPO）基因：PPO33标记/*PPO-A1b*；抗白粉病基因*Pm4*、*Pm8*、*Pm13*、*Pm21*的标记均为阴性；抗叶锈病基因*Lr10*、*Lr19*、*Lr20*的标记均为阴性；光周期基因：Ppd标记/*Ppd-D1b*；春化基因：*vrn-A1*、*vrn-B1*、*vrn-B3*、*vrn-D1*；穗发芽相关基因：Vp1B3标记/*Vp1B3a*。

红秃头 (11)

省库编号：LM 289　　国库编号：ZM 1884　　品种来源：山东莱芜

【生物学习性】幼苗匍匐；弱冬性；抗寒性3级；生育期245d；株高109cm；穗长 10.0cm，纺锤形，无芒，红壳；白粒，角质，千粒重27.0g。

【品质特性】籽粒粗蛋白含量（干基）15.70%，赖氨酸0.35%，铁15.9mg/kg，锌 22.6mg/kg，SKCS硬度指数57；面粉白度值74.3，沉降值（14%）38.9mL；面团流变学特性：形成时间3.4min，稳定时间1.6min，弱化度124BU，峰高615BU，衰弱角34°；淀粉糊化特性（RVA）：峰值黏度2 505cP，保持黏度1 719cP，稀懈值786cP，终黏度3 094cP，回升值1 375cP，峰值时间6.33min，糊化温度67.1℃；麦谷蛋白亚基组成：n/7+8/2+12，Glu-A3a/Glu-B3g。

【已测分子标记结果】非1B/1R；八氢番茄红素合成酶（PSY）基因：YP7A标记/*PSY-A1a*；多酚氧化酶（PPO）基因：PPO33标记/*PPO-A1a*；抗白粉病基因*Pm4*、*Pm8*、*Pm13*、*Pm21*的标记均为阴性；抗叶锈病基因*Lr10*、*Lr19*、*Lr20*的标记均为阴性；光周期基因：Ppd标记/*Ppd-D1b*；春化基因：*vrn-A1*、*vrn-B1*、*vrn-B3*、*vrn-D1*；穗发芽相关基因：Vp1B3 标记/*Vp1B3a*。

红秃子头麦

省库编号：LM 290　　国库编号：ZM 1914　　品种来源：山东长清

【生物学习性】幼苗匍匐；弱冬性；抗寒性3⁻级；生育期244d；株高109cm；穗长8.2cm，纺锤形，无芒，红壳；白粒，角质，千粒重26.4g。

【品质特性】籽粒粗蛋白含量（干基）15.20%，赖氨酸0.29%，铁11.8mg/kg，锌20.9mg/kg，SKCS硬度指数59；面粉白度值74.4，沉降值（14%）33.6mL；面团流变学特性：形成时间3.0min，稳定时间2.3min，弱化度106BU，峰高610BU，衰弱角36°；淀粉糊化特性（RVA）：峰值黏度2 205cP，保持黏度1 699cP，稀懈值506cP，终黏度2 941cP，回升值1 242cP，峰值时间6.3min，糊化温度66.2℃；麦谷蛋白亚基组成：n/7/2+12，Glu-A3c/Glu-B3g。

【已测分子标记结果】非1B/1R；八氢番茄红素合成酶（PSY）基因：YP7A标记/*PSY-A1a*；多酚氧化酶（PPO）基因：PPO33标记/*PPO-A1b*；抗白粉病基因*Pm4*、*Pm8*、*Pm13*、*Pm21*的标记均为阴性；抗叶锈病基因*Lr10*、*Lr19*、*Lr20*的标记均为阴性；光周期基因：Ppd标记/*Ppd-D1b*；春化基因：*vrn-A1*、*vrn-B1*、*vrn-B3*、*vrn-D1*；穗发芽相关基因：Vp1B3标记/*Vp1B3a*。

红秃头（1）

省库编号：LM 291　　国库编号：ZM 1688　　品种来源：山东历城

【生物学习性】幼苗匍匐；弱冬性；抗寒性3¯级；生育期245d；株高119cm；穗长9.5cm，纺锤形，无芒，红壳；白粒，角质，千粒重25.4g。

【品质特性】籽粒粗蛋白含量（干基）15.80%，赖氨酸0.31%，铁20.2mg/kg，锌21.8mg/kg；面粉白度值73.9，沉降值（14%）32.6mL；面团流变学特性：形成时间3.2min，稳定时间2.2min，弱化度125BU，峰高560BU，衰弱角34°；淀粉糊化特性（RVA）：峰值黏度2 519cP，保持黏度1 749cP，稀懈值770cP，终黏度2 943cP，回升值1 194cP，峰值时间6.3min，糊化温度67.9℃；麦谷蛋白亚基组成：n/6*+8/2+12，Glu-A3c/Glu-B3g。

【已测分子标记结果】非1B/1R；多酚氧化酶（PPO）基因：PPO33标记/*PPO-A1a*；抗白粉病基因*Pm4*、*Pm8*、*Pm13*、*Pm21*的标记均为阴性；抗叶锈病基因*Lr10*、*Lr19*、*Lr20*的标记均为阴性；春化基因：*vrn-A1*、*vrn-B1*、*vrn-B3*、*vrn-D1*；穗发芽相关基因：Vp1B3标记/*Vp1B3a*。

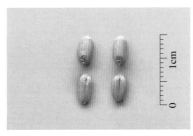

红秃头麦

省库编号：LM 292　　国库编号：ZM 2080　　品种来源：山东曲阜

【生物学习性】幼苗半匍匐；弱冬性；抗寒性3级；生育期245d；株高140cm；穗长11.9cm，纺锤形，无芒，白壳；白粒，粉质，千粒重27.0g。

【品质特性】籽粒粗蛋白含量（干基）13.10%，赖氨酸0.29%，铁11.7mg/kg，锌12.2mg/kg；面粉白度值80.2，沉降值（14%）37.3mL；面团流变学特性：形成时间2.8min，稳定时间2.6min，弱化度73BU，峰高495BU，衰弱角11°；淀粉糊化特性（RVA）：峰值黏度2 756cP，保持黏度1 835cP，稀懈值921cP，终黏度3 174cP，回升值1 339cP，峰值时间6.2min，糊化温度85.0℃。

【已测分子标记结果】非1B/1R；抗白粉病基因 *Pm4*、*Pm8*、*Pm13*、*Pm21* 的标记均为阴性；抗叶锈病基因 *Lr10*、*Lr19*、*Lr20* 的标记均为阴性；春化基因：*vrn-A1*、*vrn-B1*、*vrn-B3*、*vrn-D1*；穗发芽相关基因：Vp1B3标记/*Vp1B3a*。

红秃头（16）

省库编号：LM 293　　国库编号：ZM 1990　　品种来源：山东冠县

【生物学习性】幼苗匍匐；弱冬性；抗寒性2级；生育期245d；株高115cm；穗长9.3cm，纺锤形，无芒，红壳；白粒，粉质，千粒重27.9g。

【品质特性】籽粒粗蛋白含量（干基）16.30％，赖氨酸0.31％，铁17mg/kg，锌19.7mg/kg；面粉白度值74.7，沉降值（14％）24.2mL；面团流变学特性：形成时间2.4min，稳定时间1.0min，弱化度116BU，峰高515BU，衰弱角32°；淀粉糊化特性（RVA）：峰值黏度2 452cP，保持黏度1 648cP，稀懈值804cP，终黏度2 993cP，回升值1 345cP，峰值时间6.1min，糊化温度67.0℃；麦谷蛋白亚基组成：n/7/2，Glu-A3c/Glu-B3g。

【已测分子标记结果】非1B/1R；多酚氧化酶（PPO）基因：PPO33标记/*PPO-A1b*；抗白粉病基因*Pm4*、*Pm8*、*Pm13*、*Pm21*的标记均为阴性；抗叶锈病基因*Lr10*、*Lr19*、*Lr20*的标记均为阴性；春化基因：*vrn-A1*、*vrn-B1*、*vrn-B3*、*vrn-D1*；穗发芽相关基因：Vp1B3标记/*Vp1B3a*。

靠 山 红

省库编号：LM 294　　国库编号：ZM 1933　　品种来源：山东广饶

【生物学习性】幼苗匍匐；弱冬性；抗寒性2级；生育期246d；株高110cm；穗长9.6cm，纺锤形，无芒，红壳；白粒，角质，千粒重22.5g。

【品质特性】籽粒粗蛋白含量（干基）15.90％，赖氨酸0.32％，铁12.1mg/kg，锌18.0mg/kg；面粉白度值74.5，沉降值（14％）43.1mL；面团流变学特性：形成时间3.0min，稳定时间1.7min，弱化度121BU，峰高645BU，衰弱角32°；淀粉糊化特性（RVA）：峰值黏度2 706cP，保持黏度1 825cP，稀懈值881cP，终黏度3 072cP，回升值1 247cP，峰值时间6.3min，糊化温度67.9℃；麦谷蛋白亚基组成：n/7+8/2+12，Glu-A3b/Glu-B3d。

【已测分子标记结果】非1B/1R；抗白粉病基因Pm4、Pm8、Pm13、Pm21的标记均为阴性；抗叶锈病基因Lr10、Lr19、Lr20的标记均为阴性；春化基因：vrn-A1、vrn-B1、vrn-B3、vrn-D1；穗发芽相关基因：Vp1B3标记/Vp1B3a。

广成火麦

省库编号：LM 295　　国库编号：ZM 2049　　品种来源：山东莒县

【生物学习性】幼苗匍匐；冬性；抗寒性2级；生育期247d；株高119cm；穗长8.4cm，纺锤形，无芒，红壳，白粒，角质，千粒重26.5g。

【品质特性】籽粒粗蛋白含量（干基）14.90％，赖氨酸0.37％，铁13.3mg/kg，锌17.5mg/kg；面粉白度值75.6，沉降值（14%）39.4mL；面团流变学特性：形成时间1.6min，稳定时间135min，弱化度38BU，峰高680BU，衰弱角19°；淀粉糊化特性（RVA）：峰值黏度2 702cP，保持黏度1 786cP，稀懈值916cP，终黏度2 994cP，回升值1 208cP，峰值时间6.3min，糊化温度67.8℃；麦谷蛋白亚基组成：n/7+8/2+12，Glu-A3a/Glu-B3g。

【已测分子标记结果】非1B/1R；抗白粉病基因 *Pm4*、*Pm8*、*Pm13*、*Pm21* 的标记均为阴性；抗叶锈病基因 *Lr10*、*Lr19*、*Lr20* 的标记均为阴性；春化基因：*vrn-A1*、*vrn-D1*；穗发芽相关基因：Vp1B3标记/*VP1b3a*。

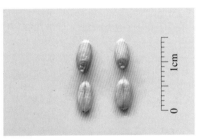

红秃头（17）

省库编号：LM 296　国库编号：ZM 2043　品种来源：山东莒县

【生物学习性】幼苗匍匐；弱冬性；抗寒性2⁺级；生育期246d；株高119cm；穗长9.4cm，纺锤形，无芒，红壳；白粒，粉质，千粒重28.4g。

【品质特性】籽粒粗蛋白含量（干基）15.10%，赖氨酸0.29%，铁12.2mg/kg，锌14.0mg/kg，SKCS硬度指数53；面粉白度值73.7，沉降值（14%）39.6mL；面团流变学特性：形成时间2.8min，稳定时间2.8min，弱化度116BU，峰高585BU，衰弱角22°；淀粉糊化特性（RVA）：峰值黏度2 685cP，保持黏度1 690cP，稀懈值995cP，终黏度2 882cP，回升值1 192cP，峰值时间6.1min，糊化温度68.7℃；麦谷蛋白亚基组成：n/7+8/2+12，Glu-A3e/Glu-B3g。

【已测分子标记结果】非1B/1R；八氢番茄红素合成酶（PSY）基因：YP7A标记/*PSY-A1a*；多酚氧化酶（PPO）基因：PPO33标记/*PPO-A1a*；抗白粉病基因*Pm4*、*Pm8*、*Pm13*、*Pm21*的标记均为阴性；抗叶锈病基因*Lr10*、*Lr19*、*Lr20*的标记均为阴性；光周期基因：Ppd标记/*Ppd-D1b*；春化基因：*vrn-B1*、*vrn-B3*；穗发芽相关基因：Vp1B3标记/*Vp1B3a*。

10cm

秃头（1）

省库编号：LM 297　　国库编号：ZM 2037　　品种来源：山东临沂

【生物学习性】幼苗匍匐；弱冬性；抗寒性2^+级；生育期247d；株高117cm；穗长10.6cm，纺锤形，无芒，红壳，白粒，粉质，千粒重29.1g。

【品质特性】籽粒粗蛋白含量（干基）15.20％，赖氨酸0.31％，铁10.1mg/kg，锌12.3mg/kg，SKCS硬度指数52；面粉白度值76.2，沉降值（14％）43.3mL；面团流变学特性：形成时间4.4min，稳定时间3.3min，弱化度80BU，峰高650BU，衰弱角25°；淀粉糊化特性（RVA）：峰值黏度2 268cP，保持黏度1 551cP，稀懈值717cP，终黏度2 711cP，回升值1 160cP，峰值时间6.1min，糊化温度67.8℃；麦谷蛋白亚基组成：n/7+8/2+12，Glu-A3b/Glu-B3c。

【已测分子标记结果】非1B/1R；八氢番茄红素合成酶（PSY）基因：YP7A标记/*PSY-A1a*；多酚氧化酶（PPO）基因：PPO33标记/*PPO-A1a*；抗白粉病基因*Pm4*、*Pm8*、*Pm13*、*Pm21*的标记均为阴性；抗叶锈病基因*Lr10*、*Lr19*、*Lr20*的标记均为阴性；光周期基因：Ppd标记/*Ppd-D1b*；春化基因：*vrn-A1*、*vrn-B1*；穗发芽相关基因：Vp1B3标记/*Vp1B3a*。

白肚（2）

省库编号：LM 298　　国库编号：ZM 11102　　品种来源：山东胶县*

【生物学习性】幼苗匍匐；弱冬性；抗寒性2⁺级；生育期246d；株高119cm；穗长9.2cm，纺锤形，无芒，红壳；白粒，粉质，千粒重29.1g。

【品质特性】籽粒粗蛋白含量（干基）15.25%，赖氨酸0.31%，铁14.6mg/kg，锌10.3mg/kg，SKCS硬度指数44；面粉白度值76.9，沉降值（14%）52.5mL；面团流变学特性：形成时间3.0min，稳定时间5.3min，弱化度80BU，峰高680BU，衰弱角23°；淀粉糊化特性（RVA）：峰值黏度2 743cP，保持黏度1 926cP，稀懈值817cP，终黏度3 059cP，回升值1 133cP，峰值时间6.5min，糊化温度68.7℃；麦谷蛋白亚基组成：n/7+8/2+12，Glu-A3e/Glu-B3g。

【已测分子标记结果】非1B/1R；八氢番茄红素合成酶（PSY）基因：YP7A标记/*PSY-A1a*；多酚氧化酶（PPO）基因：PPO33标记/*PPO-A1b*；抗白粉病基因*Pm4*、*Pm8*、*Pm13*、*Pm21*的标记均为阴性；抗叶锈病基因*Lr10*、*Lr19*、*Lr20*的标记均为阴性；光周期基因：Ppd标记/*Ppd-D1b*；春化基因：*vrn-A1*、*vrn-B1*、*vrn-B3*、*vrn-D1*；穗发芽相关基因：Vp1B3标记/*Vp1B3a*。

红秃头（10）

省库编号：LM 299　　国库编号：ZM 1867　　品种来源：山东安丘

【生物学习性】幼苗匍匐；弱冬性；抗寒性2^+级；生育期245d；株高125cm；穗长8.9cm，圆锥形，无芒，红壳；白粒，粉质，千粒重31.0g。

【品质特性】籽粒粗蛋白含量（干基）14.90%，赖氨酸0.39%，铁7.4mg/kg，锌20.7mg/kg，SKCS硬度指数54；面粉白度值77.1，沉降值（14%）39.4mL；面团流变学特性：形成时间3.2min，稳定时间1.8min，弱化度126BU，峰高680BU，衰弱角39°；淀粉糊化特性（RVA）：峰值黏度2 775cP，保持黏度1 896cP，稀懈值879cP，终黏度3 013cP，回升值1 207cP，峰值时间6.3min，糊化温度68.0℃；麦谷蛋白亚基组成：n/7+8/2+12，Glu-A3e/Glu-B3g。

【已测分子标记结果】非1B/1R；八氢番茄红素合成酶（PSY）基因：YP7A标记/*PSY-A1a*；多酚氧化酶（PPO）基因：PPO33标记/*PPO-A1b*；抗白粉病基因*Pm4*、*Pm8*、*Pm13*、*Pm21*的标记均为阴性；抗叶锈病基因*Lr10*、*Lr19*、*Lr20*的标记均为阴性；光周期基因：Ppd标记/*Ppd-D1b*；春化基因：*vrn-A1*、*vrn-B1*、*vrn-B3*、*vrn-D1*；穗发芽相关基因：Vp1B3标记/*Vp1B3a*。

红秃头（7）

省库编号：LM 300　国库编号：ZM 1845　品种来源：山东高密

【生物学习性】幼苗匍匐；弱冬性；抗寒性2^+级；生育期245d；株高120cm；穗长8.9cm，纺锤形，无芒，红壳；白粒，粉质，千粒重27.0g。

【品质特性】籽粒粗蛋白含量（干基）13.70%，赖氨酸0.39%，铁5.6mg/kg，锌17.4mg/kg，SKCS硬度指数57；面粉白度值76.6，沉降值（14%）36.8mL；面团流变学特性：形成时间3.0min，稳定时间1.3min，弱化度130BU，峰高640BU，衰弱角34°；淀粉糊化特性（RVA）：峰值黏度2 482cP，保持黏度1 688cP，稀懈值794cP，终黏度2 947cP，回升值1 259cP，峰值时间6.2min，糊化温度67.9℃；麦谷蛋白亚基组成：n/7+8/2+12，Glu-A3e/Glu-B3g。

【已测分子标记结果】非1B/1R；八氢番茄红素合成酶（PSY）基因：YP7A标记/*PSY-A1a*；多酚氧化酶（PPO）基因：PPO33标记/*PPO-A1b*；抗白粉病基因*Pm4*、*Pm8*、*Pm13*、*Pm21*的标记均为阴性；抗叶锈病基因*Lr10*、*Lr19*、*Lr20*的标记均为阴性；光周期基因：Ppd标记/*Ppd-D1b*；春化基因：*vrn-A1*、*vrn-B1*、*vrn-B3*；穗发芽相关基因：Vp1B3标记/*Vp1B3a*。

青秸红秃头

省库编号：LM 301　　国库编号：ZM 1831　　品种来源：山东五莲

【生物学习性】幼苗匍匐；弱冬性；抗寒性3⁻级；生育期245d；株高130cm；穗长9.4cm，纺锤形，无芒，红壳；红粒，角质，千粒重26.5g。

【品质特性】籽粒粗蛋白含量（干基）13.70%，赖氨酸0.41%，铁12.5mg/kg，锌13.9mg/kg，SKCS硬度指数53；面粉白度值77.1，沉降值（14%）41.0mL；面团流变学特性：形成时间4.8min，稳定时间2.9min，弱化度100BU，峰高630BU，衰弱角29°；淀粉糊化特性（RVA）：峰值黏度2 547cP，保持黏度1 738cP，稀懈值809cP，终黏度2 448cP，回升值710cP，峰值时间6.2min，糊化温度67.9℃；麦谷蛋白亚基组成：n/7+8/2+12，Glu-A3e/Glu-B3g。

【已测分子标记结果】非1B/1R；八氢番茄红素合成酶（PSY）基因：YP7A标记/*PSY-A1a*；多酚氧化酶（PPO）基因：PPO33标记/*PPO-A1a*；抗白粉病基因*Pm4*、*Pm8*、*Pm13*、*Pm21*的标记均为阴性；抗叶锈病基因*Lr10*、*Lr19*、*Lr20*的标记均为阴性；春化基因：*vrn-B1*、*vrn-B3*；穗发芽相关基因：Vp1B3标记/*Vp1B3a*。

大白漏麦

省库编号：LM 302　　国库编号：ZM 1773　　品种来源：山东荣成

【生物学习性】幼苗匍匐；弱冬性；抗寒性 3⁻ 级；生育期 245d；株高 130cm；穗长 8.7cm，纺锤形，无芒，红壳；白粒，角质，千粒重 26.0g。

【品质特性】籽粒粗蛋白含量（干基）15.40%，赖氨酸 0.33%，铁 13.4mg/kg，锌 15.1mg/kg，SKCS 硬度指数 57；面粉白度值 77.7，沉降值（14%）30.5mL；面团流变学特性：形成时间 3.5min，稳定时间 2.2min，弱化度 110BU，峰高 600BU，衰弱角 35°；淀粉糊化特性（RVA）：峰值黏度 2 574cP，保持黏度 1 641cP，稀懈值 933cP，终黏度 1 652cP，回升值 1 100cP，峰值时间 6.1min，糊化温度 67.8℃；麦谷蛋白亚基组成：n/7/2+12，Glu-A3e/Glu-B3g。

【已测分子标记结果】非 1B/1R；八氢番茄红素合成酶（PSY）基因：YP7A 标记 /PSY-A1a；多酚氧化酶（PPO）基因：PPO33 标记 /PPO-A1a；抗白粉病基因 Pm4、Pm8、Pm13、Pm21 的标记均为阴性；抗叶锈病基因 Lr10、Lr19、Lr20 的标记均为阴性；春化基因：vrn-B1；穗发芽相关基因：Vp1B3 标记 /Vp1B3a。

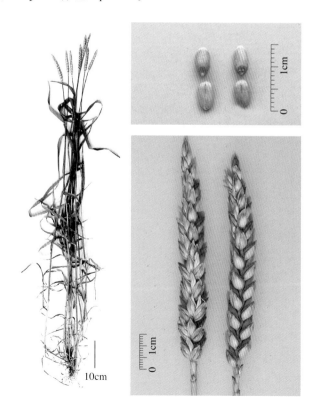

红 秃 子

省库编号：LM 303　国库编号：ZM 1805　品种来源：山东乳山

【生物学习性】幼苗匍匐；强冬性；抗寒性3⁻级；生育期245d；株高125cm；穗长9.1cm，纺锤形，无芒，红壳；白粒，角质，千粒重21.3g。

【品质特性】籽粒粗蛋白含量（干基）15.30％，赖氨酸0.39％，铁9.9mg/kg，锌17.5mg/kg，SKCS硬度指数57；面粉白度值76.3，沉降值（14％）35.3mL；面团流变学特性：形成时间2.8min，稳定时间1.7min，弱化度139BU，峰高590BU，衰弱角29°；淀粉糊化特性（RVA）：峰值黏度2 475cP，保持黏度1 749cP，稀懈值726cP，终黏度2 938cP，回升值1 189cP，峰值时间6.3min，糊化温度67.9℃；麦谷蛋白亚基组成：n/7+8/2+12，Glu-A3e/Glu-B3g。

【已测分子标记结果】非1B/1R；八氢番茄红素合成酶（PSY）基因：YP7A标记/*PSY-A1a*；多酚氧化酶（PPO）基因：PPO33标记/*PPO-A1a*；抗白粉病基因*Pm4*、*Pm8*、*Pm13*、*Pm21*的标记均为阴性；抗叶锈病基因*Lr10*、*Lr19*、*Lr20*的标记均为阴性；春化基因：*vrn-A1*、*vrn-B1*、*vrn-B3*、*vrn-D1*；穗发芽相关基因：Vp1B3标记/*Vp1B3a*。

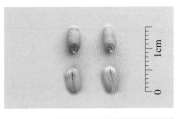

红秃白粒小麦

省库编号：LM 304　　国库编号：ZM 1804　　品种来源：山东乳山

【生物学习性】幼苗匍匐；强冬性；抗寒性3¯级；生育期246d；株高125cm；穗长9.3cm，纺锤形，无芒，红壳；白粒，角质，千粒重24.0g。

【品质特性】籽粒粗蛋白含量（干基）14.20%，赖氨酸0.42%，铁12.6mg/kg，锌15.1mg/kg，SKCS硬度指数52；面粉白度值76.3，沉降值（14%）36.8mL；面团流变学特性：形成时间3.1min，稳定时间2.3min，弱化度124BU，峰高610BU，衰弱角34°；淀粉糊化特性（RVA）：峰值黏度2 494cP，保持黏度1 707cP，稀懈值787cP，终黏度2 916cP，回升值1 209cP，峰值时间6.3min，糊化温度67.9℃；麦谷蛋白亚基组成：n/7+8/2+12，Glu-A3e/Glu-B3g。

【已测分子标记结果】非1B/1R；八氢番茄红素合成酶（PSY）基因：YP7A标记/*PSY-A1a*；多酚氧化酶（PPO）基因：PPO33标记/*PPO-A1a*；抗白粉病基因*Pm4*、*Pm8*、*Pm13*、*Pm21*的标记均为阴性；抗叶锈病基因*Lr10*、*Lr19*、*Lr20*的标记均为阴性；光周期基因：Ppd标记/*Ppd-D1b*；春化基因：*vrn-B1*、*vrn-B3*；穗发芽相关基因：Vp1B3标记/*Vp1B3a*。

红 晋 麦

省库编号：LM 305 国库编号：ZM 1729 品种来源：山东掖县[*]

【生物学习性】幼苗匍匐；冬性；抗寒性3级；生育期246d；株高130cm；穗长9.9cm，圆锥形，无芒，红壳；白粒，角质，千粒重27.6g。

【品质特性】籽粒粗蛋白含量（干基）15.50%，赖氨酸0.39%，铁15.0mg/kg，锌16.8mg/kg，SKCS硬度指数66；面粉白度值73.7，沉降值（14%）38.9mL；面团流变学特性：形成时间3.0min，稳定时间2.0min，弱化度120BU，峰高585BU，衰弱角30°；淀粉糊化特性（RVA）：峰值黏度2 874cP，保持黏度2 066cP，稀懈值808cP，终黏度3 171cP，回升值1 105cP，峰值时间6.5min，糊化温度68.7℃；麦谷蛋白亚基组成：n/7+8/2+12，Glu-A3a/Glu-B3g。

【已测分子标记结果】非1B/1R；八氢番茄红素合成酶（PSY）基因：YP7A标记/*PSY-A1a*；多酚氧化酶（PPO）基因：PPO33标记/*PPO-A1a*；抗白粉病基因*Pm4*、*Pm8*、*Pm13*、*Pm21*的标记均为阴性；抗叶锈病基因*Lr10*、*Lr19*、*Lr20*的标记均为阴性；光周期基因：Ppd标记/*Ppd-D1b*；春化基因：*vrn-A1*、*vrn-B1*、*vrn-D1*；穗发芽相关基因：Vp1B3标记/*Vp1B3a*。

红光头（1）

省库编号：LM 306　　国库编号：ZM 1790　　品种来源：山东牟平

【生物学习性】幼苗匍匐；弱冬性；抗寒性2⁺级；生育期246d；株高142cm；穗长10.2cm，纺锤形，无芒，红壳；白粒，角质，千粒重26.4g。

【品质特性】籽粒粗蛋白含量（干基）14.70%，赖氨酸0.37%，铁9.1mg/kg，锌12.6mg/kg，SKCS硬度指数56；面粉白度值76.1，沉降值（14%）37.8mL；面团流变学特性：形成时间4.0min，稳定时间3.4min，弱化度87BU，峰高560BU，衰弱角32°；淀粉糊化特性（RVA）：峰值黏度2 729cP，保持黏度1 878cP，稀懈值851cP，终黏度3 002cP，回升值1 124cP，峰值时间6.3min，糊化温度68.8℃；麦谷蛋白亚基组成：n/7+8/2+12，Glu-A3a/Glu-B3g。

【已测分子标记结果】非1B/1R；八氢番茄红素合成酶（PSY）基因：YP7A标记/*PSY-A1a*；多酚氧化酶（PPO）基因：PPO33标记/*PPO-A1b*；抗白粉病基因*Pm4*、*Pm8*、*Pm13*、*Pm21*的标记均为阴性；抗叶锈病基因*Lr10*、*Lr19*、*Lr20*的标记均为阴性；光周期基因：Ppd标记/*Ppd-D1b*；春化基因：*vrn-B1*、*vrn-B3*；穗发芽相关基因：Vp1B3标记/*Vp1B3a*。

小 胶 哨

省库编号：LM 307　品种来源：山东栖霞

【生物学习性】幼苗匍匐；冬性；抗寒性3⁻级；生育期247d；株高120cm；穗长9.1cm，纺锤形，无芒，白壳；白粒，角质。

【品质特性】SKCS硬度指数57；面粉白度值74.5，沉降值（14%）45.7mL；面团流变学特性：形成时间4.4min，稳定时间8.7min，弱化度52BU，峰高640BU，衰弱角19°；淀粉糊化特性（RVA）：峰值黏度2 736cP，保持黏度1 849cP，稀懈值887cP，终黏度3 056cP，回升值1 207cP，峰值时间6.3min，糊化温度67.9℃；麦谷蛋白亚基组成：n/7+8/2+12，Glu-A3a/Glu-B3g。

【已测分子标记结果】非1B/1R；八氢番茄红素合成酶（PSY）基因：YP7A标记/*PSY-A1a*；多酚氧化酶（PPO）基因：PPO33标记/*PPO-A1b*；抗白粉病基因*Pm4*、*Pm8*、*Pm13*、*Pm21*的标记均为阴性；抗叶锈病基因*Lr10*、*Lr19*、*Lr20*的标记均为阴性；光周期基因：Ppd标记/*Ppd-D1b*；春化基因：*vrn-A1*、*vrn-B1*、*vrn-B3*、*vrn-D1*；穗发芽相关基因：Vp1B3标记/*Vp1B3a*。

红秃头（4）

省库编号：LM 308　　国库编号：ZM 1720　　品种来源：山东德平[*]

【生物学习性】幼苗匍匐；冬性；抗寒性3⁻级；生育期249d；株高124cm；穗长8.0cm，圆锥形，无芒，红壳；白粒，角质，千粒重25.4g。

【品质特性】籽粒粗蛋白含量（干基）14.10%，赖氨酸0.28%，铁8.8mg/kg，锌10.4mg/kg，SKCS硬度指数54；面粉白度值73.6，沉降值（14%）31.5mL；面团流变学特性：形成时间3.3min，稳定时间2.1min，弱化度110BU，峰高640BU，衰弱角29°；淀粉糊化特性（RVA）：峰值黏度2 547cP，保持黏度1 709cP，稀懈值838cP，终黏度2 888cP，回升值1 179cP，峰值时间6.3min，糊化温度67.9℃；麦谷蛋白亚基组成：n/7+8/2，Glu-A3c/Glu-B3g。

【已测分子标记结果】非1B/1R；八氢番茄红素合成酶（PSY）基因：YP7A标记/*PSY-A1a*；多酚氧化酶（PPO）基因：PPO33标记/*PPO-A1a*；抗白粉病基因*Pm4*、*Pm8*、*Pm13*、*Pm21*的标记均为阴性；抗叶锈病基因*Lr10*、*Lr19*、*Lr20*的标记均为阴性；光周期基因：Ppd标记/*Ppd-D1b*；春化基因：*vrn-A1*、*vrn-B1*、*vrn-D1*；穗发芽相关基因：Vp1B3标记/*Vp1B3a*。

红秃头（14）

省库编号：LM 309　　国库编号：ZM 1954　　品种来源：渤海农场*

【生物学习性】幼苗匍匐；冬性；抗寒性3⁻级；生育期249d；株高135cm；穗长9.8cm，纺锤形，无芒，红壳；白粒，角质，千粒重23.0g。

【品质特性】籽粒粗蛋白含量（干基）14.90％，赖氨酸0.30％，铁14.5mg/kg，锌17.7mg/kg，SKCS硬度指数57；面粉白度值73.6，沉降值（14％）31.0mL；面团流变学特性：形成时间2.5min，稳定时间1.3min，弱化度170BU，峰高570BU，衰弱角18°；淀粉糊化特性（RVA）：峰值黏度2 534cP，保持黏度1 697cP，稀懈值837cP，终黏度2 852cP，回升值1 156cP，峰值时间6.3min，糊化温度67.8℃；麦谷蛋白亚基组成：n/7+8/2，Glu-A3a/Glu-B3g。

【已测分子标记结果】非1B/1R；八氢番茄红素合成酶（PSY）基因：YP7A标记/*PSY-A1a*；多酚氧化酶（PPO）基因：PPO33标记/*PPO-A1a*；抗白粉病基因*Pm4*、*Pm8*、*Pm13*、*Pm21*的标记均为阴性；抗叶锈病基因*Lr10*、*Lr19*、*Lr20*的标记均为阴性；光周期基因：Ppd标记/*Ppd-D1b*；春化基因：*vrn-A1*、*vrn-B1*、*vrn-D1*；穗发芽相关基因：Vp1B3标记/*Vp1B3a*。

小弓弦

省库编号：LM 310   国库编号：ZM 1801   品种来源：山东栖霞

【生物学习性】幼苗匍匐；弱冬性；抗寒性3级；生育期248d；株高135cm；穗长9.5cm，纺锤形，无芒，红壳；红粒，角质，千粒重24.7g。

【品质特性】籽粒粗蛋白含量（干基）14.50%，赖氨酸0.40%，铁9.6mg/kg，锌14.8mg/kg，SKCS硬度指数57；面粉白度值76.2，沉降值（14%）42.0mL；面团流变学特性：形成时间3.6min，稳定时间2.1min，弱化度140BU，峰高645BU，衰弱角26°；淀粉糊化特性（RVA）：峰值黏度2 482cP，保持黏度1 690cP，稀懈值792cP，终黏度2 923cP，回升值1 233cP，峰值时间6.2min，糊化温度67.9℃；麦谷蛋白亚基组成：n/7+8/5+10，Glu-A3a/Glu-B3g。

【已测分子标记结果】非1B/1R；八氢番茄红素合成酶（PSY）基因：YP7A标记/PSY-A1a；多酚氧化酶（PPO）基因：PPO33标记/PPO-A1a；抗白粉病基因Pm4、Pm8、Pm13、Pm21的标记均为阴性；抗叶锈病基因Lr10、Lr19、Lr20的标记均为阴性；春化基因：vrn-A1、vrn-B1、vrn-B3、vrn-D1；穗发芽相关基因：Vp1B3标记/Vp1B3a。

小 秃 头

省库编号：LM 311　　国库编号：ZM 1848　　品种来源：山东胶南

【生物学习性】幼苗匍匐；弱冬性；抗寒性3级；生育期248d；株高140cm；穗长8.8cm，纺锤形，无芒，红壳；白粒，角质，千粒重20.0g。

【品质特性】籽粒粗蛋白含量（干基）14.80％，赖氨酸0.34％，铁13.2mg/kg，锌19.7mg/kg，SKCS硬度指数65；面粉白度值75.6，沉降值（14％）40.4mL；面团流变学特性：形成时间4.4min，稳定时间3.5min，弱化度108BU，峰高600BU，衰弱角22°；淀粉糊化特性（RVA）：峰值黏度2 544cP，保持黏度1 716cP，稀懈值828cP，终黏度2 821cP，回升值1 105cP，峰值时间6.3min，糊化温度68.6℃；麦谷蛋白亚基组成：n/7+8/2+12，Glu-A3a/Glu-B3g。

【已测分子标记结果】非1B/1R；八氢番茄红素合成酶（PSY）基因：YP7A标记/PSY-A1a；多酚氧化酶（PPO）基因：PPO33标记/PPO-A1b；抗白粉病基因*Pm4*、*Pm8*、*Pm13*、*Pm21*的标记均为阴性；抗叶锈病基因*Lr10*、*Lr19*、*Lr20*的标记均为阴性；春化基因：*vrn-B1*、*vrn-B3*；穗发芽相关基因：Vp1B3标记/*Vp1B3a*。

北 良 麦

省库编号：LM 312　国库编号：ZM 1695　品种来源：山东五龙[*]

【生物学习性】幼苗匍匐；弱冬性；抗寒性3级；生育期248d；株高140cm；穗长9.0cm，纺锤形，无芒，红壳；红粒，角质，千粒重23.5g。

【品质特性】籽粒粗蛋白含量（干基）15.40%，赖氨酸0.38%，铁13.8mg/kg，锌24.7mg/kg，SKCS硬度指数54；面粉白度值74.2，沉降值（14%）44.6mL；面团流变学特性：形成时间5.3min，稳定时间2.6min，弱化度106BU，峰高660BU，衰弱角21°；淀粉糊化特性（RVA）：峰值黏度2 911cP，保持黏度1 954cP，稀懈值957cP，终黏度3 147cP，回升值1 193cP，峰值时间6.3min，糊化温度67.0℃；麦谷蛋白亚基组成：n/7+8/2+12，Glu-A3a/Glu-B3g。

【已测分子标记结果】非1B/1R；八氢番茄红素合成酶（PSY）基因：YP7A标记/*PSY-A1a*；多酚氧化酶（PPO）基因：PPO33标记/*PPO-A1b*；抗白粉病基因*Pm4*、*Pm8*、*Pm13*、*Pm21*的标记均为阴性；抗叶锈病基因*Lr10*、*Lr19*、*Lr20*的标记均为阴性；光周期基因：Ppd标记/*Ppd-D1b*；春化基因：*vrn-A1*、*vrn-B1*、*vrn-B3*、*vrn-D1*；穗发芽相关基因：Vp1B3标记/*Vp1B3a*。

莱 阳 棒

省库编号：LM 313　　国库编号：ZM 1744　　品种来源：山东福山

【生物学习性】幼苗匍匐；强冬性；抗寒性3级；生育期248d；株高130cm；穗长8.5cm，纺锤形，无芒，红壳；白粒，角质，千粒重22.4g。

【品质特性】籽粒粗蛋白含量（干基）13.70%，赖氨酸0.29%，铁11.0mg/kg，锌18.4mg/kg，SKCS硬度指数64；面粉白度值77.6，沉降值（14%）34.7mL；面团流变学特性：形成时间3.0min，稳定时间3.0min，弱化度121BU，峰高560BU，衰弱角12°；淀粉糊化特性（RVA）：峰值黏度2 787cP，保持黏度1 801cP，稀懈值986cP，终黏度3 110cP，回升值1 309cP，峰值时间6.2min，糊化温度67.8℃；麦谷蛋白亚基组成：n/7+8/2+12，Glu-A3c/Glu-B3g。

【已测分子标记结果】非1B/1R；八氢番茄红素合成酶（PSY）基因：YP7A标记/*PSY-A1a*；多酚氧化酶（PPO）基因：PPO33标记/*PPO-A1a*；抗白粉病基因*Pm4*、*Pm8*、*Pm13*、*Pm21*的标记均为阴性；抗叶锈病基因*Lr10*、*Lr19*、*Lr20*的标记均为阴性；光周期基因：Ppd标记/*Ppd-D1b*；春化基因：*vrn-A1*、*vrn-B1*、*vrn-B3*、*vrn-D1*；穗发芽相关基因：Vp1B3标记/*Vp1B3a*。

10cm

齐头子（2）

省库编号：LM 314　　国库编号：ZM 1795　　品种来源：山东牟平

【生物学习性】幼苗匍匐；弱冬性；抗寒性3级；生育期246d；株高125cm；穗长8.2cm，长方形，无芒，红壳；红粒，角质，千粒重20.5g。

【品质特性】籽粒粗蛋白含量（干基）15.30％，赖氨酸0.36％，铁9.4mg/kg，锌18.6mg/kg，SKCS硬度指数68；面粉白度值75.9，沉降值（14％）36.8mL；面团流变学特性：形成时间3.0min，稳定时间2.0min，弱化度110BU，峰高615BU，衰弱角29°；淀粉糊化特性（RVA）：峰值黏度2 855cP，保持黏度1 855cP，稀懈值1 000cP，终黏度2 996cP，回升值1 141cP，峰值时间6.3min，糊化温度67.8℃；麦谷蛋白亚基组成：n/7+8/2+12，Glu-A3a/Glu-B3g。

【已测分子标记结果】非1B/1R；八氢番茄红素合成酶（PSY）基因：YP7A标记/*PSY-A1a*；多酚氧化酶（PPO）基因：PPO33标记/*PPO-A1a*；抗白粉病基因*Pm4*、*Pm8*、*Pm13*、*Pm21*的标记均为阴性；抗叶锈病基因*Lr10*、*Lr19*、*Lr20*的标记均为阴性；光周期基因：Ppd标记/*Ppd-D1b*；春化基因：*vrn-A1*、*vrn-B3*、*vrn-D1*；穗发芽相关基因：Vp1B3标记/*Vp1B3b*。

高了麦

省库编号：LM 315　　国库编号：ZM 1885　　品种来源：山东莱芜

【生物学习性】幼苗匍匐；强冬性；抗寒性3级；生育期246d；株高122cm；穗长9.3cm，纺锤形，无芒，红壳；红粒，角质，千粒重25.7g。

【品质特性】籽粒粗蛋白含量（干基）15.40％，赖氨酸0.35％，铁9.7mg/kg，锌17.2mg/kg，SKCS硬度指数61；面粉白度值72.5，沉降值（14％）35.5mL；面团流变学特性：形成时间3.0min，稳定时间1.6min，弱化度140BU，峰高600BU，衰弱角28°；淀粉糊化特性（RVA）：峰值黏度2 490cP，保持黏度1 599cP，稀懈值891cP，终黏度2 868cP，回升值1 269cP，峰值时间6.1min，糊化温度67.0℃；麦谷蛋白亚基组成：n/7+8/2+12，Glu-A3a/Glu-B3g。

【已测分子标记结果】非1B/1R；八氢番茄红素合成酶（PSY）基因：YP7A标记/PSY-A1a；多酚氧化酶（PPO）基因：PPO33标记/PPO-A1a；抗白粉病基因Pm4、Pm8、Pm13、Pm21的标记均为阴性；抗叶锈病基因Lr10、Lr19、Lr20的标记均为阴性；春化基因：vrn-A1、vrn-B1、vrn-B3、vrn-D1；穗发芽相关基因：Vp1B3标记/Vp1B3a。

红蝼蛄腚

省库编号：LM 316　　　国库编号：ZM 1730　　　品种来源：山东掖县[*]

【生物学习性】幼苗匍匐；弱冬性；抗寒性3级；生育期246d；株高130cm；穗长8.9cm，长方形，无芒，红壳；白粒，角质，千粒重22.3g。

【品质特性】籽粒粗蛋白含量（干基）16.00%，赖氨酸0.30%，铁9.9mg/kg，锌12.4mg/kg，SKCS硬度指数64；面粉白度值73.9，沉降值（14%）43.1mL；面团流变学特性：形成时间3.1min，稳定时间1.8min，弱化度142BU；峰高600BU，衰弱角27°；淀粉糊化特性（RVA）：峰值黏度2 197cP，保持黏度1 609cP，稀懈值588cP，终黏度2 856cP，回升值1 237cP，峰值时间6.07min，糊化温度67.05℃；麦谷蛋白亚基组成：n/7+8/2+12，Glu-A3a/Glu-B3g。

【已测分子标记结果】非1B/1R；八氢番茄红素合成酶（PSY）基因：YP7A标记/PSY-A1a；多酚氧化酶（PPO）基因：PPO33标记/PPO-A1a；抗白粉病基因Pm4、Pm8、Pm13、Pm21的标记均为阴性；抗叶锈病基因Lr10、Lr19、Lr20的标记均为阴性；光周期基因：Ppd标记/Ppd-D1b；春化基因：vrn-A1、vrn-B1、vrn-B3、vrn-D1；穗发芽相关基因：Vp1B3标记/Vp1B3a。

秃　头　麦

省库编号：LM 317　　国库编号：ZM 2021　　品种来源：山东郓城

【生物学习性】幼苗匍匐；弱冬性；抗寒性3级；生育期245d；株高112cm；穗长8.7cm，纺锤形，无芒，红壳；红粒，角质，千粒重27.3g。

【品质特性】籽粒粗蛋白含量（干基）14.80％，赖氨酸0.29％，铁12.4mg/kg，锌14.3mg/kg，SKCS硬度指数52；面粉白度值73.7，沉降值（14％）37.3mL；面团流变学特性：形成时间3.7min，稳定时间2.1min，弱化度116BU；峰高550BU，衰弱角19°；淀粉糊化特性（RVA）：峰值黏度2 345cP，保持黏度1 670cP，稀懈值675cP，终黏度2 914cP，回升值1 244cP，峰值时间6.2min，糊化温度67.65℃；麦谷蛋白亚基组成：n/7+8/2，Glu-A3a/Glu-B3g。

【已测分子标记结果】非1B/1R；八氢番茄红素合成酶（PSY）基因：YP7A标记/PSY-A1a；多酚氧化酶（PPO）基因：PPO33标记/PPO-A1b；抗白粉病基因Pm4、Pm8、Pm13、Pm21的标记均为阴性；抗叶锈病基因Lr10、Lr19、Lr20的标记均为阴性；光周期基因：Ppd标记/Ppd-D1b；春化基因：vrn-A1、vrn-B1、vrn-B3、vrn-D1；穗发芽相关基因：Vp1B3标记/Vp1B3c。

高 燎 麦

省库编号：LM 318　　国库编号：ZM 1879　　品种来源：山东泰安

【生物学习性】幼苗匍匐；弱冬性；抗寒性3级；生育期245d；株高118cm；穗长8.9cm，纺锤形，短芒，红壳；红粒，角质，千粒重26.5g。

【品质特性】籽粒粗蛋白含量（干基）14.90%，赖氨酸0.30%，铁10.2mg/kg，锌17.2mg/kg，SKCS硬度指数49；面粉白度值75.6，沉降值（14%）25.2mL；面团流变学特性：形成时间1.3min，稳定时间1.0min，弱化度163BU，峰高560BU，衰弱角39°；淀粉糊化特性（RVA）：峰值黏度2 506cP，保持黏度1 751cP，稀懈值755cP，终黏度2 990cP，回升值1 239cP，峰值时间6.3min，糊化温度67.8℃；麦谷蛋白亚基组成：n/7/2，Glu-A3c/Glu-B3g。

【已测分子标记结果】非1B/1R；八氢番茄红素合成酶（PSY）基因：YP7A标记/*PSY-A1a*；多酚氧化酶（PPO）基因：PPO33标记/*PPO-A1a*；抗白粉病基因*Pm4*、*Pm8*、*Pm13*、*Pm21*的标记均为阴性；抗叶锈病基因*Lr10*、*Lr19*、*Lr20*的标记均为阴性；光周期基因：Ppd标记/*Ppd-D1b*；春化基因：*vrn-A1*、*vrn-B1*、*vrn-D1*；穗发芽相关基因：Vp1B3标记/*Vp1B3a*。

10cm

红粒秃头

省库编号：LM 319　　国库编号：ZM 2048　　品种来源：山东莒县

【生物学习性】幼苗匍匐；弱冬性；抗寒性3级；生育期245d；株高120cm；穗长9.4cm，纺锤形，无芒，红壳，红粒，角质，千粒重26.8g。

【品质特性】籽粒粗蛋白含量（干基）14.70%，赖氨酸0.34%，铁8.9mg/kg，锌19.2mg/kg，SKCS硬度指数57；面粉白度值75.0，沉降值（14%）42.5mL；面团流变学特性：形成时间3.4min，稳定时间2.0min，弱化度116BU；麦谷蛋白亚基组成：n/7+9/2+12，Glu-A3c/Glu-B3g。

【已测分子标记结果】非1B/1R；八氢番茄红素合成酶（PSY）基因：YP7A标记/*PSY-A1a*；多酚氧化酶（PPO）基因：PPO33标记/*PPO-A1a*；抗白粉病基因*Pm4*、*Pm8*、*Pm13*、*Pm21*的标记均为阴性；抗叶锈病基因*Lr10*、*Lr19*、*Lr20*的标记均为阴性；光周期基因：Ppd标记/*Ppd-D1b*；春化基因：*vrn-A1*、*vrn-B1*、*vrn-B3*、*vrn-D1*；穗发芽相关基因：Vp1B3标记/*Vp1B3a*。

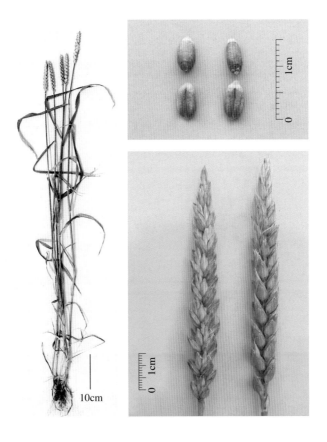

靠山黄

省库编号：LM 320　　国库编号：ZM 1932　　品种来源：山东广饶

【生物学习性】幼苗匍匐；冬性；抗寒性3⁻级；生育期247d；株高128cm；穗长8.5cm，纺锤形，无芒，红壳；白粒，角质，千粒重22.0g。

【品质特性】籽粒粗蛋白含量（干基）15.90%，赖氨酸0.31%，铁16.0mg/kg，锌21.8mg/kg，SKCS硬度指数56；面粉白度值76.5，沉降值（14%）45.2mL；面团流变学特性：形成时间4.0min，稳定时间2.7min，弱化度110BU，峰高645BU，衰弱角21°；淀粉糊化特性（RVA）：峰值黏度2 839cP，保持黏度1 829cP，稀懈值1 010cP，终黏度3 035cP，回升值1 206cP，峰值时间6.2min，糊化温度68.7℃；麦谷蛋白亚基组成：n/7+8/2+12，Glu-A3a/Glu-B3g。

【已测分子标记结果】非1B/1R；八氢番茄红素合成酶（PSY）基因：YP7A标记/*PSY-A1a*；多酚氧化酶（PPO）基因：PPO33标记/*PPO-A1a*；抗白粉病基因*Pm4*、*Pm8*、*Pm13*、*Pm21*的标记均为阴性；抗叶锈病基因*Lr10*、*Lr19*、*Lr20*的标记均为阴性；光周期基因：Ppd标记/*Ppd-D1b*；春化基因：*vrn-A1*、*vrn-B1*、*vrn-B3*、*vrn-D1*；穗发芽相关基因：Vp1B3标记/*Vp1B3a*。

10cm

大 红 皮

省库编号：LM 321　　国库编号：ZM 1820　　品种来源：山东平度

【生物学习性】幼苗匍匐；强冬性；抗寒性2级；生育期246d；株高130cm；穗长8.4cm，圆锥形，无芒，红壳；红粒，角质，千粒重24.0g。

【品质特性】籽粒粗蛋白含量（干基）15.70%，赖氨酸0.34%，铁15.0mg/kg，锌16.1mg/kg，SKCS硬度指数55；面粉白度值74.7，沉降值（14%）49.8mL；面团流变学特性：形成时间3.6min，稳定时间2.8min，弱化度104BU，峰高615BU，衰弱角15°；淀粉糊化特性（RVA）：峰值黏度2 745cP，保持黏度1 886cP，稀懈值859cP，终黏度3 027cP，回升值1 141cP，峰值时间6.4min，糊化温度68.7℃；麦谷蛋白亚基组成：n/6*+8/2+12，Glu-A3c/Glu-B3g。

【已测分子标记结果】非1B/1R；八氢番茄红素合成酶（PSY）基因：YP7A标记/*PSY-A1a*；多酚氧化酶（PPO）基因：PPO33标记/*PPO-A1a*；抗白粉病基因*Pm4*、*Pm8*、*Pm13*、*Pm21*的标记均为阴性；抗叶锈病基因*Lr10*、*Lr19*、*Lr20*的标记均为阴性；光周期基因：Ppd标记/*Ppd-D1b*；春化基因：*vrn-A1*、*vrn-B1*、*vrn-B3*、*vrn-D1*；穗发芽相关基因：Vp1B3标记/*Vp1B3a*。

10cm

红秃头（6）

省库编号：LM 322　　国库编号：ZM 1833　　品种来源：山东昌邑

【生物学习性】幼苗匍匐；冬性；抗寒性2$^+$级；生育期245d；株高125cm；穗长10.1cm，纺锤形，无芒，红壳；白粒，角质，千粒重26.5g。

【品质特性】籽粒粗蛋白含量（干基）14.30%，赖氨酸0.29%，SKCS硬度指数59；面粉白度值74.3；面团流变学特性：形成时间3.5min，稳定时间2.5min，弱化度115BU；麦谷蛋白亚基组成：n/7+8/2+12，Glu-A3e/Glu-B3g。

【已测分子标记结果】非1B/1R；八氢番茄红素合成酶（PSY）基因：YP7A标记/*PSY-A1a*；多酚氧化酶（PPO）基因：PPO33标记/*PPO-A1a*；抗白粉病基因*Pm4*、*Pm8*、*Pm13*、*Pm21*的标记均为阴性；抗叶锈病基因*Lr10*、*Lr19*、*Lr20*的标记均为阴性；光周期基因：Ppd标记/*Ppd-D1b*；春化基因：*vrn-A1*、*vrn-B1*、*vrn-B3*、*vrn-D1*；穗发芽相关基因：Vp1B3标记/*Vp1B3a*。

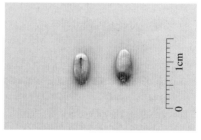

秃头红

省库编号：LM 323　　国库编号：ZM 1872　　品种来源：山东寿光

【生物学习性】幼苗匍匐；冬性；抗寒性2级；生育期244d；株高128cm；穗长10.0cm，纺锤形，无芒，红壳；红粒，角质，千粒重26.4g。

【品质特性】籽粒粗蛋白含量（干基）15.60%，赖氨酸0.41%，铁7.4mg/kg，锌8.0mg/kg，SKCS硬度指数60；面粉白度值72.8，沉降值（14%）41.0mL；面团流变学特性：形成时间3.0min，稳定时间2.5min，弱化度118BU，峰高575BU，衰弱角24°；淀粉糊化特性（RVA）：峰值黏度2 771cP，保持黏度1 925cP，稀懈值846cP，终黏度3 071cP，回升值1 146cP，峰值时间6.3min，糊化温度68.6℃；麦谷蛋白亚基组成：n/6*+8/2+12，Glu-A3c/Glu-B3g。

【已测分子标记结果】非1B/1R；八氢番茄红素合成酶（PSY）基因：YP7A标记/PSY-A1a；多酚氧化酶（PPO）基因：PPO33标记/PPO-A1a；抗白粉病基因Pm4、Pm8、Pm13、Pm21的标记均为阴性；抗叶锈病基因Lr10、Lr19、Lr20的标记均为阴性；光周期基因：Ppd标记/Ppd-D1b；春化基因：vrn-A1、vrn-D1；穗发芽相关基因：Vp1B3标记/Vp1B3a。

10cm

1cm

红秃头（8）

省库编号：LM 324　　国库编号：ZM 1851　　品种来源：山东胶南

【生物学习性】幼苗匍匐；冬性；抗寒性2⁺级；生育期245d；株高128cm；穗长9.1cm，纺锤形，无芒，红壳，红粒，角质，千粒重20.4g。

【品质特性】籽粒粗蛋白含量（干基）13.70%，赖氨酸0.32%，铁15.7mg/kg，锌19.3mg/kg，SKCS硬度指数62；面粉白度值73.6，沉降值（14%）39.1mL；面团流变学特性：形成时间3.7min，稳定时间2.2min，弱化度116BU，峰高570BU，衰弱角19°；淀粉糊化特性（RVA）：峰值黏度2 736cP，保持黏度1 831cP，稀懈值905cP，终黏度3 018cP，回升值1 187cP，峰值时间6.3min，糊化温度67.9℃；麦谷蛋白亚基组成：n/7+8/2+12，Glu-A3c/Glu-B3g。

【已测分子标记结果】非1B/1R；八氢番茄红素合成酶（PSY）基因：YP7A标记/*PSY-A1a*；多酚氧化酶（PPO）基因：PPO33标记/*PPO-A1a*；抗白粉病基因*Pm4*、*Pm8*、*Pm13*、*Pm21*的标记均为阴性；抗叶锈病基因*Lr10*、*Lr19*、*Lr20*的标记均为阴性；光周期基因：Ppd标记/*Ppd-D1b*；春化基因：*vrn-A1*、*vrn-B1*、*vrn-B3*、*vrn-D1*；穗发芽相关基因：Vp1B3标记/*Vp1B3a*。

枣 园 寺

省库编号：LM 325　　国库编号：ZM 1763　　品种来源：山东即墨

【生物学习性】幼苗匍匐；弱冬性；抗寒性3级；生育期244d；株高130cm；穗长8.9cm，纺锤形，无芒，红壳；红粒，角质，千粒重23.0g。

【品质特性】籽粒粗蛋白含量（干基）13.90%，赖氨酸0.34%，铁10.6mg/kg，锌13.2mg/kg，SKCS硬度指数57；面粉白度值76.1，沉降值（14%）43.1mL；面团流变学特性：形成时间3.9min，稳定时间2.2min，弱化度100BU，峰高540BU，衰弱角14°；淀粉糊化特性（RVA）：峰值黏度2 786cP，保持黏度1 854cP，稀懈值932cP，终黏度3 045cP，回升值1 191cP，峰值时间6.3min，糊化温度67.9℃；麦谷蛋白亚基组成：n/7+8/2+12，Glu-A3a/Glu-B3g。

【已测分子标记结果】非1B/1R；八氢番茄红素合成酶（PSY）基因：YP7A标记/*PSY-A1a*；多酚氧化酶（PPO）基因：PPO33标记/*PPO-A1b*；抗白粉病基因*Pm4*、*Pm8*、*Pm13*、*Pm21*的标记均为阴性；抗叶锈病基因*Lr10*、*Lr19*、*Lr20*的标记均为阴性；光周期基因：Ppd标记/*Ppd-D1b*；春化基因：*vrn-A1*、*vrn-B1*、*vrn-B3*、*vrn-D1*；穗发芽相关基因：Vp1B3标记/*Vp1B3a*。

脖儿青

省库编号：LM 326 国库编号：ZM 1768 品种来源：山东即墨

【生物学习性】幼苗匍匐；冬性；抗寒性 3^+ 级；生育期246d；株高138cm；穗长7.8cm，纺锤形，无芒，红壳；白粒，角质，千粒重26.2g。

【品质特性】籽粒粗蛋白含量（干基）15.00%，赖氨酸0.35%，铁20.1mg/kg，锌26.6mg/kg，SKCS硬度指数55；面粉白度值73.7，沉降值（14%）46.2mL；面团流变学特性：形成时间3.0min，稳定时间1.9min，弱化度128BU；峰高620BU，衰弱角17°；淀粉糊化特性（RVA）：峰值黏度2 992cP，保持黏度1 984cP，稀懈值1 008cP，终黏度3 193cP，回升值1 209cP，峰值时间6.3min，糊化温度66.9℃；麦谷蛋白亚基组成：n/7+8/2+12，Glu-A3a/Glu-B3g。

【已测分子标记结果】非1B/1R；八氢番茄红素合成酶（PSY）基因：YP7A标记/PSY-A1a；多酚氧化酶（PPO）基因：PPO33标记/PPO-A1b；抗白粉病基因Pm4、Pm8、Pm13、Pm21的标记均为阴性；抗叶锈病基因Lr10、Lr19、Lr20的标记均为阴性；光周期基因：Ppd标记/Ppd-D1b；春化基因：vrn-A1、vrn-B1、vrn-B3、vrn-D1；穗发芽相关基因：Vp1B3标记/Vp1B3a。

金 巴 齿

省库编号：LM 327　　国库编号：ZM 1769　　品种来源：山东即墨

【生物学习性】幼苗匍匐；弱冬性；抗寒性3⁻级；生育期245d；株高135cm；穗长9.2cm，纺锤形，无芒，红壳；红粒，角质，千粒重30.3g。

【品质特性】籽粒粗蛋白含量（干基）14.20％，赖氨酸0.34％，铁12.4mg/kg，锌16.7mg/kg，SKCS硬度指数54；面粉白度值76.1，沉降值（14%）41.0mL；面团流变学特性：形成时间3.1min，稳定时间2.3min，弱化度110BU，峰高595BU，衰弱角21°；淀粉糊化特性（RVA）：峰值黏度2 677cP，保持黏度1 832cP，稀懈值845cP，终黏度3 067cP，回升值1 235cP，峰值时间6.3min，糊化温度67.9℃；麦谷蛋白亚基组成：n/7+8/2+12，Glu-A3a/Glu-B3g。

【已测分子标记结果】非1B/1R；八氢番茄红素合成酶（PSY）基因：YP7A标记/*PSY-A1a*；多酚氧化酶（PPO）基因：PPO33标记/*PPO-A1b*；抗白粉病基因*Pm4*、*Pm8*、*Pm13*、*Pm21*的标记均为阴性；抗叶锈病基因*Lr10*、*Lr19*、*Lr20*的标记均为阴性；春化基因：*vrn-A1*、*vrn-B1*、*vrn-B3*、*vrn-D1*；穗发芽相关基因：Vp1B3标记/*Vp1B3a*。

红光头（2）

省库编号：LM 328　　国库编号：ZM 1692　　品种来源：山东青岛

【生物学习性】幼苗匍匐；冬性；抗寒性3级；生育期246d；株高124cm；穗长8.7cm，纺锤形，无芒，红壳；红粒，角质，千粒重24.7g。

【品质特性】籽粒粗蛋白含量（干基）14.20%，赖氨酸0.34%，铁14.2mg/kg，锌19.1mg/kg，SKCS硬度指数57；面粉白度值75.7，沉降值（14%）43.9mL；面团流变学特性：形成时间3.7min，稳定时间3.1min，弱化度85BU，峰高580BU，衰弱角19°；淀粉糊化特性（RVA）：峰值黏度2 757cP，保持黏度1 790cP，稀懈值967cP，终黏度3 030cP，回升值1 240cP，峰值时间6.2min，糊化温度67.9℃；麦谷蛋白亚基组成：n/7+8/2+12，Glu-A3a/Glu-B3g。

【已测分子标记结果】非1B/1R；八氢番茄红素合成酶（PSY）基因：YP7A标记/*PSY-A1a*；多酚氧化酶（PPO）基因：PPO33标记/*PPO-A1b*；抗白粉病基因*Pm4*、*Pm8*、*Pm13*、*Pm21*的标记均为阴性；抗叶锈病基因*Lr10*、*Lr19*、*Lr20*的标记均为阴性；光周期基因：Ppd标记/*Ppd-D1b*；春化基因：*vrn-A1*、*vrn-B1*、*vrn-B3*、*vrn-D1*；穗发芽相关基因：Vp1B3标记/*Vp1B3a*。

红 了 麦

省库编号：LM 329　　国库编号：ZM 1731　　品种来源：山东掖县[*]

【生物学习性】幼苗匍匐；强冬性；抗寒性2^+级；生育期245d；株高130cm；穗长9.0cm，圆锥形，无芒，红壳；红粒，角质，千粒重24.0g。

【品质特性】籽粒粗蛋白含量（干基）14.60%，赖氨酸0.32%，铁10.4mg/kg，锌11.2mg/kg，SKCS硬度指数64；面粉白度值74.3，沉降值（14%）46.0mL；面团流变学特性：形成时间3.7min，稳定时间2.0min，弱化度116BU；峰高650BU，衰弱角20°；淀粉糊化特性（RVA）：峰值黏度2 618cP，保持黏度1 844cP，稀懈值774cP，终黏度3 018cP，回升值1 174cP，峰值时间6.4min，糊化温度67.9℃；麦谷蛋白亚基组成：n/6[*]+8/2+12，Glu-A3a/Glu-B3g。

【已测分子标记结果】非1B/1R；八氢番茄红素合成酶（PSY）基因：YP7A标记/*PSY-A1a*；多酚氧化酶（PPO）基因：PPO33标记/*PPO-A1a*；抗白粉病基因*Pm4*、*Pm8*、*Pm13*、*Pm21*的标记均为阴性；抗叶锈病基因*Lr10*、*Lr19*、*Lr20*的标记均为阴性；光周期基因：Ppd标记/*Ppd-D1b*；春化基因：*vrn-A1*、*vrn-B1*、*vrn-B3*、*vrn-D1*；穗发芽相关基因：Vp1B3标记/*Vp1B3a*。

光头红麦

省库编号：LM 330　　国库编号：ZM 1788　　品种来源：山东招远

【生物学习性】幼苗匍匐；冬性；抗寒性3级；生育期244d；株高130cm；穗长8.5cm，纺锤形，无芒，红壳；红粒，角质，千粒重24.0g。

【品质特性】籽粒粗蛋白含量（干基）14.90%，赖氨酸0.31%，铁7.3mg/kg，锌7.0mg/kg，SKCS硬度指数59；面粉白度值75.9，沉降值（14%）44.1mL；面团流变学特性：形成时间3.7min，稳定时间2.3min，弱化度110BU，峰高605BU，衰弱角22°；淀粉糊化特性（RVA）：峰值黏度2 525cP，保持黏度1 738cP，稀懈值787cP，终黏度2 962cP，回升值1 224cP，峰值时间6.2min，糊化温度67.8℃；麦谷蛋白亚基组成：n/7/2+12，Glu-A3a/Glu-B3d。

【已测分子标记结果】非1B/1R；八氢番茄红素合成酶（PSY）基因：YP7A标记/*PSY-A1a*；多酚氧化酶（PPO）基因：PPO33标记/*PPO-A1a*；抗白粉病基因*Pm4*、*Pm8*、*Pm13*、*Pm21*的标记均为阴性；抗叶锈病基因*Lr10*、*Lr19*、*Lr20*的标记均为阴性；光周期基因：Ppd标记/*Ppd-D1b*；春化基因：*vrn-A1*、*vrn-B1*、*vrn-B3*、*vrn-D1*；穗发芽相关基因：Vp1B3标记/*Vp1B3a*。

秃头小麦

省库编号：LM·331　　国库编号：ZM 1787　　品种来源：山东招远

【生物学习性】幼苗匍匐；弱冬性；抗寒性3级；生育期245d；株高135cm；穗长9.1cm，纺锤形，无芒，红壳；红粒，角质，千粒重24.5g。

【品质特性】籽粒粗蛋白含量（干基）15.30%，赖氨酸0.29%，铁10.3mg/kg，锌16.8mg/kg，SKCS硬度指数56；面粉白度值73.9，沉降值（14%）46.0mL；面团流变学特性：形成时间3.6min，稳定时间2.5min，弱化度111BU；峰高600BU，衰弱角29°；淀粉糊化特性（RVA）：峰值黏度2 605cP，保持黏度1 771cP，稀懈值834cP，终黏度2 931cP，回升值1 160cP，峰值时间6.3min，糊化温度67.8℃；麦谷蛋白亚基组成：n/7+8/2+12，Glu-A3a/Glu-B3g。

【已测分子标记结果】非1B/1R；八氢番茄红素合成酶（PSY）基因：YP7A标记/*PSY-A1a*；多酚氧化酶（PPO）基因：PPO33标记/*PPO-A1b*；抗白粉病基因*Pm4*、*Pm8*、*Pm13*、*Pm21*的标记均为阴性；抗叶锈病基因*Lr10*、*Lr19*、*Lr20*的标记均为阴性；光周期基因：Ppd标记/*Ppd-D1b*；春化基因：*vrn-A1*、*vrn-B1*、*vrn-B3*、*vrn-D1*；穗发芽相关基因：Vp1B3标记/*Vp1B3a*。

火麦 (3)

省库编号：LM 332　　国库编号：ZM 1735　　品种来源：山东黄县[*]

【生物学习性】幼苗匍匐；弱冬性；抗寒性2级；生育期245d；株高125cm；穗长10.0cm，纺锤形，无芒，红壳；红粒，角质，千粒重24.0g。

【品质特性】籽粒粗蛋白含量（干基）15.10%，赖氨酸0.30%，铁17.7mg/kg，锌14.1mg/kg，SKCS硬度指数59；面粉白度值73.0，沉降值（14%）44.6mL；面团流变学特性：形成时间4.4min，稳定时间2.0min，弱化度110BU，峰高600BU，衰弱角28°；淀粉糊化特性（RVA）：峰值黏度2 661cP，保持黏度1 800cP，稀懈值861cP，终黏度2 954cP，回升值1 154cP，峰值时间6.3min，糊化温度67.8℃；麦谷蛋白亚基组成：n/6*+8/2+12，Glu-A3a/Glu-B3g。

【已测分子标记结果】非1B/1R；八氢番茄红素合成酶（PSY）基因：YP7A标记/*PSY-A1a*；多酚氧化酶（PPO）基因：PPO33标记/*PPO-A1b*；抗白粉病基因*Pm4*、*Pm8*、*Pm13*、*Pm21*的标记均为阴性；抗叶锈病基因*Lr10*、*Lr19*、*Lr20*的标记均为阴性；光周期基因：Ppd标记/*Ppd-D1b*；春化基因：*vrn-A1*、*vrn-B1*、*vrn-B3*、*vrn-D1*；穗发芽相关基因：Vp1B3标记/*Vp1B3a*。

大弓弦（2）

省库编号：LM 333　　国库编号：ZM 1800　　品种来源：山东栖霞

【生物学习性】幼苗匍匐；弱冬性；抗寒性3级；生育期245d；株高128cm；穗长8.4cm，纺锤形，无芒，红壳；红粒，角质，千粒重22.0g。

【品质特性】籽粒粗蛋白含量（干基）14.10%，赖氨酸0.32%，铁18.3mg/kg，锌20.0mg/kg，SKCS硬度指数60；面粉白度值74.7，沉降值（14%）45.7mL；面团流变学特性：形成时间4.3min，稳定时间7.2min，弱化度55BU；峰高595BU，衰弱角29°；淀粉糊化特性（RVA）：峰值黏度2 736cP，保持黏度1 755cP，稀懈值981cP，终黏度3 039cP，回升值1 284cP，峰值时间6.1min，糊化温度67.9℃；麦谷蛋白亚基组成：n/7/2+12，Glu-A3a/Glu-B3g。

【已测分子标记结果】非1B/1R；八氢番茄红素合成酶（PSY）基因：YP7A标记/*PSY-A1a*；多酚氧化酶（PPO）基因：PPO33标记/*PPO-A1b*；抗白粉病基因*Pm4*、*Pm8*、*Pm13*、*Pm21*的标记均为阴性；抗叶锈病基因*Lr10*、*Lr19*、*Lr20*的标记均为阴性；春化基因：*vrn-A1*、*vrn-B1*、*vrn-B3*、*vrn-D1*；穗发芽相关基因：Vp1B3标记/*Vp1B3a*。

大弓弦（1）

省库编号：LM 334　　国库编号：ZM 1693　　品种来源：山东烟台

【生物学习性】幼苗匍匐；强冬性；抗寒性2^+级；生育期245d；株高145cm；穗长9.7cm，纺锤形，无芒，红壳；红粒，角质，千粒重29.8g。

【品质特性】籽粒粗蛋白含量（干基）14.10%，赖氨酸0.31%，铁10.9mg/kg，锌13.7mg/kg，SKCS硬度指数62；面粉白度值73.3，沉降值（14%）46.2mL；面团流变学特性：形成时间3.7min，稳定时间2.5min，弱化度106BU，峰高640BU，衰弱角20°；淀粉糊化特性（RVA）：峰值黏度2 779cP，保持黏度1 860cP，稀懈值919cP，终黏度3 042cP，回升值1 182cP，峰值时间6.3min，糊化温度67.8℃；麦谷蛋白亚基组成：n/7+8/2+12，Glu-A3c/Glu-B3g。

【已测分子标记结果】非1B/1R；八氢番茄红素合成酶（PSY）基因：YP7A标记/PSY-A1a；多酚氧化酶（PPO）基因：PPO33标记/PPO-A1a；抗白粉病基因Pm4、Pm8、Pm13、Pm21的标记均为阴性；抗叶锈病基因Lr10、Lr19、Lr20的标记均为阴性；光周期基因：Ppd标记/Ppd-D1b；春化基因：vrn-A1、vrn-B1、vrn-B3、vrn-D1；穗发芽相关基因：Vp1B3标记/Vp1B3a。

二弓弦

省库编号：LM 335　　国库编号：ZM 1793　　品种来源：山东牟平

【生物学习性】幼苗匍匐；强冬性；抗寒性3级；生育期248d；株高135cm；穗长10.1cm，纺锤形，无芒，红壳；红粒，角质，千粒重28.7g。

【品质特性】籽粒粗蛋白含量（干基）14.20%，赖氨酸0.38%，铁21.4mg/kg，锌20.1mg/kg，SKCS硬度指数53；面粉白度值75.8，沉降值（14%）45.7mL；面团流变学特性：形成时间4.5min，稳定时间2.0min，弱化度110BU，峰高590BU，衰弱角14°；淀粉糊化特性（RVA）：峰值黏度2 776cP，保持黏度1 847cP，稀懈值929cP，终黏度3 034cP，回升值1 187cP，峰值时间6.3min，糊化温度67.9℃；麦谷蛋白亚基组成：n/7+8/2+12，Glu-A3c/Glu-B3g。

【已测分子标记结果】非1B/1R；八氢番茄红素合成酶（PSY）基因：YP7A标记/*PSY-A1a*；多酚氧化酶（PPO）基因：PPO33标记/*PPO-A1b*；抗白粉病基因*Pm4*、*Pm8*、*Pm13*、*Pm21*的标记均为阴性；抗叶锈病基因*Lr10*、*Lr19*、*Lr20*的标记均为阴性；光周期基因：Ppd标记/*Ppd-D1b*；春化基因：*vrn-A1*、*vrn-B1*、*vrn-B3*、*vrn-D1*；穗发芽相关基因：Vp1B3标记/*Vp1B3a*。

红糠白（2）

省库编号：LM 336　　国库编号：ZM 1791　　品种来源：山东牟平

【生物学习性】幼苗匍匐；强冬性；抗寒性3级；生育期248d；株高140cm；穗长9.8cm，纺锤形，无芒，红壳；红粒，角质，千粒重25.7g。

【品质特性】籽粒粗蛋白含量（干基）14.50%，赖氨酸0.31%，SKCS硬度指数65；面团流变学特性：形成时间4.5min，稳定时间3.8min，弱化度104BU；麦谷蛋白亚基组成：n/7+8/2+12，Glu-A3a/Glu-B3g。

【已测分子标记结果】非1B/1R；八氢番茄红素合成酶（PSY）基因：YP7A标记/PSY-A1a；多酚氧化酶（PPO）基因：PPO33标记/PPO-A1a；抗白粉病基因Pm4、Pm8、Pm13、Pm21的标记均为阴性；抗叶锈病基因Lr10、Lr19、Lr20的标记均为阴性；光周期基因：Ppd标记/Ppd-D1b；春化基因：vrn-B1、vrn-B3；穗发芽相关基因：Vp1B3标记/Vp1B3a。

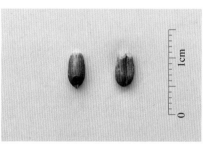

莱阳黄麦

省库编号：LM 337　　国库编号：ZM 1796　　品种来源：山东牟平

【生物学习性】幼苗匍匐；强冬性；抗寒性3级；生育期248d；株高140cm；穗长9.8cm，纺锤形，无芒，红壳；红粒，角质，千粒重24.0g。

【品质特性】籽粒粗蛋白含量（干基）14.70％，赖氨酸0.37％，铁13.4mg/kg，锌20.1mg/kg，SKCS硬度指数61；面粉白度值76.5，沉降值（14％）41.0mL；面团流变学特性：形成时间4.0min，稳定时间2.9min，弱化度96BU，峰高550BU，衰弱角13°；淀粉糊化特性（RVA）：峰值黏度2 797cP，保持黏度1 792cP，稀懈值1 005cP，终黏度3 022cP，回升值1 230cP，峰值时间6.2min，糊化温度68.8℃；麦谷蛋白亚基组成：n/7+8/2+12，Glu-A3a/Glu-B3g。

【已测分子标记结果】非1B/1R；八氢番茄红素合成酶（PSY）基因：YP7A标记/*PSY-A1a*；多酚氧化酶（PPO）基因：PPO33标记/*PPO-A1a*；抗白粉病基因*Pm4*、*Pm8*、*Pm13*、*Pm21*的标记均为阴性；抗叶锈病基因*Lr10*、*Lr19*、*Lr20*的标记均为阴性；光周期基因：Ppd标记/*Ppd-D1b*；春化基因：*vrn-A1*、*vrn-B1*、*vrn-B3*、*vrn-D1*；穗发芽相关基因：Vp1B3标记/*Vp1B3a*。

老 金 麦

省库编号：LM 338　　国库编号：ZM 1799　　品种来源：山东海阳

【生物学习性】幼苗匍匐；弱冬性；抗寒性3级；生育期248d；株高130cm；穗长9.8cm，纺锤形，无芒，红壳；红粒，角质，千粒重23.3g。

【品质特性】籽粒粗蛋白含量（干基）15.10%，赖氨酸0.39%，铁11.6mg/kg，锌16.0mg/kg，SKCS硬度指数71；面粉白度值73.5，沉降值（14%）44.1mL；面团流变学特性：形成时间4.0min，稳定时间1.7min，弱化度121BU，峰高620BU，衰弱角26°；淀粉糊化特性（RVA）：峰值黏度2 658cP，保持黏度1 781cP，稀懈值877cP，终黏度2 974cP，回升值1 193cP，峰值时间6.3min，糊化温度67.9℃；麦谷蛋白亚基组成：n/7+8/2+12，Glu-A3a/Glu-B3g。

【已测分子标记结果】非1B/1R；八氢番茄红素合成酶（PSY）基因：YP7A标记/*PSY-A1a*；多酚氧化酶（PPO）基因：PPO33标记/*PPO-A1b*；抗白粉病基因*Pm4*、*Pm8*、*Pm13*、*Pm21*的标记均为阴性；抗叶锈病基因*Lr10*、*Lr19*、*Lr20*的标记均为阴性；光周期基因：Ppd标记/*Ppd-D1b*；春化基因：*vrn-A1*、*vrn-B1*、*vrn-B3*、*vrn-D1*；穗发芽相关基因：Vp1B3标记/*Vp1B3a*。

老红土小麦

省库编号：LM 339　国库编号：ZM 1797　品种来源：山东海阳

【生物学习性】幼苗匍匐；弱冬性；抗寒性3级；生育期246d；株高135cm；穗长9.1cm，纺锤形，顶芒，红壳；红粒，角质，千粒重26.5g。

【品质特性】籽粒粗蛋白含量（干基）14.30%，赖氨酸0.44%，铁13.2mg/kg，锌22.5mg/kg，SKCS硬度指数60；面粉白度值75.3，沉降值（14%）41.5mL；面团流变学特性：形成时间6.0min，稳定时间2.8min，弱化度76BU，峰高540BU，衰弱角14°；淀粉糊化特性（RVA）：峰值黏度2 836cP，保持黏度1 855cP，稀懈值981cP，终黏度3 013cP，回升值1 158cP，峰值时间6.3min，糊化温度67.6℃；麦谷蛋白亚基组成：n/7+8/2+12，Glu-A3a/Glu-B3g。

【已测分子标记结果】非1B/1R；八氢番茄红素合成酶（PSY）基因：YP7A标记/*PSY-A1a*；多酚氧化酶（PPO）基因：PPO33标记/*PPO-A1a*；抗白粉病基因*Pm4*、*Pm8*、*Pm13*、*Pm21*的标记均为阴性；抗叶锈病基因*Lr10*、*Lr19*、*Lr20*的标记均为阴性；光周期基因：Ppd标记/*Ppd-D1b*；春化基因：*vrn-A1*、*vrn-B1*、*vrn-B3*、*vrn-D1*；穗发芽相关基因：Vp1B3标记/*Vp1B3a*。

莱阳秋

省库编号：LM 340　　国库编号：ZM 1747　　品种来源：山东福山

【生物学习性】幼苗匍匐；弱冬性；抗寒性3级；生育期248d；株高132cm；穗长8.6cm，纺锤形，无芒，红壳；红粒，角质，千粒重23.0g。

【品质特性】籽粒粗蛋白含量（干基）14.80%，赖氨酸0.32%，铁13mg/kg，锌13.9mg/kg，SKCS硬度指数67；面粉白度值76.7，沉降值（14%）35.2mL；面团流变学特性：形成时间4.5min，稳定时间3.5min，弱化度79BU，峰高520BU，衰弱角21°；淀粉糊化特性（RVA）：峰值黏度2 884cP，保持黏度1 825cP，稀懈值1 059cP，终黏度3 044cP，回升值1 219cP，峰值时间6.3min，糊化温度68.6℃；麦谷蛋白亚基组成：n/7+8/2+12，Glu-A3a/Glu-B3g。

【已测分子标记结果】非1B/1R；八氢番茄红素合成酶（PSY）基因：YP7A标记/PSY-A1a；多酚氧化酶（PPO）基因：PPO33标记/PPO-A1a；抗白粉病基因Pm4、Pm8、Pm13、Pm21的标记均为阴性；抗叶锈病基因Lr10、Lr19、Lr20的标记均为阴性；光周期基因：Ppd标记/Ppd-D1b；春化基因：vrn-A1、vrn-B3、vrn-D1；穗发芽相关基因：Vp1B3标记/Vp1B3a。

红秃小麦（2）

省库编号：LM 341　　国库编号：ZM 1745　　品种来源：山东福山

【生物学习性】幼苗匍匐；强冬性；抗寒性3级；生育期248d；株高120cm；穗长9.1cm，纺锤形，顶芒，红壳；红粒，角质，千粒重26.0g。

【品质特性】籽粒粗蛋白含量（干基）16.30%，赖氨酸0.26%，铁12.4mg/kg，锌16.8mg/kg，SKCS硬度指数58；面粉白度值75.1，沉降值（14%）39.9mL；面团流变学特性：形成时间3.5min，稳定时间1.5min，弱化度116BU，峰高585BU，衰弱角27°；淀粉糊化特性（RVA）：峰值黏度2 824cP，保持黏度1 837cP，稀懈值987cP，终黏度3 032cP，回升值1 195cP，峰值时间6.3min，糊化温度67.8℃；麦谷蛋白亚基组成：n/7+8/2+12，Glu-A3a/Glu-B3g。

【已测分子标记结果】非1B/1R；八氢番茄红素合成酶（PSY）基因：YP7A标记/PSY-A1a；多酚氧化酶（PPO）基因：PPO33标记/PPO-A1a；抗白粉病基因Pm4、Pm8、Pm13、Pm21的标记均为阴性；抗叶锈病基因Lr10、Lr19、Lr20的标记均为阴性；光周期基因：Ppd标记/Ppd-D1b；春化基因：vrn-A1、vrn-B1、vrn-B3、vrn-D1；穗发芽相关基因：Vp1B3标记/Vp1B3a。

红秃头（5）

省库编号：LM 342　　国库编号：ZM 1746　　品种来源：山东福山

【生物学习性】幼苗匍匐；弱冬性；抗寒性3⁺级；生育期244d；株高100cm；穗长7.3cm，纺锤形，无芒，红壳；红粒，角质，千粒重20.8g。

【品质特性】籽粒粗蛋白含量（干基）14.70%，赖氨酸0.29%，铁16.2mg/kg，锌17.0mg/kg，SKCS硬度指数59；面粉白度值75.0，沉降值（14%）41.5mL；面团流变学特性：形成时间4.5min，稳定时间3.5min，弱化度79BU，峰高550BU，衰弱角24°；淀粉糊化特性（RVA）：峰值黏度2 771cP，保持黏度1 767cP，稀懈值1 004cP，终黏度3 084cP，回升值1 317cP，峰值时间6.1min，糊化温度67.8℃；麦谷蛋白亚基组成：n/6⁺+8/2+12，Glu-A3a/Glu-B3g。

【已测分子标记结果】非1B/1R；八氢番茄红素合成酶（PSY）基因：YP7A标记/*PSY-A1a*；多酚氧化酶（PPO）基因：PPO33标记/*PPO-A1b*；抗白粉病基因*Pm4*、*Pm8*、*Pm13*、*Pm21*的标记均为阴性；抗叶锈病基因*Lr10*、*Lr19*、*Lr20*的标记均为阴性；光周期基因：Ppd标记/*Ppd-D1b*；春化基因：*vrn-A1*、*vrn-B3*、*vrn-D1*；穗发芽相关基因：Vp1B3标记/*Vp1B3a*。

白秃头（5）

省库编号：LM 343　　国库编号：ZM 1770　　品种来源：山东荣成

【生物学习性】幼苗匍匐；弱冬性；抗寒性3级；生育期245d；株高135cm；穗长7.4cm，纺锤形，无芒，红壳；白粒，角质，千粒重23.7g。

【品质特性】籽粒粗蛋白含量（干基）13.30%，赖氨酸0.29%，SKCS硬度指数62；面粉白度值73.7；面团流变学特性：形成时间2.6min，稳定时间1.9min，弱化度122BU；麦谷蛋白亚基组成：n/7/2+12，Glu-A3e/Glu-B3g。

【已测分子标记结果】非1B/1R；八氢番茄红素合成酶（PSY）基因：YP7A标记/*PSY-A1a*；多酚氧化酶（PPO）基因：PPO33标记/*PPO-A1a*；抗白粉病基因*Pm4*、*Pm8*、*Pm13*、*Pm21*的标记均为阴性；抗叶锈病基因*Lr10*、*Lr19*、*Lr20*的标记均为阴性；春化基因：*vrn-B1*、*vrn-B3*；穗发芽相关基因：Vp1B3标记/*Vp1B3a*。

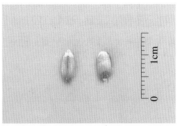

红菊麦（2）

省库编号：LM 344　　国库编号：ZM 1775　　品种来源：山东荣成

【生物学习性】幼苗匍匐；强冬性；抗寒性3级；生育期244d；株高135cm；穗长8.8cm，纺锤形，无芒，红壳；红粒，角质，千粒重25.5g。

【品质特性】籽粒粗蛋白含量（干基）13.70%，赖氨酸0.32%，铁14.2mg/kg，锌15.8mg/kg，SKCS硬度指数59；面粉白度值75.5，沉降值（14%）33.2mL；面团流变学特性：形成时间2.5min，稳定时间0.9min，弱化度144BU，峰高590BU，衰弱角42°；淀粉糊化特性（RVA）：峰值黏度2 709cP，保持黏度1 778cP，稀懈值931cP，终黏度3 051cP，回升值1 273cP，峰值时间6.2min，糊化温度67.8℃；麦谷蛋白亚基组成：n/7+8/2+12，Glu-A3a/Glu-B3g。

【已测分子标记结果】非1B/1R；八氢番茄红素合成酶（PSY）基因：YP7A标记/*PSY-A1a*；多酚氧化酶（PPO）基因：PPO33标记/*PPO-A1a*；抗白粉病基因*Pm4*、*Pm8*、*Pm13*、*Pm21*的标记均为阴性；抗叶锈病基因*Lr10*、*Lr19*、*Lr20*的标记均为阴性；春化基因：*vrn-A1*、*vrn-B1*、*vrn-D1*；穗发芽相关基因：Vp1B3标记/*Vp1B3a*。

白秃头（1）

省库编号：LM 345　　国库编号：ZM 1682　　品种来源：山东历城

【生物学习性】幼苗匍匐；弱冬性；抗寒性3级；生育期244d；株高109cm；穗长7.8cm，长方形，无芒，白壳；白粒，角质，千粒重30.4g。

【品质特性】籽粒粗蛋白含量（干基）14.90%，赖氨酸0.29%，铁8.1mg/kg，锌8.3mg/kg，SKCS硬度指数54；面粉白度值73.3，沉降值（14%）46.5mL；面团流变学特性：形成时间3.3min，稳定时间2.5min，弱化度130BU，峰高640BU，衰弱角24°；淀粉糊化特性（RVA）：峰值黏度2 528cP，保持黏度1 805cP，稀懈值723cP，终黏度3 011cP，回升值1 206cP，峰值时间6.3min，糊化温度67.9℃；麦谷蛋白亚基组成：n/6*+8/2+12，Glu-A3a/Glu-B3g。

【已测分子标记结果】非1B/1R；八氢番茄红素合成酶（PSY）基因：YP7A标记/*PSY-A1a*；多酚氧化酶（PPO）基因：PPO33标记/*PPO-A1a*；抗白粉病基因*Pm4*、*Pm8*、*Pm13*、*Pm21*的标记均为阴性；抗叶锈病基因*Lr10*、*Lr19*、*Lr20*的标记均为阴性；光周期基因：Ppd标记/*Ppd-D1b*；春化基因：*vrn-A1*、*vrn-B1*、*vrn-B3*、*vrn-D1*；穗发芽相关基因：Vp1B3标记/*Vp1B3a*。

大 洋 麦

省库编号：LM 346   国库编号：ZM 2038   品种来源：山东临沂

【生物学习性】幼苗半匍匐；弱冬性；抗寒性4级；生育期244d；株高112cm；穗长8.7cm，纺锤形，无芒，白壳；白粒，半角质，千粒重29.9g。

【品质特性】籽粒粗蛋白含量（干基）13.20%，赖氨酸0.30%，铁15.8mg/kg，锌19.8mg/kg，SKCS硬度指数60；面粉白度值73.9，沉降值（14%）41.0mL；面团流变学特性：形成时间4.0min，稳定时间2.6min，弱化度124BU，峰高600BU，衰弱角22°；淀粉糊化特性（RVA）：峰值黏度2 603cP，保持黏度1 800cP，稀懈值803cP，终黏度3 017cP，回升值1 217cP，峰值时间6.3min，糊化温度67.9℃；麦谷蛋白亚基组成：n/6*+8/2+12，Glu-A3c/Glu-B3b。

【已测分子标记结果】非1B/1R；八氢番茄红素合成酶（PSY）基因：YP7A标记/*PSY-A1a*；多酚氧化酶（PPO）基因：PPO33标记/*PPO-A1b*；抗白粉病基因*Pm4*、*Pm8*、*Pm13*、*Pm21*的标记均为阴性；抗叶锈病基因*Lr10*、*Lr19*、*Lr20*的标记均为阴性；光周期基因：Ppd标记/*Ppd-D1b*；春化基因：*vrn-A1*、*vrn-B1*、*vrn-B3*、*vrn-D1*；穗发芽相关基因：Vp1B3标记/*Vp1B3c*。

白秃头（6）

省库编号：LM 347　　国库编号：ZM 1808　　品种来源：山东长山*

【生物学习性】幼苗半匍匐；弱冬性；抗寒性2⁺级；生育期244d；株高100cm；穗长6.9cm，纺锤形，无芒，白壳；白粒，角质，千粒重26.9g。

【品质特性】籽粒粗蛋白含量（干基）13.30%，赖氨酸0.32%，铁11.7mg/kg，锌17.0mg/kg，SKCS硬度指数65；面粉白度值74.8，沉降值（14%）42.3mL；面团流变学特性：形成时间3.5min，稳定时间2.4min，弱化度105BU，峰高600BU，衰弱角19°；淀粉糊化特性（RVA）：峰值黏度3 129cP，保持黏度1 881cP，稀懈值1 248cP，终黏度3 065cP，回升值1 184cP，峰值时间6.3min，糊化温度68.7℃；麦谷蛋白亚基组成：n/6*+8/2+12，Glu-A3a/Glu-B3g。

【已测分子标记结果】非1B/1R；八氢番茄红素合成酶（PSY）基因：YP7A标记/PSY-A1a；多酚氧化酶（PPO）基因：PPO33标记/PPO-A1b；抗白粉病基因Pm4、Pm8、Pm13、Pm21的标记均为阴性；抗叶锈病基因Lr10、Lr19、Lr20的标记均为阴性；光周期基因：Ppd标记/Ppd-D1b；春化基因：vrn-A1、vrn-B1、vrn-B3、vrn-D1；穗发芽相关基因：Vp1B3标记/Vp1B3a。

10cm

秃头鸭子嘴

省库编号：LM 348　　国库编号：ZM 1991　　品种来源：山东冠县

【生物学习性】幼苗匍匐；弱冬性；抗寒性2级；生育期242d；株高110cm；穗长8.2cm，纺锤形，无芒，白壳；白粒，角质，千粒重27.9g。

【品质特性】籽粒粗蛋白含量（干基）14.70％，赖氨酸0.30％，铁11.1mg/kg，锌20.6mg/kg，SKCS硬度指数54；面粉白度值75.4，沉降值（14％）38.9mL；面团流变学特性：形成时间3.7min，稳定时间1.2min，弱化度136BU，峰高630BU，衰弱角37°；淀粉糊化特性（RVA）：峰值黏度2 657cP，保持黏度1 869cP，稀懈值788cP，终黏度3 134cP，回升值1 265cP，峰值时间6.3min，糊化温度66.2℃；麦谷蛋白亚基组成：n/6*+8/2+12，Glu-A3b/Glu-B3d。

【已测分子标记结果】非1B/1R；八氢番茄红素合成酶（PSY）基因：YP7A标记/*PSY-A1a*；多酚氧化酶（PPO）基因：PPO33标记/*PPO-A1b*；抗白粉病基因*Pm4*、*Pm8*、*Pm13*、*Pm21*的标记均为阴性；抗叶锈病基因*Lr10*、*Lr19*、*Lr20*的标记均为阴性；光周期基因：Ppd标记/*Ppd-D1b*；春化基因：*vrn-A1*、*vrn-B1*、*vrn-B3*、*vrn-D1*；穗发芽相关基因：Vp1B3标记/*Vp1B3a*。

白秃头（16）

省库编号：LM 349　　国库编号：ZM 2067　　品种来源：山东苍山

【生物学习性】幼苗匍匐；弱冬性；抗寒性3级；生育期242d；株高107cm；穗长6.2cm，长方形，无芒，白壳；白粒，角质，千粒重30.5g。

【品质特性】籽粒粗蛋白含量（干基）15.20%，赖氨酸0.31%，铁10.3mg/kg，锌9.5mg/kg，SKCS硬度指数63；面粉白度值74.3，沉降值（14%）34.1mL；面团流变学特性：形成时间3.0min，稳定时间2.2min，弱化度138BU，峰高615BU，衰弱角33°；淀粉糊化特性（RVA）：峰值黏度2 569cP，保持黏度1 743cP，稀懈值826cP，终黏度3 002cP，回升值1 259cP，峰值时间6.1min，糊化温度66.1℃；麦谷蛋白亚基组成：n/7+8/2+12，Glu-A3b/Glu-B3d。

【已测分子标记结果】非1B/1R；八氢番茄红素合成酶（PSY）基因：YP7A标记/*PSY-A1a*；多酚氧化酶（PPO）基因：PPO33标记/*PPO-A1b*；抗白粉病基因*Pm4*、*Pm8*、*Pm13*、*Pm21*的标记均为阴性；抗叶锈病基因*Lr10*、*Lr19*、*Lr20*的标记均为阴性；光周期基因：Ppd标记/*Ppd-D1b*；春化基因：*vrn-A1*、*vrn-B1*、*vrn-B3*、*vrn-D1*；穗发芽相关基因：Vp1B3标记/*Vp1B3a*。

齐头子（1）

省库编号：LM 350　　国库编号：ZM 1751　　品种来源：山东莱阳

【生物学习性】幼苗匍匐；弱冬性；抗寒性2⁺级；生育期242d；株高135cm；穗长7.7cm，长方形，无芒，白壳；白粒，角质，千粒重28.0g。

【品质特性】籽粒粗蛋白含量（干基）15.10%，赖氨酸0.26%，铁20.0mg/kg，锌22.0mg/kg，SKCS硬度指数68；面粉白度值75.1，沉降值（14%）40.7mL；面团流变学特性：形成时间4.8min，稳定时间2.3min，弱化度60BU，峰高660BU，衰弱角23°；淀粉糊化特性（RVA）：峰值黏度2 631cP，保持黏度1 836cP，稀懈值795cP，终黏度2 990cP，回升值1 154cP，峰值时间6.3min，糊化温度67.0℃；麦谷蛋白亚基组成：n/7+8/2+12，Glu-A3a/Glu-B3g。

【已测分子标记结果】非1B/1R；八氢番茄红素合成酶（PSY）基因：YP7A标记/*PSY-A1a*；多酚氧化酶（PPO）基因：PPO33标记/*PPO-A1b*；抗白粉病基因*Pm4*、*Pm8*、*Pm13*、*Pm21*的标记均为阴性；抗叶锈病基因*Lr10*、*Lr19*、*Lr20*的标记均为阴性；光周期基因：Ppd标记/*Ppd-D1b*；春化基因：*vrn-A1*、*vrn-B1*、*vrn-B3*、*vrn-D1*；穗发芽相关基因：Vp1B3标记/*Vp1B3a*。

白 光 头

省库编号：LM 351　　国库编号：ZM 1792　　品种来源：山东牟平

【生物学习性】幼苗匍匐；冬性；抗寒性3级；生育期244d；株高135cm；穗长8.6cm，纺锤形，无芒，白壳；红粒，角质，千粒重28.4g。

【品质特性】籽粒粗蛋白含量（干基）14.40％，赖氨酸0.32％，铁11.8mg/kg，锌14.6mg/kg，SKCS硬度指数64；面粉白度值75.7，沉降值（14％）41.2mL；面团流变学特性：形成时间4.0min，稳定时间3.1min，弱化度68BU，峰高630BU，衰弱角17°；淀粉糊化特性（RVA）：峰值黏度3 302cP，保持黏度2 278cP，稀懈值1 024cP，终黏度3 583cP，回升值1 305cP，峰值时间6.4min，糊化温度67.8℃；麦谷蛋白亚基组成：n/7+8/2+12，Glu-A3a/Glu-B3g。

【已测分子标记结果】非1B/1R；八氢番茄红素合成酶（PSY）基因：YP7A标记/*PSY-A1a*；多酚氧化酶（PPO）基因：PPO33标记/*PPO-A1b*；抗白粉病基因*Pm4*、*Pm8*、*Pm13*、*Pm21*的标记均为阴性；抗叶锈病基因*Lr10*、*Lr19*、*Lr20*的标记均为阴性；光周期基因：Ppd标记/*Ppd-D1b*；春化基因：*vrn-A1*、*vrn-B1*、*vrn-B3*、*vrn-D1*；穗发芽相关基因：Vp1B3标记/*Vp1B3a*。

小麦（2）

省库编号：LM 352　国库编号：ZM 1750　品种来源：山东蓬莱

【生物学习性】幼苗匍匐；冬性；抗寒性3⁻级；生育期243d；株高125cm；穗长9.3cm，纺锤形，无芒，白壳，红粒，角质，千粒重26.0g。

【品质特性】籽粒粗蛋白含量（干基）14.30％，赖氨酸0.30％，铁25.1mg/kg，锌30.2mg/kg，SKCS硬度指数64；面粉白度值74.6，沉降值（14%）37.3mL；面团流变学特性：形成时间3.8min，稳定时间1.9min，弱化度110BU，峰高660BU，衰弱角22°；淀粉糊化特性（RVA）：峰值黏度2 630cP，保持黏度1 788cP，稀懈值842cP，终黏度2 983cP，回升值1 195cP，峰值时间6.3min，糊化温度66.9℃；麦谷蛋白亚基组成：n/7+22/2+12，Glu-A3a/Glu-B3g。

【已测分子标记结果】非1B/1R；八氢番茄红素合成酶（PSY）基因：YP7A标记/*PSY-A1a*；多酚氧化酶（PPO）基因：PPO33标记/*PPO-A1b*；抗白粉病基因*Pm4*的标记为阳性，*Pm8*、*Pm13*、*Pm21*的标记为阴性；抗叶锈病基因*Lr10*、*Lr20*的标记为阴性，*Lr19*标记为阳性；光周期基因：Ppd标记/*Ppd-D1b*；春化基因：*vrn-A1*、*vrn-B1*、*vrn-B3*、*vrn-D1*；穗发芽相关基因：Vp1B3标记/*Vp1B3a*。

亮麦（2）

省库编号：LM 353　　国库编号：ZM 1690　　品种来源：山东青岛

【生物学习性】幼苗直立；弱冬性；抗寒性4级；生育期242d；株高110cm；穗长9.3cm，纺锤形，长芒，白壳；白粒，粉质，千粒重39.0g。

【品质特性】籽粒粗蛋白含量（干基）14.20%，赖氨酸0.29%，铁17.5mg/kg，锌17.2mg/kg，SKCS硬度指数36；面粉白度值79.9，沉降值（14%）37.5mL；面团流变学特性：形成时间4.0min，稳定时间3.1min，弱化度68BU，峰高580BU，衰弱角25°；淀粉糊化特性（RVA）：峰值黏度2 469cP，保持黏度1 635cP，稀懈值834cP，终黏度2 850cP，回升值1 215cP，峰值时间6.2min，糊化温度69.4℃；麦谷蛋白亚基组成：n/7+8/2+12，Glu-A3c/Glu-B3b。

【已测分子标记结果】非1B/1R；八氢番茄红素合成酶（PSY）基因：YP7A标记/*PSY-A1a*；多酚氧化酶（PPO）基因：PPO33标记/*PPO-A1b*；抗白粉病基因*Pm4*、*Pm8*、*Pm13*、*Pm21*的标记均为阴性；抗叶锈病基因*Lr10*、*Lr19*、*Lr20*的标记均为阴性；光周期基因：Ppd标记/*Ppd-D1b*；春化基因：*vrn-A1*、*vrn-B1*、*vrn-B3*、*vrn-D1*；穗发芽相关基因：Vp1B3标记/*Vp1B3a*。

白 扁 穗

省库编号：LM 354   国库编号：ZM 1782   品种来源：山东文登

【生物学习性】幼苗半匍匐；弱冬性；抗寒性4¯级；生育期243d；株高130cm；穗长7.4cm，棍棒形，无芒，白壳；白粒，半角质，千粒重30.4g。

【品质特性】籽粒粗蛋白含量（干基）12.90%，赖氨酸0.37%，铁13.2mg/kg，锌13.3mg/kg，SKCS硬度指数63；面粉白度值75.4，沉降值（14%）39.6mL；面团流变学特性：形成时间3.3min，稳定时间2.0min，弱化度131BU，峰高650BU，衰弱角25°；淀粉糊化特性（RVA）：峰值黏度2 640cP，保持黏度1 648cP，稀懈值992cP，终黏度2 950cP，回升值1 302cP，峰值时间6.1min，糊化温度67.8℃；麦谷蛋白亚基组成：n/7+8/2+12，Glu-A3a/Glu-B3g。

【已测分子标记结果】非1B/1R；八氢番茄红素合成酶（PSY）基因：YP7A标记/*PSY-A1a*；多酚氧化酶（PPO）基因：PPO33标记/*PPO-A1a*；抗白粉病基因*Pm4*、*Pm8*、*Pm13*、*Pm21*的标记均为阴性；抗叶锈病基因*Lr10*、*Lr19*、*Lr20*的标记均为阴性；春化基因：*vrn-A1*、*vrn-B1*、*vrn-B3*、*vrn-D1*；穗发芽相关基因：Vp1B3标记/*Vp1B3a*。

白秃头（11）

省库编号：LM 355　　国库编号：ZM 1920　　品种来源：山东章丘

【生物学习性】幼苗匍匐，弱冬性；抗寒性2⁺级；生育期242d；株高115cm；穗长9.2cm，纺锤形，无芒，白壳；红粒，角质，千粒重27.2g。

【品质特性】籽粒粗蛋白含量（干基）13.80%，赖氨酸0.34%，铁5.8mg/kg，锌12.2mg/kg，SKCS硬度指数37；面粉白度值77.6，沉降值（14%）46.0mL；面团流变学特性：形成时间3.8min，稳定时间2.7min，弱化度100BU，峰高615BU，衰弱角27°；淀粉糊化特性（RVA）：峰值黏度2 601cP，保持黏度1 780cP，稀懈值821cP，终黏度3 012cP，回升值1 232cP，峰值时间6.3min，糊化温度86.7℃；麦谷蛋白亚基组成：n/6*+8/2+12，Glu-A3a/Glu-B3d。

【已测分子标记结果】非1B/1R；八氢番茄红素合成酶（PSY）基因：YP7A标记/PSY-A1a；多酚氧化酶（PPO）基因：PPO33标记/PPO-A1a；抗白粉病基因Pm4、Pm8、Pm13、Pm21的标记均为阴性；抗叶锈病基因Lr10、Lr19、Lr20的标记均为阴性；光周期基因：Ppd标记/Ppd-D1b；春化基因：vrn-A1、vrn-B1、vrn-B3、vrn-D1；穗发芽相关基因：Vp1B3标记/Vp1B3a。

白秃头（4）

省库编号：LM 356　　国库编号：ZM 1714　　品种来源：山东博山

【生物学习性】幼苗匍匐；弱冬性；抗寒性3级；生育期242d；株高100cm；穗长8.8cm，纺锤形，无芒，白壳；红粒，角质，千粒重21.7g。

【品质特性】籽粒粗蛋白含量（干基）15.00%，铁12.7mg/kg，锌18.5mg/kg，SKCS硬度指数58；面粉白度值72.8，沉降值（14%）36.2mL；面团流变学特性：形成时间2.4min，稳定时间1.4min，弱化度121BU，峰高560BU，衰弱角21°；淀粉糊化特性（RVA）：峰值黏度2 814cP，保持黏度2 045cP，稀懈值769cP，终黏度3 397cP，回升值1 352cP，峰值时间6.4min，糊化温度67.8℃；麦谷蛋白亚基组成：n/7+8/2，Glu-A3a/Glu-B3g。

【已测分子标记结果】非1B/1R；八氢番茄红素合成酶（PSY）基因：YP7A标记/*PSY-A1a*；多酚氧化酶（PPO）基因：PPO33标记/*PPO-A1a*；抗白粉病基因*Pm4*、*Pm8*、*Pm13*、*Pm21*的标记均为阴性；抗叶锈病基因*Lr10*、*Lr19*、*Lr20*的标记均为阴性；光周期基因：Ppd标记/*Ppd-D1b*；春化基因：*vrn-A1*、*vrn-B1*、*vrn-B3*、*vrn-D1*；穗发芽相关基因：Vp1B3标记/*Vp1B3a*。

西洋和尚

省库编号：LM 357　　国库编号：ZM 1715　　品种来源：山东博山

【生物学习性】幼苗匍匐；弱冬性；抗寒性3⁺级；生育期244d；株高115cm；穗长5.8cm，纺锤形，无芒，白壳；红粒，角质，千粒重31.0g。

【品质特性】籽粒粗蛋白含量（干基）13.00%，赖氨酸0.23%，铁10.1mg/kg，锌15.4mg/kg，SKCS硬度指数53；面粉白度值74.6，沉降值（14%）42.0mL；面团流变学特性：形成时间5.0min，稳定时间2.9min，弱化度120BU，峰高650BU，衰弱角32°；淀粉糊化特性（RVA）：峰值黏度2 398cP，保持黏度1 647cP，稀懈值751cP，终黏度2 791cP，回升值1 144cP，峰值时间6.3min，糊化温度67.9℃；麦谷蛋白亚基组成：n/7+8/2+12，Glu-A3b/Glu-B3a。

【已测分子标记结果】非1B/1R；八氢番茄红素合成酶（PSY）基因：YP7A标记/*PSY-A1a*；多酚氧化酶（PPO）基因：PPO33标记/*PPO-A1b*；抗白粉病基因*Pm4*、*Pm8*、*Pm13*、*Pm21*的标记均为阴性；抗叶锈病基因*Lr10*、*Lr19*、*Lr20*的标记均为阴性；光周期基因：Ppd标记/*Ppd-D1b*；春化基因：*vrn-B1*、*vrn-B3*；穗发芽相关基因：Vp1B3标记/*Vp1B3a*。

姊 妹 齐

省库编号：LM 358　　国库编号：ZM 1809　　品种来源：山东南招[*]

【生物学习性】幼苗匍匐；弱冬性；抗寒性3级；生育期244d；株高130cm；穗长8.0cm，长方形，无芒，红壳；红粒，角质，千粒重29.0g。

【品质特性】籽粒粗蛋白含量（干基）13.70％，赖氨酸0.29％，铁12.9mg/kg，锌20.6mg/kg，SKCS硬度指数57；面粉白度值73.1，沉降值（14％）45.5mL；面团流变学特性：形成时间4.0min，稳定时间1.3min，弱化度110BU，峰高610BU，衰弱角24°；淀粉糊化特性（RVA）：峰值黏度2 067cP，保持黏度1 491cP，稀懈值576cP，终黏度2 679cP，回升值1 188cP，峰值时间5.8min，糊化温度66.2℃；麦谷蛋白亚组成：n/7+8/2+12，Glu-A3a/Glu-B3g。

【已测分子标记结果】非1B/1R；八氢番茄红素合成酶（PSY）基因：YP7A标记/PSY-A1a；多酚氧化酶（PPO）基因：PPO33标记/PPO-A1b；抗白粉病基因Pm4、Pm8、Pm13、Pm21的标记均为阴性；抗叶锈病基因Lr10、Lr19、Lr20的标记均为阴性；光周期基因：Ppd标记/Ppd-D1b；春化基因：vrn-B1、vrn-B3；穗发芽相关基因：Vp1B3标记/Vp1B3a。

红秃头 (13)

省库编号：LM 359   国库编号：ZM 1940   品种来源：山东博兴

【生物学习性】幼苗匍匐；冬性；抗寒性3级；生育期244d；株高125cm；穗长5.8cm，纺锤形，无芒，红壳；红粒，角质，千粒重24.0g。

【品质特性】籽粒粗蛋白含量（干基）14.50%，赖氨酸0.34%，SKCS硬度指数67；面团流变学特性：形成时间3.6min，稳定时间1.5min，弱化度110BU；麦谷蛋白亚基组成：n/7+8/2+12，Glu-A3a/Glu-B3g。

【已测分子标记结果】非1B/1R；八氢番茄红素合成酶（PSY）基因：YP7A标记/*PSY-A1a*；多酚氧化酶（PPO）基因：PPO33标记/*PPO-A1a*；抗白粉病基因*Pm4*、*Pm8*、*Pm13*、*Pm21*的标记均为阴性；抗叶锈病基因*Lr10*、*Lr19*、*Lr20*的标记均为阴性；春化基因：*vrn-A1*、*vrn-B1*、*vrn-B3*、*vrn-D1*；穗发芽相关基因：Vp1B3标记/*Vp1B3a*。

小 扁 穗

省库编号：LM 360　国库编号：ZM 1863　品种来源：山东安丘

【生物学习性】幼苗匍匐；冬性；抗寒性3级；生育期244d；株高124cm；穗长5.8cm，长方形，无芒，红壳；白粒，角质，千粒重23.5g。

【品质特性】籽粒粗蛋白含量（干基）12.80％，赖氨酸0.26％，铁12.1mg/kg，锌18.7mg/kg，SKCS硬度指数63；面粉白度值74.3，沉降值（14%）34.7mL；面团流变学特性：形成时间2.5min，稳定时间1.6min，弱化度164BU，峰高575BU，衰弱角31°；淀粉糊化特性（RVA）：峰值黏度3 022cP，保持黏度1 900cP，稀懈值1 122cP，终黏度3 379cP，回升值1 479cP，峰值时间6.2min，糊化温度67.9℃；麦谷蛋白亚基组成：n/7+8/2+12，Glu-A3a/Glu-B3g。

【已测分子标记结果】非1B/1R；八氢番茄红素合成酶（PSY）基因：YP7A标记/*PSY-A1a*；多酚氧化酶（PPO）基因：PPO33标记/*PPO-A1a*；抗白粉病基因*Pm4*、*Pm8*、*Pm13*、*Pm21*的标记均为阴性；抗叶锈病基因*Lr10*、*Lr19*、*Lr20*的标记均为阴性；春化基因：*vrn-A1*、*vrn-B1*、*vrn-B3*、*vrn-D1*；穗发芽相关基因：Vp1B3标记/*Vp1B3a*。

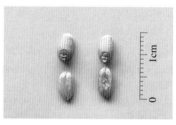

扁 穗

省库编号：LM 361　　国库编号：ZM 1783　　品种来源：山东文登

【生物学习性】幼苗匍匐；冬性；抗寒性3级；生育期245d；株高120cm；穗长6.9cm，棍棒形，无芒，红壳；白粒，角质，千粒重24.8g。

【品质特性】籽粒粗蛋白含量（干基）13.20%，赖氨酸0.39%，SKCS硬度指数65；面团流变学特性：形成时间3.2min，稳定时间1.9min，弱化度130BU，峰高580BU，衰弱角28°；麦谷蛋白亚基组成：n/7+8/2+12，Glu-A3a/Glu-B3g。

【已测分子标记结果】非1B/1R；八氢番茄红素合成酶（PSY）基因：YP7A标记/PSY-A1a；多酚氧化酶（PPO）基因：PPO33标记/PPO-A1a；抗白粉病基因Pm4、Pm8、Pm13、Pm21的标记均为阴性；抗叶锈病基因Lr10、Lr19、Lr20的标记均为阴性；光周期基因：Ppd标记/Ppd-D1b；春化基因：vrn-A1、vrn-B1、vrn-B3、vrn-D1；穗发芽相关基因：Vp1B3标记/Vp1B3a。

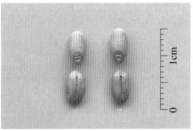

红秃头垛麦

省库编号：LM 362　国库编号：ZM 2078　品种来源：山东曲阜

【生物学习性】幼苗匍匐；弱冬性；抗寒性3级；生育期244d；株高111cm；穗长7.2cm，纺锤形，无芒，红壳；白粒，角质，千粒重26.2g。

【品质特性】籽粒粗蛋白含量（干基）14.90%，赖氨酸0.40%，铁14.4mg/kg，锌19.5mg/kg，SKCS硬度指数47；面粉白度值72.5，沉降值（14%）36.2mL；面团流变学特性：形成时间3.6min，稳定时间1.8min，弱化度140BU，峰高600BU，衰弱角42°；淀粉糊化特性（RVA）：峰值黏度2 133cP，保持黏度1 457cP，稀懈值676cP，终黏度2 728cP，回升值1 271cP，峰值时间6.0min，糊化温度67.8℃；麦谷蛋白亚基组成：n/7+8/2+12，Glu-A3a/Glu-B3g。

【已测分子标记结果】非1B/1R；八氢番茄红素合成酶（PSY）基因：YP7A标记/*PSY-A1a*；多酚氧化酶（PPO）基因：PPO33标记/*PPO-A1b*；抗白粉病基因*Pm4*、*Pm8*、*Pm13*、*Pm21*的标记均为阴性；抗叶锈病基因*Lr10*、*Lr19*、*Lr20*的标记均为阴性；光周期基因：Ppd标记/*Ppd-D1b*；春化基因：*vrn-A1*、*vrn-B1*、*vrn-B3*、*vrn-D1*；穗发芽相关基因：Vp1B3标记/*Vp1B3a*。

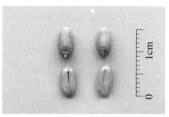

无芒蝈子头

省库编号：LM 363　　国库编号：ZM 1876　　品种来源：山东泰安

【生物学习性】幼苗匍匐；冬性；抗寒性2⁺级；生育期245d；株高116cm；穗长6.8cm，纺锤形，无芒，红壳；白粒，角质，千粒重27.4g。

【品质特性】籽粒粗蛋白含量（干基）14.70%，赖氨酸0.25%，铁20.4mg/kg，锌18.1mg/kg，SKCS硬度指数59；面粉白度值74.1，沉降值（14%）35.2mL；面团流变学特性：形成时间3.0min，稳定时间1.2min，弱化度156BU，峰高640BU，衰弱角30°；淀粉糊化特性（RVA）：峰值黏度2 431cP，保持黏度1 680cP，稀懈值751cP，终黏度2 887cP，回升值1 207cP，峰值时间6.3min，糊化温度67.9℃；麦谷蛋白亚基组成：n/7+8/2+12，Glu-A3a/Glu-B3g。

【已测分子标记结果】非1B/1R；八氢番茄红素合成酶（PSY）基因：YP7A标记/PSY-A1a；多酚氧化酶（PPO）基因：PPO33标记/PPO-A1a；抗白粉病基因Pm4、Pm8、Pm13、Pm21的标记均为阴性；抗叶锈病基因Lr10、Lr19、Lr20的标记均为阴性；光周期基因：Ppd标记/Ppd-D1b；春化基因：vrn-A1、vrn-B1、vrn-B3、vrn-D1；穗发芽相关基因：Vp1B3标记/Vp1B3a。

红秃子头

省库编号：LM 364　　国库编号：ZM 1967　　品种来源：山东禹城

【生物学习性】幼苗匍匐；偏春性；抗寒性3⁻级；生育期246d；株高124cm；穗长7.4cm，纺锤形，无芒，红壳；白粒，角质，千粒重27.6g。

【品质特性】籽粒粗蛋白含量（干基）15.00％，赖氨酸0.35％，铁5.2mg/kg，锌13.3mg/kg，SKCS硬度指数56；面粉白度值73.6，沉降值（14%）42.0mL；面团流变学特性：形成时间3.3min，稳定时间1.4min，弱化度130BU，峰高690BU，衰弱角32°；淀粉糊化特性（RVA）：峰值黏度3 091cP，保持黏度2 061cP，稀懈值1 031cP，终黏度3 373cP，回升值1 312cP，峰值时间6.3min，糊化温度67.0℃；麦谷蛋白亚基组成：n/7+8/2+12，Glu-A3a/Glu-B3g。

【已测分子标记结果】非1B/1R；八氢番茄红素合成酶（PSY）基因：YP7A标记/*PSY-A1a*；多酚氧化酶（PPO）基因：PPO33标记/*PPO-A1b*；抗白粉病基因*Pm4*、*Pm8*、*Pm13*、*Pm21*的标记均为阴性；抗叶锈病基因*Lr10*、*Lr19*、*Lr20*的标记均为阴性；光周期基因：Ppd标记/*Ppd-D1b*；春化基因：*vrn-A1*、*vrn-B1*、*vrn-B3*、*vrn-D1*；穗发芽相关基因：Vp1B3标记/*Vp1B3a*。

二 毛 子

省库编号：LM 365　国库编号：ZM 1780　品种来源：山东石岛[*]

【生物学习性】幼苗半匍匐；弱冬性；抗寒性3级；生育期247d；株高140cm；穗长10.7cm，纺锤形，长芒，白壳；白粒，粉质，千粒重32.8g。

【品质特性】籽粒粗蛋白含量（干基）14.10%，赖氨酸0.28%，铁11.3mg/kg，锌24.1mg/kg，SKCS硬度指数54；面粉白度值77.1，沉降值（14%）46.2mL；面团流变学特性：形成时间5.2min，稳定时间1.8min，弱化度142BU，峰高610BU，衰弱角18°；淀粉糊化特性（RVA）：峰值黏度2 508cP，保持黏度1 695cP，稀懈值813cP，终黏度2 838cP，回升值1 143cP，峰值时间6.2min，糊化温度68.7℃；麦谷蛋白亚基组成：1/7+8/2+12，Glu-A3e/Glu-B3g。

【已测分子标记结果】非1B/1R；八氢番茄红素合成酶（PSY）基因：YP7A标记/*PSY-A1a*；多酚氧化酶（PPO）基因：PPO33标记/*PPO-A1a*；抗白粉病基因*Pm4*、*Pm8*、*Pm13*、*Pm21*的标记均为阴性；抗叶锈病基因*Lr10*、*Lr19*、*Lr20*的标记均为阴性；春化基因：*vrn-A1*、*vrn-B3*、*vrn-D1*；穗发芽相关基因：Vp1B3标记/*Vp1B3a*。

紫秸子（2）

省库编号：LM 366　　国库编号：ZM 1825　　品种来源：山东平度

【生物学习性】幼苗半匍匐；强冬性；抗寒性4级；生育期248d；株高138cm；穗长9.0cm，纺锤形，长芒，白壳；红粒，粉质，千粒重39.0g。

【品质特性】籽粒粗蛋白含量（干基）14.30%，赖氨酸0.32%，铁18.4mg/kg，锌17.0mg/kg，SKCS硬度指数7；面粉白度值81.0，沉降值（14%）49.8mL；面团流变学特性：形成时间2.5min，稳定时间3.2min，弱化度86BU，峰高580BU，衰弱角14°；淀粉糊化特性（RVA）：峰值黏度3 095cP，保持黏度2 124cP，稀懈值971cP，终黏度3 162cP，回升值1 038cP，峰值时间6.5min，糊化温度85.0℃；麦谷蛋白亚基组成：1/7+8/2+12，Glu-A3a/Glu-B3f。

【已测分子标记结果】非1B/1R；八氢番茄红素合成酶（PSY）基因：YP7A标记/PSY-A1a；多酚氧化酶（PPO）基因：PPO33标记/PPO-A1a；抗白粉病基因Pm4、Pm8、Pm13、Pm21的标记均为阴性；抗叶锈病基因Lr10、Lr19、Lr20的标记均为阴性；光周期基因：Ppd标记/Ppd-D1b；春化基因：vrn-A1、vrn-B1、vrn-D1；穗发芽相关基因：Vp1B3标记/Vp1B3a。

紫秸芒（1）

省库编号：LM 367　　国库编号：ZM 1732　　品种来源：山东掖县[*]

【生物学习性】幼苗匍匐；强冬性；抗寒性3[+]级；生育期248d；株高130cm；穗长9.0cm，纺锤形，长芒，白壳；红粒，粉质，千粒重38.8g。

【品质特性】籽粒粗蛋白含量（干基）13.90%，赖氨酸0.24%，铁13.6mg/kg，锌16.1mg/kg，SKCS硬度指数1；面粉白度值80.8，沉降值（14%）49.2mL；面团流变学特性：形成时间3.6min，稳定时间4.7min，弱化度24BU，峰高600BU，衰弱角25°；淀粉糊化特性（RVA）：峰值黏度2 782cP，保持黏度1 773cP，稀懈值1 009cP，终黏度2 745cP，回升值972cP，峰值时间6.3min，糊化温度85.8℃；麦蛋白亚基组成：1/7+8/2+12，Glu-A3a/Glu-B3f。

【已测分子标记结果】非1B/1R；八氢番茄红素合成酶（PSY）基因：YP7A标记/*PSY-A1a*；多酚氧化酶（PPO）基因：PPO33标记/*PPO-A1a*；抗白粉病基因*Pm4*、*Pm8*、*Pm13*、*Pm21*的标记均为阴性；抗叶锈病基因*Lr10*、*Lr19*、*Lr20*的标记均为阴性；光周期基因：Ppd标记/*Ppd-D1b*；春化基因：*vrn-A1*、*vrn-B1*、*vrn-B3*、*vrn-D1*；穗发芽相关基因：Vp1B3标记/*Vp1B3a*。

大芒麦

省库编号：LM 368　　国库编号：ZM 1734　　品种来源：山东黄县*

【生物学习性】幼苗匍匐；强冬性；抗寒性3^+级；生育期247d；株高132cm；穗长12.6cm，纺锤形，长芒，红壳；白粒，粉质，千粒重24.4g。

【品质特性】籽粒粗蛋白含量（干基）13.40％，赖氨酸0.29％，铁10.4mg/kg，锌15.1mg/kg，SKCS硬度指数15；面粉白度值80.8，沉降值（14％）41.0mL；面团流变学特性：峰高600BU，衰弱角29°；淀粉糊化特性（RVA）：峰值黏度3 050cP，保持黏度1 812cP，稀懈值1 238cP，终黏度2 999cP，回升值1 187cP，峰值时间6.3min，糊化温度85.0℃；麦谷蛋白亚基组成：n/7+8/2+12，Glu-A3b/Glu-B3d。

【已测分子标记结果】非1B/1R；八氢番茄红素合成酶（PSY）基因：YP7A标记/*PSY-A1a*；多酚氧化酶（PPO）基因：PPO33标记/*PPO-A1a*；抗白粉病基因*Pm4*、*Pm8*、*Pm13*、*Pm21*的标记均为阴性；抗叶锈病基因*Lr10*、*Lr19*、*Lr20*的标记均为阴性；光周期基因：Ppd标记/*Ppd-D1b*；春化基因：*vrn-A1*、*vrn-B1*、*vrn-B3*、*vrn-D1*；穗发芽相关基因：Vp1B3标记/*Vp1B3a*。

瑞 金 麦

省库编号：LM 369　　国库编号：ZM 2052　　品种来源：山东沂水

【生物学习性】幼苗半匍匐；强冬性；抗寒性4级；生育期248d；株高126cm；穗长11.4cm，纺锤形，无芒，白壳；白粒，粉质，千粒重34.0g。

【品质特性】籽粒粗蛋白含量（干基）12.70%，赖氨酸0.31%，铁14.6mg/kg，锌11.6mg/kg，SKCS硬度指数27；面粉白度值80.9，沉降值（14%）43.9mL；面团流变学特性：形成时间4.8min，稳定时间6.6min，弱化度45BU，峰高510BU，衰弱角13°；淀粉糊化特性（RVA）：峰值黏度3 032cP，保持黏度1 673cP，稀懈值1 359cP，终黏度2 834cP，回升值1 161cP，峰值时间6.2min，糊化温度69.4℃；麦谷蛋白亚基组成：1/6+16/2+12，Glu-A3c/Glu-B3f。

【已测分子标记结果】非1B/1R；八氢番茄红素合成酶（PSY）基因：YP7A标记/*PSY-A1a*；多酚氧化酶（PPO）基因：PPO33标记/*PPO-A1a*；抗白粉病基因*Pm4*、*Pm8*、*Pm13*、*Pm21*的标记均为阴性；抗叶锈病基因*Lr10*、*Lr19*、*Lr20*的标记均为阴性；光周期基因：Ppd标记/*Ppd-D1b*；春化基因：*vrn-A1*、*vrn-B1*、*vrn-B3*、*vrn-D1*；穗发芽相关基因：Vp1B3标记/*Vp1B3a*。

黄县大粒白

省库编号：LM 370　　国库编号：ZM 1923　　品种来源：山东章丘

【生物学习性】幼苗半匍匐；强冬性；抗寒性4级；生育期248d；株高130cm；穗长10.5cm，纺锤形，无芒，白壳；白粒，粉质，千粒重36.7g。

【品质特性】籽粒粗蛋白含量（干基）12.90%，赖氨酸0.25%，铁7.7mg/kg，锌6.9mg/kg，SKCS硬度指数24；面粉白度值80.8，沉降值（14%）44.9mL；面团流变学特性：形成时间6.8min，稳定时间9.2min，弱化度41BU，峰高510BU，衰弱角10°；淀粉糊化特性（RVA）：峰值黏度3 049cP，保持黏度1 734cP，稀懈值1 315cP，终黏度2 837cP，回升值1 103cP，峰值时间6.3min，糊化温度69.4℃；麦谷蛋白亚基组成：1/6+16/2+12，Glu-A3d/Glu-B3f。

【已测分子标记结果】非1B/1R；八氢番茄红素合成酶（PSY）基因：YP7A标记/PSY-A1a；多酚氧化酶（PPO）基因：PPO33标记/PPO-A1a；抗白粉病基因Pm4、Pm8、Pm13、Pm21的标记均为阴性；抗叶锈病基因Lr10、Lr19、Lr20的标记均为阴性；光周期基因：Ppd标记/Ppd-D1b；春化基因：vrn-A1、vrn-B1、vrn-B3、vrn-D1；穗发芽相关基因：Vp1B3标记/Vp1B3a。

三 八 麦

省库编号：LM 371　　国库编号：ZM 1939　　品种来源：山东广饶

【生物学习性】幼苗半匍匐；强冬性；抗寒性4级；生育期248d；株高140cm；穗长11.9cm，纺锤形，无芒，白壳；白粒，粉质，千粒重31.2g。

【品质特性】籽粒粗蛋白含量（干基）12.80%，赖氨酸0.31%，铁11.6mg/kg，锌9.6mg/kg，SKCS硬度指数23；面粉白度值81.4，沉降值（14%）42.0mL；面团流变学特性：形成时间9.2min，稳定时间1.0min，弱化度70BU，峰高460BU，衰弱角6°；淀粉糊化特性（RVA）：峰值黏度3 285cP，保持黏度1 763cP，稀懈值1 522cP，终黏度2 838cP，回升值1 075cP，峰值时间6.1min，糊化温度69.5℃；麦谷蛋白亚基组成：1/6+16/2+12，Glu-A3a/Glu-B3f。

【已测分子标记结果】非1B/1R；八氢番茄红素合成酶（PSY）基因：YP7A标记/*PSY-A1a*；多酚氧化酶（PPO）基因：PPO33标记/*PPO-A1a*；抗白粉病基因*Pm4*、*Pm8*、*Pm13*、*Pm21*的标记均为阴性；抗叶锈病基因*Lr10*、*Lr19*、*Lr20*的标记均为阴性；光周期基因：Ppd标记/*Ppd-D1b*；春化基因：*vrn-A1*、*vrn-B1*、*vrn-B3*、*vrn-D1*；穗发芽相关基因：Vp1B3标记/*Vp1B3a*。

白沙麦（2）

省库编号：LM 372　　国库编号：ZM 1823　　品种来源：山东平度

【生物学习性】幼苗半匍匐；强冬性；抗寒性4级；生育期248d；株高140cm；穗长13.2cm，纺锤形，无芒，白壳；白粒，粉质，千粒重32.3g。

【品质特性】籽粒粗蛋白含量（干基）12.90%，赖氨酸0.30%，铁13.9mg/kg，锌11.5mg/kg，SKCS硬度指数24；面粉白度值80.7，沉降值（14%）44.1mL；面团流变学特性：形成时间2.6min，稳定时间13.3min，弱化度46BU，峰高510BU，衰弱角9°；淀粉糊化特性（RVA）：峰值黏度3 075cP，保持黏度1 661cP，稀懈值1 414cP，终黏度2 815cP，回升值1 154cP，峰值时间6.2min，糊化温度69.5℃；麦谷蛋白亚基组成：1/6+16/2+12，Glu-A3a/Glu-B3f。

【已测分子标记结果】非1B/1R；八氢番茄红素合成酶（PSY）基因：YP7A标记/*PSY-A1a*；多酚氧化酶（PPO）基因：PPO33标记/*PPO-A1a*；抗白粉病基因*Pm4*、*Pm8*、*Pm13*、*Pm21*的标记均为阴性；抗叶锈病基因*Lr10*、*Lr19*、*Lr20*的标记均为阴性；光周期基因：Ppd标记/*Ppd-D1b*；春化基因：*vrn-A1*、*vrn-B1*、*vrn-B3*、*vrn-D1*；穗发芽相关基因：Vp1B3标记/*Vp1B3a*。

10cm

白糠洋麦

省库编号：LM 373　　国库编号：ZM 1762　　品种来源：山东即墨

【生物学习性】幼苗半匍匐；弱冬性；抗寒性3⁺级；生育期248d；株高140cm；穗长10.6cm，纺锤形，无芒，白壳；白粒，粉质，千粒重31.2g。

【品质特性】籽粒粗蛋白含量（干基）13.00％，赖氨酸0.35％，铁8.3mg/kg，锌8.3mg/kg，SKCS硬度指数30；面粉白度值81.1，沉降值（14％）45.2mL；面团流变学特性：形成时间7.8min，稳定时间9.0min，弱化度60BU，峰高500BU，衰弱角11°；淀粉糊化特性（RVA）：峰值黏度3 057cP，保持黏度1 657cP，稀懈值1 400cP，终黏度2 794cP，回升值1 137cP，峰值时间6.2min，糊化温度69.5℃；麦谷蛋白亚基组成：1/6+16/2+12，Glu-A3a/Glu-B3f。

【已测分子标记结果】非1B/1R；八氢番茄红素合成酶（PSY）基因：YP7A标记/*PSY-A1a*；多酚氧化酶（PPO）基因：PPO33标记/*PPO-A1a*；抗白粉病基因*Pm4*、*Pm8*、*Pm13*、*Pm21*的标记均为阴性；抗叶锈病基因*Lr10*、*Lr19*、*Lr20*的标记均为阴性；光周期基因：Ppd标记/*Ppd-D1b*；春化基因：*vrn-A1*、*vrn-B1*、*vrn-B3*、*vrn-D1*；穗发芽相关基因：Vp1B3标记/*Vp1B3a*。

红糖良麦

省库编号：LM 374　　国库编号：ZM 1761　　品种来源：山东即墨

【生物学习性】幼苗半匍匐；强冬性；抗寒性3⁺级；生育期248d；株高130cm；穗长10.0cm，纺锤形，无芒，红壳；白粒，粉质，千粒重31.7g。

【品质特性】籽粒粗蛋白含量（干基）13.40％，赖氨酸0.38％，铁6.6mg/kg，锌11.0mg/kg，SKCS硬度指数22；面粉白度值78.0，沉降值（14%）32.1mL；面团流变学特性：形成时间2.5min，稳定时间2.6min，弱化度70BU，峰高480BU，衰弱角10°；淀粉糊化特性（RVA）：峰值黏度2 949cP，保持黏度1 892cP，稀懈值1 057cP，终黏度2 955cP，回升值1 063cP，峰值时间6.4min，糊化温度86.7℃。

【已测分子标记结果】非1B/1R；八氢番茄红素合成酶（PSY）基因：YP7A标记/*PSY-A1a*；多酚氧化酶（PPO）基因：PPO33标记/*PPO-A1a*；抗白粉病基因*Pm4*、*Pm8*、*Pm13*、*Pm21*的标记均为阴性；抗叶锈病基因*Lr10*、*Lr19*、*Lr20*的标记均为阴性；光周期基因：Ppd标记/*Ppd-D1b*；春化基因：*vrn-A1*、*vrn-B1*、*vrn-B3*、*vrn-D1*；穗发芽相关基因：Vp1B3标记/*Vp1B3a*。

10cm

白玉麦

省库编号：LM 375　　国库编号：ZM 2014　　品种来源：山东巨野

【生物学习性】幼苗半匍匐；强冬性；抗寒性4级；生育期248d；株高120cm；穗长9.0cm，纺锤形，长芒，白壳；白粒，粉质，千粒重42.8g。

【品质特性】籽粒粗蛋白含量（干基）12.60%，赖氨酸0.41%；面粉白度值64.4；麦谷蛋白亚基组成：n/23+22/2+12，Glu-A3d/Glu-B3d。

【已测分子标记结果】非1B/1R；八氢番茄红素合成酶（PSY）基因：YP7A标记/*PSY-A1a*；抗白粉病基因*Pm4*、*Pm8*、*Pm13*、*Pm21*的标记均为阴性；抗叶锈病基因*Lr10*、*Lr19*、*Lr20*的标记均为阴性；春化基因：*vrn-A1*、*vrn-B1*、*vrn-D1*；穗发芽相关基因：Vp1B3标记/*Vp1B3b*。

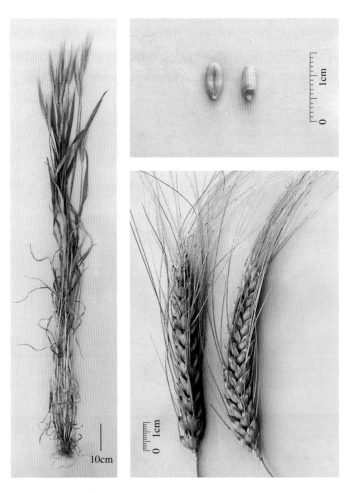

玉麦（3）

省库编号：LM 376　　国库编号：ZM 2101　　品种来源：山东滕县*

【生物学习性】幼苗半匍匐；半冬性；抗寒性4级；生育期248d；株高106cm；穗长8.2cm，圆锥形，长芒，白壳；白粒，角质，千粒重25.7g。

【品质特性】籽粒粗蛋白含量（干基）15.45%，赖氨酸0.38%，铁11.9mg/kg，锌12.4mg/kg，SKCS硬度指数58；面粉白度值63.9，沉降值（14%）20.1mL；面团流变学特性：形成时间1.2min，稳定时间0.8min，弱化度130BU，峰高490BU，衰弱角19°；淀粉糊化特性（RVA）：峰值黏度1 885cP，保持黏度1 193cP，稀懈值692cP，终黏度2 287cP，回升值1 094cP，峰值时间5.9min，糊化温度67.1℃；麦谷蛋白亚基组成：n/7+8/2，Glu-A3d/Glu-B3a。

【已测分子标记结果】非1B/1R；八氢番茄红素合成酶（PSY）基因：YP7A标记/PSY-A1a；多酚氧化酶（PPO）基因：PPO33标记/PPO-A1b；抗白粉病基因Pm4、Pm8、Pm13、Pm21的标记均为阴性；抗叶锈病基因Lr10、Lr19、Lr20的标记均为阴性；春化基因：vrn-A1、vrn-B1、vrn-B3、vrn-D1；穗发芽相关基因：Vp1B3标记/Vp1B3a。

耷 拉 头

省库编号：LM 377　　国库编号：ZM 1898　　品种来源：山东平阴

【生物学习性】幼苗半匍匐；弱冬性；抗寒性4级；生育期248d；株高115cm；穗长8.2cm，圆锥形，长芒，白壳；白粒，粉质，千粒重44.3g。

【品质特性】籽粒粗蛋白含量（干基）11.90%，赖氨酸0.25%，铁12.9mg/kg，锌15.4mg/kg，SKCS硬度指数55；面粉白度值67.3，23沉降值（14%）19.3mL；面团流变学特性：形成时间1.3min，稳定时间0.9min，弱化度120BU，峰高430BU，衰弱角15°；淀粉糊化特性（RVA）：峰值黏度1 939cP，保持黏度1 248cP，稀懈值691cP，终黏度2 328cP，回升值1 080cP，峰值时间5.9min，糊化温度67.1℃；麦谷蛋白亚基组成：1/6+16/2+12，Glu-A3b/Glu-B3d。

【已测分子标记结果】非1B/1R；八氢番茄红素合成酶（PSY）基因：YP7A标记/*PSY-A1a*；多酚氧化酶（PPO）基因：PPO33标记/*PPO-A1b*；抗白粉病基因*Pm4*、*Pm8*、*Pm13*、*Pm21*的标记均为阴性；抗叶锈病基因*Lr10*、*Lr19*、*Lr20*的标记均为阴性；春化基因：*vrn-A1*、*vrn-B1*、*vrn-B3*、*vrn-D1*；穗发芽相关基因：Vp1B3标记/*Vp1B3a*。

竹竿青

省库编号：LM 378　　国库编号：ZM 1987　　品种来源：山东冠县

【生物学习性】幼苗匍匐；弱冬性；抗寒性3级；生育期248d；株高132cm；穗长7.5cm，纺锤形，长芒，白壳；红粒，角质，千粒重26.7g。

【品质特性】SKCS硬度指数60；面粉白度值72.4；面团流变学特性：形成时间4.7min，稳定时间3.2min，弱化度124BU；麦谷蛋白亚基组成：n/23+22/2+12，Glu-A3b/Glu-B3a。

【已测分子标记结果】非1B/1R；八氢番茄红素合成酶（PSY）基因：YP7A标记/*PSY-A1a*；多酚氧化酶（PPO）基因：PPO33标记/*PPO-A1a*；抗白粉病基因*Pm4*、*Pm8*、*Pm13*、*Pm21*的标记均为阴性；抗叶锈病基因*Lr10*、*Lr19*、*Lr20*的标记均为阴性；光周期基因：Ppd标记/*Ppd-D1b*；春化基因：*vrn-A1*、*vrn-D1*；穗发芽相关基因：Vp1B3标记/*Vp1B3c*。

玉麦（2）

省库编号：LM 379　　国库编号：ZM 1966　　品种来源：山东禹城

【生物学习性】幼苗半匍匐；弱冬性；抗寒性4级；生育期248d；株高125cm；穗长7.6cm，圆锥形，长芒，白壳；白粒，粉质，千粒重38.5g。

【品质特性】籽粒粗蛋白含量（干基）12.60%，赖氨酸0.33%，铁16.6mg/kg，锌10.9mg/kg，SKCS硬度指数51；面粉白度值73.1，沉降值（14%）17.3mL；面团流变学特性：形成时间1.3min，稳定时间1.1min，弱化度92BU，峰高380BU，衰弱角7°；淀粉糊化特性（RVA）：峰值黏度2 048cP，保持黏度1 210cP，稀懈值838cP，终黏度2 394cP，回升值1 184cP，峰值时间5.9min，糊化温度67.1℃；麦谷蛋白亚基组成：n/7+8/2，Glu-A3b/Glu-B3a。

【已测分子标记结果】非1B/1R；八氢番茄红素合成酶（PSY）基因：YP7A标记/PSY-A1a；多酚氧化酶（PPO）基因：PPO33标记/PPO-A1b；抗白粉病基因Pm4、Pm8、Pm13、Pm21的标记均为阴性；抗叶锈病基因Lr10、Lr19、Lr20的标记均为阴性；春化基因：vrn-A1、vrn-B1、vrn-D1；穗发芽相关基因：Vp1B3标记/VP1b3a。

低头芒

省库编号：LM 380　　国库编号：ZM 1737　　品种来源：山东黄县*

【生物学习性】幼苗半匍匐；弱冬性；抗寒性4级；生育期248d；株高130cm；穗长8.2cm，纺锤形，长芒，白壳；白粒，粉质，千粒重34.0g。

【品质特性】籽粒粗蛋白含量（干基）11.50％，赖氨酸0.25％，铁12.2mg/kg，锌12.2mg/kg，SKCS硬度指数55；面粉白度值66.6，沉降值（14％）16.59mL；面团流变学特性：形成时间1.5min，稳定时间1.1min，弱化度140BU，峰高385BU，衰弱角11°；淀粉糊化特性（RVA）：峰值黏度1 980cP，保持黏度1 206cP，稀懈值774cP，终黏度2 328cP，回升值1 122cP，峰值时间5.9min，糊化温度67.9℃；麦谷蛋白亚基组成：n/7+8/2，Glu-A3b/Glu-B3a。

【已测分子标记结果】非1B/1R；八氢番茄红素合成酶（PSY）基因：YP7A标记/*PSY-A1a*；多酚氧化酶（PPO）基因：PPO33标记/*PPO-A1b*；抗白粉病基因*Pm4*、*Pm8*、*Pm13*、*Pm21*的标记均为阴性；抗叶锈病基因*Lr10*、*Lr19*、*Lr20*的标记均为阴性；春化基因：*vrn-A1*、*vrn-B1*、*vrn-B3*、*vrn-D1*；穗发芽相关基因：Vp1B3标记/*Vp1B3c*。

洋 小 麦

省库编号：LM 381　国库编号：ZM 2068　品种来源：山东沂南

【生物学习性】幼苗匍匐；弱冬性；抗寒性3⁺级；生育期248d；株高123cm；穗长
7.3cm，纺锤形，长芒，白壳；白粒，粉质，千粒重31.9g。

【品质特性】籽粒粗蛋白含量（干基）12.50％，赖氨酸0.27％，铁7.2mg/kg，锌
6.2mg/kg，SKCS硬度指数67；面粉白度值73.6，沉降值（14％）17.1mL；面团流变学特性：
形成时间1.2min，稳定时间0.9min，弱化度155BU，峰高420BU，衰弱角20°；淀粉糊化特性
（RVA）：峰值黏度2 314cP，保持黏度1 378cP，稀懈值936cP，终黏度2 658cP，回升值1 280cP，
峰值时间5.9min，糊化温度66.2℃；麦谷蛋白亚基组成：n/7+8/2，Glu-A3b/Glu-B3a。

【已测分子标记结果】非1B/1R；八氢番茄红素合成酶（PSY）基因：YP7A标记/*PSY-
A1a*；多酚氧化酶（PPO）基因：PPO33标记/*PPO-A1b*；抗白粉病基因*Pm4*、*Pm8*、*Pm13*、
*Pm21*的标记均为阴性；抗叶锈病基因*Lr10*、*Lr19*、*Lr20*的标记均为阴性；春化基因：*vrn-A1*、
vrn-B1、*vrn-B3*、*vrn-D1*；穗发芽相关基因：Vp1B3标记/*Vp1B3a*。

10cm

月 麦

省库编号：LM 382　　国库编号：ZM 2105　　品种来源：山东泗水

【生物学习性】幼苗匍匐；弱冬性；抗寒性3⁺级；生育期248d；株高115cm；穗长7.3cm，纺锤形，长芒，白壳；白粒，半角质，千粒重33.0g。

【品质特性】籽粒粗蛋白含量（干基）12.30%，赖氨酸0.29%，铁10.8mg/kg，锌14.9mg/kg，SKCS硬度指数57；面粉白度值69.2，沉降值（14%）17.7mL；面团流变学特性：形成时间1.2min，稳定时间2min，弱化度60BU，峰高450BU，衰弱角16°；淀粉糊化特性（RVA）：峰值黏度1 896cP，保持黏度1 059cP，稀懈值837cP，终黏度2 049cP，回升值990cP，峰值时间5.8min，糊化温度67.9℃；麦谷蛋白亚基组成：n/7+8/2，Glu-A3b/Glu-B3a。

【已测分子标记结果】非1B/1R；八氢番茄红素合成酶（PSY）基因：YP7A标记/*PSY-A1a*；多酚氧化酶（PPO）基因：PPO33标记/*PPO-A1b*；抗白粉病基因*Pm4*、*Pm8*、*Pm13*、*Pm21*的标记均为阴性；抗叶锈病基因*Lr10*、*Lr19*、*Lr20*的标记均为阴性；春化基因：*vrn-A1*、*vrn-B1*、*vrn-B3*、*vrn-D1*；穗发芽相关基因：Vp1B3标记/*Vp1B3c*。

玉麦（1）

省库编号：LM 383　　国库编号：ZM 1670　　品种来源：山东济南

【生物学习性】幼苗半匍匐；冬性；抗寒性4⁻级；生育期248d；株高121cm；穗长7.6cm，圆锥形，长芒，白壳，白粒，角质，千粒重33.4g。

【品质特性】籽粒粗蛋白含量（干基）12.80%，赖氨酸0.28%，铁7.4mg/kg，锌10.2mg/kg，SKCS硬度指数57；面粉白度值67.1，沉降值（14%）16.3mL；面团流变学特性：形成时间1.5min，稳定时间1min，弱化度198BU，峰高450BU，衰弱角21°；淀粉糊化特性（RVA）：峰值黏度1 845cP，保持黏度955cP，稀懈值890cP，终黏度1 856cP，回升值901cP，峰值时间5.7min，糊化温度67.0℃；麦谷蛋白亚基组成：n/23+22/2，Glu-A3b/Glu-B3a。

【已测分子标记结果】非1B/1R；八氢番茄红素合成酶（PSY）基因：YP7A标记/PSY-A1a；多酚氧化酶（PPO）基因：PPO33标记/PPO-A1b；抗白粉病基因Pm4、Pm8、Pm13、Pm21的标记均为阴性；抗叶锈病基因Lr10、Lr19、Lr20的标记均为阴性；春化基因：vrn-A1、vrn-B1、vrn-B3、vrn-D1；穗发芽相关基因：Vp1B3标记/Vp1B3c。

滨 麦

省库编号：LM 384　国库编号：ZM 1950　品种来源：山东桓台

【生物学习性】幼苗匍匐；弱冬性；抗寒性3⁺级；生育期248d；株高130cm；穗长7.4cm，纺锤形，长芒，白壳；白粒，粉质，千粒重31.5g。

【品质特性】籽粒粗蛋白含量（干基）12.00%，赖氨酸0.28%，铁10.4mg/kg，锌16.7mg/kg，SKCS硬度指数61；面粉白度值71.6，沉降值（14%）18.9mL；面团流变学特性：形成时间1.0min，稳定时间0.9min，弱化度111BU，峰高595BU，衰弱角15°；淀粉糊化特性（RVA）：峰值黏度1 889cP，保持黏度1 117cP，稀懈值772cP，终黏度2 237cP，回升值1 120cP，峰值时间5.9min，糊化温度67.0℃；麦谷蛋白亚基组成：n/7+8/2，Glu-A3c/Glu-B3a。

【已测分子标记结果】非1B/1R；八氢番茄红素合成酶（PSY）基因：YP7A标记/*PSY-A1a*；多酚氧化酶（PPO）基因：PPO33标记/*PPO-A1b*；抗白粉病基因*Pm4*、*Pm8*、*Pm13*、*Pm21*的标记均为阴性；抗叶锈病基因*Lr10*、*Lr19*、*Lr20*的标记均为阴性；春化基因：*vrn-A1*、*vrn-B1*、*vrn-B3*、*vrn-D1*；穗发芽相关基因：Vp1B3标记/*Vp1B3a*。

面 大 麦

省库编号：LM 385　　国库编号：ZM 1713　　品种来源：山东博山

【生物学习性】幼苗匍匐；弱冬性；抗寒性3⁺级；生育期248d；株高130cm；穗长6.7cm，纺锤形，长芒，白壳；白粒，粉质，千粒重30.3g。

【品质特性】籽粒粗蛋白含量（干基）12.50%，赖氨酸0.33%，铁16.8mg/kg，锌15.6mg/kg，SKCS硬度指数65，面粉白度值72.7，沉降值（14%）18.2mL；面团流变学特性：形成时间1.0min，稳定时间1.1min，弱化度127BU，峰高450BU，衰弱角10°；淀粉糊化特性（RVA）：峰值黏度1 934cP，保持黏度1 126cP，稀懈值798cP，终黏度2 208cP，回升值1 072cP，峰值时间5.9min，糊化温度67.9℃；麦谷蛋白亚基组成：n/7+8/2，Glu-A3c/Glu-B3a。

【已测分子标记结果】非1B/1R；八氢番茄红素合成酶（PSY）基因：YP7A标记/PSY-A1a；多酚氧化酶（PPO）基因：PPO33标记/PPO-A1b；抗白粉病基因Pm4、Pm8、Pm13、Pm21的标记均为阴性；抗叶锈病基因Lr10、Lr19、Lr20的标记均为阴性；春化基因：vrn-A1、vrn-B1、vrn-B3、vrn-D1；穗发芽相关基因：Vp1B3标记/Vp1B3a。

瞎 二 十

省库编号：LM 386　国库编号：ZM 1767　品种来源：山东即墨

【生物学习性】幼苗匍匐；弱冬性；抗寒性3⁺级；生育期248d；株高125cm；穗长7.4cm，纺锤形，长芒，白壳；白粒，半角质，千粒重30.5g。

【品质特性】籽粒粗蛋白含量（干基）11.60%，赖氨酸0.33%，铁17.8mg/kg，锌17.1mg/kg，SKCS硬度指数63；面粉白度值72.3，沉降值（14%）18.9mL；面团流变学特性：形成时间1.1min，稳定时间1.0min，弱化度117BU，峰高460BU，衰弱角15°；淀粉糊化特性（RVA）：峰值黏度1 822cP，保持黏度1 087cP，稀懈值753cP，终黏度2 193cP，回升值1 106cP，峰值时间5.9min，糊化温度67.1℃；麦谷蛋白亚基组成：n/7+8/2，Glu-A3c/Glu-B3a。

【已测分子标记结果】非1B/1R；八氢番茄红素合成酶（PSY）基因：YP7A标记/*PSY-A1a*；抗白粉病基因*Pm4*、*Pm8*、*Pm13*、*Pm21*的标记均为阴性；抗叶锈病基因*Lr10*、*Lr19*、*Lr20*的标记均为阴性；春化基因：*vrn-A1*、*vrn-B1*、*vrn-B3*、*vrn-D1*；穗发芽相关基因：Vp1B3标记/*Vp1B3a*。

小白芒（11）

省库编号：LM 387　　国库编号：ZM 2025　　品种来源：山东鄄城

【生物学习性】幼苗匍匐；弱冬性；抗寒性3级；生育期244d；株高103cm；穗长8.7cm，纺锤形，长芒，白壳；白粒，角质，千粒重24.8g。

【品质特性】籽粒粗蛋白含量（干基）14.00%，赖氨酸0.35%，铁10.6mg/kg，锌12.1mg/kg，SKCS硬度指数46；面粉白度值75.6，沉降值（14%）48.2mL；面团流变学特性：形成时间3.0min，稳定时间1.6min，弱化度160BU，峰高680BU，衰弱角35°；淀粉糊化特性（RVA）：峰值黏度2 632cP，保持黏度1 773cP，稀懈值856cP，终黏度3 084cP，回升值1 311cP，峰值时间6.3min，糊化温度67.1℃；麦谷蛋白亚基组成：n/7+8/2+12，Glu-A3b/Glu-B3d。

【已测分子标记结果】非1B/1R；八氢番茄红素合成酶（PSY）基因：YP7A标记/*PSY-A1a*；多酚氧化酶（PPO）基因：PPO33标记/*PPO-A1b*；抗白粉病基因*Pm4*、*Pm8*、*Pm13*、*Pm21*的标记均为阴性；抗叶锈病基因*Lr10*、*Lr19*、*Lr20*的标记均为阴性；光周期基因：Ppd标记/*Ppd-D1b*；春化基因：*vrn-B1*、*vrn-B3*；穗发芽相关基因：Vp1B3标记/*Vp1B3a*。

小白芒（9）

省库编号：LM 388　　国库编号：ZM 1986　　品种来源：山东莘县

【生物学习性】幼苗匍匐；弱冬性；抗寒性3级；生育期243d；株高101cm；穗长8.8cm，纺锤形，长芒，白壳；白粒，角质，千粒重26.8g。

【品质特性】籽粒粗蛋白含量（干基）14.60%，赖氨酸0.3%，铁12.6mg/kg，锌16.6mg/kg，SKCS硬度指数48；面粉白度值74.9，沉降值（14%）43.3mL；面团流变学特性：形成时间3.6min，稳定时间1.5min，弱化度100BU，峰高595BU，衰弱角40°；淀粉糊化特性（RVA）：峰值黏度2 541cP，保持黏度1 810cP，稀懈值731cP，终黏度3 066cP，回升值1 256cP，峰值时间6.3min，糊化温度67.1℃；麦谷蛋白亚基组成：n/7+8/2+12，Glu-A3b/Glu-B3d。

【已测分子标记结果】非1B/1R；八氢番茄红素合成酶（PSY）基因：YP7A标记/PSY-A1a；多酚氧化酶（PPO）基因：PPO33标记/PPO-A1b；抗白粉病基因Pm4、Pm8、Pm13、Pm21的标记均为阴性；抗叶锈病基因Lr10、Lr19、Lr20的标记均为阴性；光周期基因：Ppd标记/Ppd-D1b；春化基因：vrn-B1、vrn-B3；穗发芽相关基因：Vp1B3标记/Vp1B3a。

白 鲜 麦

省库编号：LM 389　　国库编号：ZM 2028　　品种来源：山东梁山

【生物学习性】幼苗匍匐；弱冬性；抗寒性2级；生育期244d；株高105cm；穗长8.4cm，纺锤形，长芒，白壳；白粒，角质，千粒重27.6g。

【品质特性】籽粒粗蛋白含量（干基）15.10%，赖氨酸0.39%，铁11.5mg/kg，锌17.4mg/kg，SKCS硬度指数53；面粉白度值73.7，沉降值（14%）43.9mL；面团流变学特性：形成时间4.5min，稳定时间2.8min，弱化度126BU，峰高670BU，衰弱角38°；淀粉糊化特性（RVA）：峰值黏度2 443cP，保持黏度1 685cP，稀懈值758cP，终黏度2 981cP，回升值1 296cP，峰值时间6.1min，糊化温度67.0℃；麦谷蛋白亚基组成：n/7+8/2+12，Glu-A3b/Glu-B3d。

【已测分子标记结果】非1B/1R；八氢番茄红素合成酶（PSY）基因：YP7A标记/*PSY-A1a*；多酚氧化酶（PPO）基因：PPO33标记/*PPO-A1b*；抗白粉病基因*Pm4*、*Pm8*、*Pm13*、*Pm21*的标记均为阴性；抗叶锈病基因*Lr10*、*Lr19*、*Lr20*的标记均为阴性；光周期基因：Ppd标记/*Ppd-D1b*；春化基因：*vrn-B1*、*vrn-B3*；穗发芽相关基因：Vp1B3标记/*Vp1B3c*。

白 笨 麦

省库编号：LM 390　　国库编号：ZM 2017　　品种来源：山东郓城

【生物学习性】幼苗匍匐；弱冬性；抗寒性2⁺级；生育期243d；株高109cm；穗长9.3cm，纺锤形，长芒，白壳；白粒，角质，千粒重27.9g。

【品质特性】籽粒粗蛋白含量（干基）14.50％，赖氨酸0.35％，铁13.7mg/kg，锌20.2mg/kg，SKCS硬度指数60；面粉白度值75.4，沉降值（14％）46.0mL；面团流变学特性：形成时间3.5min，稳定时间4.1min，弱化度90BU，峰高740BU，衰弱角50°；淀粉糊化特性（RVA）：峰值黏度2 672cP，保持黏度1 757cP，稀懈值915cP，终黏度3 077cP，回升值1 320cP，峰值时间5.9min，糊化温度66.2℃；麦谷蛋白亚基组成：n/7+8/2+12，Glu-A3b/Glu-B3d。

【已测分子标记结果】非1B/1R；八氢番茄红素合成酶（PSY）基因：YP7A标记/PSY-A1a；多酚氧化酶（PPO）基因：PPO33标记/PPO-A1b；抗白粉病基因Pm4、Pm8、Pm13、Pm21的标记均为阴性；抗叶锈病基因Lr10、Lr19、Lr20的标记均为阴性；光周期基因：Ppd标记/Ppd-D1b；春化基因：vrn-B1、vrn-B3；穗发芽相关基因：Vp1B3标记/Vp1B3c。

白芒小白麦

省库编号：LM 391　　国库编号：ZM 2089　　品种来源：山东嘉祥

【生物学习性】幼苗匍匐；弱冬性；抗寒性3⁻级；生育期243d；株高111cm；穗长10.6cm，纺锤形，长芒，白壳；白粒，角质，千粒重26.2g。

【品质特性】籽粒粗蛋白含量（干基）15.10%，赖氨酸0.36%，铁13.8mg/kg，锌15.1mg/kg，SKCS硬度指数58；面粉白度值76.3，沉降值（14%）41.5mL；面团流变学特性：形成时间5.1min，稳定时间3.1min，弱化度128BU，峰高660BU，衰弱角37°；淀粉糊化特性（RVA）：峰值黏度2 409cP，保持黏度1 655cP，稀懈值754cP，终黏度2 928cP，回升值1 273cP，峰值时间6.1min，糊化温度67.0℃；麦谷蛋白亚基组成：n/7+8/2+12，Glu-A3b/Glu-B3c′。

【已测分子标记结果】非1B/1R；八氢番茄红素合成酶（PSY）基因：YP7A标记/*PSY-A1a*；多酚氧化酶（PPO）基因：PPO33标记/*PPO-A1b*；抗白粉病基因*Pm4*、*Pm8*、*Pm13*、*Pm21*的标记均为阴性；抗叶锈病基因*Lr10*、*Lr19*、*Lr20*的标记均为阴性；光周期基因：Ppd标记/*Ppd-D1b*；春化基因：*vrn-B1*、*vrn-B3*；穗发芽相关基因：Vp1B3标记/*Vp1B3c*。

先麦（2）

省库编号：LM 392　　国库编号：ZM 2090　　品种来源：山东嘉祥

【生物学习性】幼苗半匍匐；弱冬性；抗寒性4级；生育期243d；株高114cm；穗长9.0cm，纺锤形，长芒，白壳；白粒，角质，千粒重26.6g。

【品质特性】籽粒粗蛋白含量（干基）15.10%，赖氨酸0.29%，铁12.1mg/kg，锌24mg/kg，SKCS硬度指数55；面粉白度值75.7，沉降值（14%）45.2mL；面团流变学特性：形成时间5.0min，稳定时间3.3min，弱化度131BU，峰高690BU，衰弱角43°；淀粉糊化特性（RVA）：峰值黏度2 542cP，保持黏度1 716cP，稀懈值826cP，终黏度3 002cP，回升值1 286cP，峰值时间6.1min，糊化温度67.0℃；麦谷蛋白亚基组成：n/7+8/2+12，Glu-A3e/Glu-B3d。

【已测分子标记结果】非1B/1R；八氢番茄红素合成酶（PSY）基因：YP7A标记/*PSY-A1a*；多酚氧化酶（PPO）基因：PPO33标记/*PPO-A1b*；抗白粉病基因*Pm4*、*Pm8*、*Pm13*、*Pm21*的标记均为阴性；抗叶锈病基因*Lr10*、*Lr19*、*Lr20*的标记均为阴性；光周期基因：Ppd标记/*Ppd-D1b*；春化基因：*vrn-B1*、*vrn-B3*；穗发芽相关基因：Vp1B3标记/*Vp1B3c*。

白芒麦（1）

省库编号：LM 393　　国库编号：ZM 2062　　品种来源：山东平邑

【生物学习性】幼苗匍匐；弱冬性；抗寒性3级；生育期243d；株高125cm；穗长7.6cm，长方形，长芒，白壳；红粒，角质，千粒重25.0g。

【品质特性】籽粒粗蛋白含量（干基）15.70％，赖氨酸0.42％，铁9.4mg/kg，锌11.2mg/kg，SKCS硬度指数53；面粉白度值75.4，沉降值（14％）44.4mL；面团流变学特性：形成时间6.0min，稳定时间2.5min，弱化度68BU，峰高730BU，衰弱角45°；淀粉糊化特性（RVA）：峰值黏度2 458cP，保持黏度1 755cP，稀懈值703cP，终黏度3 019cP，回升值1 264cP，峰值时间6.2min，糊化温度67.9℃；麦谷蛋白亚基组成：n/7+8/2+12，Glu-A3c/Glu-B3d。

【已测分子标记结果】非1B/1R；八氢番茄红素合成酶（PSY）基因：YP7A标记/*PSY-A1a*；多酚氧化酶（PPO）基因：PPO33标记/*PPO-A1a*；抗白粉病基因*Pm4*、*Pm8*、*Pm13*、*Pm21*的标记均为阴性；抗叶锈病基因*Lr10*、*Lr19*、*Lr20*的标记均为阴性；光周期基因：Ppd标记/*Ppd-D1b*；春化基因：*vrn-B1*、*vrn-B3*；穗发芽相关基因：Vp1B3标记/*Vp1B3c*。

白穗白（1）

省库编号：LM 394　　国库编号：ZM 1705　　品种来源：山东峄县*

【生物学习性】幼苗匍匐；弱冬性；抗寒性3级；生育期244d；株高107cm；穗长8.7cm，纺锤形，长芒，白壳；白粒，角质，千粒重16.9g。

【品质特性】籽粒粗蛋白含量（干基）15.70%，赖氨酸0.35%，铁7.2mg/kg，锌14.4mg/kg，SKCS硬度指数63；面粉白度值74.2，沉降值（14%）43.6mL；面团流变学特性：形成时间4.8min，稳定时间3.4min，弱化度80BU，峰高685BU，衰弱角35°；淀粉糊化特性（RVA）：峰值黏度2 463cP，保持黏度1 711cP，稀懈值752cP，终黏度2 953cP，回升值1 242cP，峰值时间6.1min，糊化温度67.0℃；麦谷蛋白亚基组成：n/7+8/2+12，Glu-A3cb/Glu-B3d。

【已测分子标记结果】非1B/1R；八氢番茄红素合成酶（PSY）基因：P YP7A标记/SY-A1a；多酚氧化酶（PPO）基因：PPO33标记/PPO-A1b；抗白粉病基因Pm4、Pm8、Pm13、Pm21的标记均为阴性；抗叶锈病基因Lr10、Lr19、Lr20的标记均为阴性；光周期基因：Ppd标记/Ppd-D1b；春化基因：vrn-B1、vrn-B3；穗发芽相关基因：Vp1B3标记/Vp1B3c。

大白芒（4）

省库编号：LM 395　　国库编号：ZM 2032　　品种来源：山东菏泽

【生物学习性】幼苗匍匐；弱冬性；抗寒性3级；生育期244d；株高110cm；穗长9.1cm，纺锤形，长芒，白壳；白粒，角质，千粒重25.2g。

【品质特性】籽粒粗蛋白含量（干基）15.80％，赖氨酸0.38％，铁11.1mg/kg，锌20.5mg/kg，SKCS硬度指数56；面粉白度值74.3，沉降值（14％）38.3mL；面团流变学特性：形成时间4.0min，稳定时间2.3min，弱化度140BU，峰高680BU，衰弱角24°；淀粉糊化特性（RVA）：峰值黏度2 502cP，保持黏度1 722cP，稀懈值780cP，终黏度2 927cP，回升值1 205cP，峰值时间6.2min，糊化温度67.1℃；麦谷蛋白亚基组成：n/7+8/2+12，Glu-A3b/Glu-B3d。

【已测分子标记结果】非1B/1R；八氢番茄红素合成酶（PSY）基因：YP7A标记/*PSY-A1a*；多酚氧化酶（PPO）基因：PPO33标记/*PPO-A1b*；抗白粉病基因*Pm4*、*Pm8*、*Pm13*、*Pm21*的标记均为阴性；抗叶锈病基因*Lr10*、*Lr19*、*Lr20*的标记均为阴性；光周期基因：Ppd标记/*Ppd-D1b*；春化基因：*vrn-A1*、*vrn-B1*、*vrn-B3*、*vrn-D1*；穗发芽相关基因：Vp1B3标记/*Vp1B3c*。

小白芒（1）

省库编号：LM 396　　国库编号：ZM 1844　　品种来源：山东高密

【生物学习性】幼苗匍匐；弱冬性；抗寒性3级；生育期244d；株高120cm；穗长9.3cm，纺锤形，长芒，白壳；白粒，角质，千粒重26.6g。

【品质特性】籽粒粗蛋白含量（干基）14.90%，赖氨酸0.33%，铁8.1mg/kg，锌14.0mg/kg，SKCS硬度指数51；面粉白度值75.6，沉降值（14%）41.5mL；面团流变学特性：形成时间3.3min，稳定时间1.5min，弱化度130BU，峰高670BU，衰弱角39°；淀粉糊化特性（RVA）：峰值黏度2 622cP，保持黏度1 823cP，稀懈值799cP，终黏度3 097cP，回升值1 274cP，峰值时间6.3min，糊化温度67.0℃；麦谷蛋白亚基组成：n/7+22/2+12，Glu-A3e/Glu-B3c′。

【已测分子标记结果】非1B/1R；八氢番茄红素合成酶（PSY）基因：YP7A标记/*PSY-A1a*；多酚氧化酶（PPO）基因：PPO33标记/*PPO-A1b*；抗白粉病基因*Pm4*、*Pm8*、*Pm13*、*Pm21*的标记均为阴性；抗叶锈病基因*Lr10*、*Lr19*、*Lr20*的标记均为阴性；光周期基因：Ppd标记/*Ppd-D1b*；春化基因：*vrn-A1*、*vrn-B1*、*vrn-D1*；穗发芽相关基因：Vp1B3标记/*Vp1B3a*。

10cm

一枝花

省库编号：LM 397　　国库编号：ZM 1862　　品种来源：山东安丘

【生物学习性】幼苗匍匐；弱冬性；抗寒性3级；生育期244d；株高120cm；穗长9.2cm，纺锤形，长芒，白壳；白粒，角质，千粒重24.0g。

【品质特性】籽粒粗蛋白含量（干基）15.50%，赖氨酸0.35%，铁11.2mg/kg，锌15.7mg/kg，SKCS硬度指数55；面粉白度值76.4，沉降值（14%）41.7mL；面团流变学特性：形成时间3min，稳定时间1.9min，弱化度135BU，峰高710BU，衰弱角43°；淀粉糊化特性（RVA）：峰值黏度2 467cP，保持黏度1 668cP，稀懈值799cP，终黏度2 896cP，回升值1 228cP，峰值时间6.2min，糊化温度66.2℃；麦谷蛋白亚基组成：n/7+22/2+12，Glu-A3e/Glu-B3g。

【已测分子标记结果】非1B/1R；八氢番茄红素合成酶（PSY）基因：YP7A标记/PSY-A1a；多酚氧化酶（PPO）基因：PPO33标记/PPO-A1b；抗白粉病基因Pm4、Pm8、Pm13、Pm21的标记均为阴性；抗叶锈病基因Lr10、Lr19、Lr20的标记均为阴性；光周期基因：Ppd标记/Ppd-D1b；春化基因：vrn-B1、vrn-B3；穗发芽相关基因：Vp1B3标记/Vp1B3a。

10cm

贮白麦

省库编号：LM 398　　国库编号：ZM 1865　　品种来源：山东安丘

【生物学习性】幼苗匍匐；弱冬性；抗寒性3级；生育期244d；株高130cm；穗长9.7cm，纺锤形，长芒，白壳；白粒，角质，千粒重25.5g。

【品质特性】籽粒粗蛋白含量（干基）15.60％，赖氨酸0.36％，铁12.6mg/kg，锌20.4mg/kg，SKCS硬度指数56；面粉白度值75.5，沉降值（14％）42.0mL；面团流变学特性：形成时间3.2min，稳定时间1.4min，弱化度153BU，峰高690BU，衰弱角41°；淀粉糊化特性（RVA）：峰值黏度2 319cP，保持黏度1 604cP，稀懈值715cP，终黏度2 746cP，回升值1 142cP，峰值时间6.2min，糊化温度66.9℃；麦谷蛋白亚基组成：n/7+8/2+12，Glu-A3b/Glu-B3g。

【已测分子标记结果】非1B/1R；八氢番茄红素合成酶（PSY）基因：YP7A标记/*PSY-A1a*；多酚氧化酶（PPO）基因：PPO33标记/*PPO-A1b*；抗白粉病基因*Pm4*、*Pm8*、*Pm13*、*Pm21*的标记均为阴性；抗叶锈病基因*Lr10*、*Lr19*、*Lr20*的标记均为阴性；光周期基因：Ppd标记/*Ppd-D1b*；春化基因：*vrn-B1*、*vrn-B3*；穗发芽相关基因：Vp1B3标记/*Vp1B3a*。

白 火 麦

省库编号：LM 399　　国库编号：ZM 2057　　品种来源：山东日照

【生物学习性】幼苗匍匐；弱冬性；抗寒性4⁻级；生育期246d；株高135cm；穗长10.2cm，纺锤形，长芒，白壳；白粒，粉质，千粒重27.4g。

【品质特性】籽粒粗蛋白含量（干基）13.90%，赖氨酸0.42%，SKCS硬度指数28；面粉白度值76.7；面团流变学特性：形成时间3.0min，稳定时间1.8min，弱化度100BU；麦谷蛋白亚基组成：1/7+8/2+12，Glu-A3b/Glu-B3d。

【已测分子标记结果】非1B/1R；八氢番茄红素合成酶（PSY）基因：YP7A标记/PSY-A1a；多酚氧化酶（PPO）基因：PPO33标记/PPO-A1a；抗白粉病基因Pm4、Pm8、Pm13、Pm21的标记均为阴性；抗叶锈病基因Lr10、Lr19、Lr20的标记均为阴性；光周期基因：Ppd标记/Ppd-D1b；春化基因：vrn-A1、vrn-B1、vrn-B3、vrn-D1；穗发芽相关基因：Vp1B3标记/Vp1B3a。

白麦（4）

省库编号：LM 400　　国库编号：ZM 2058　　品种来源：山东日照

【生物学习性】幼苗匍匐；弱冬性；抗寒性3⁻级；生育期245d；株高125cm；穗长8.0cm，纺锤形，长芒，白壳；白粒，角质，千粒重28.0g。

【品质特性】籽粒粗蛋白含量（干基）14.40%，赖氨酸0.35%，铁14.0mg/kg，锌20.3mg/kg，SKCS硬度指数55；面粉白度值77.1，沉降值（14%）42.8mL；面团流变学特性：形成时间4.1min，稳定时间2.8min，弱化度100BU，峰高720BU，衰弱角49°；淀粉糊化特性（RVA）：峰值黏度2 673cP，保持黏度1 826cP，稀懈值847cP，终黏度3 077cP，回升值1 251cP，峰值时间6.3min，糊化温度67.9℃；麦谷蛋白亚基组成：n/7+8/2+12，Glu-A3b/Glu-B3d。

【已测分子标记结果】非1B/1R；八氢番茄红素合成酶（PSY）基因：YP7A标记/*PSY-A1a*；多酚氧化酶（PPO）基因：PPO33标记/*PPO-A1b*；抗白粉病基因*Pm4*、*Pm8*、*Pm13*、*Pm21*的标记均为阴性；抗叶锈病基因*Lr10*、*Lr19*、*Lr20*的标记均为阴性；光周期基因：Ppd标记/*Ppd-D1b*；春化基因：*vrn-B1*、*vrn-B3*；穗发芽相关基因：Vp1B3标记/*Vp1B3c*。

小白芒（7）

省库编号：LM 401　　　国库编号：ZM 2079　　　品种来源：山东曲阜

【生物学习性】幼苗匍匐；弱冬性；抗寒性3 级；生育期246d；株高117cm；穗长10.5cm，纺锤形，长芒，白壳，白粒，角质，千粒重26.8g。

【品质特性】籽粒粗蛋白含量（干基）15.10%，赖氨酸0.35%，铁15.0mg/kg，锌17.7mg/kg，SKCS硬度指数58；面粉白度值75.4，沉降值（14%）42.53mL；面团流变学特性：形成时间7.0min，稳定时间4.3min，弱化度60BU，峰高725BU，衰弱角43°；淀粉糊化特性（RVA）：峰值黏度2 841cP，保持黏度1 824cP，稀懈值1 017cP，终黏度2 914cP，回升值1 090cP，峰值时间6.2min，糊化温度66.9℃；麦谷蛋白亚基组成：n/7+8/2+12，Glu-A3b/Glu-B3d。

【已测分子标记结果】非1B/1R；八氢番茄红素合成酶（PSY）基因：YP7A标记/*PSY-A1a*；多酚氧化酶（PPO）基因：PPO33标记/*PPO-A1a*；抗白粉病基因*Pm4*、*Pm8*、*Pm13*、*Pm21*的标记均为阴性；抗叶锈病基因*Lr10*、*Lr19*、*Lr20*的标记均为阴性；光周期基因：Ppd标记/*Ppd-D1b*；春化基因：*vrn-A1*、*vrn-B1*、*vrn-B3*、*vrn-D1*；穗发芽相关基因：Vp1B3标记/*Vp1B3c*。

小白芒麦（2）

省库编号：LM 402　　国库编号：ZM 2106　　品种来源：山东泗水

【生物学习性】幼苗匍匐；弱冬性；抗寒性3级；生育期246d；株高111cm；穗长9.7cm，纺锤形，长芒，白壳；白粒，角质，千粒重27.0g。

【品质特性】籽粒粗蛋白含量（干基）14.70%，赖氨酸0.35%，铁17.4mg/kg，锌16.0mg/kg，SKCS硬度指数56；面粉白度值75.5，沉降值（14%）40.43mL；面团流变学特性：形成时间4.9min，稳定时间4.6min，弱化度100BU，峰高630BU，衰弱角32°；淀粉糊化特性（RVA）：峰值黏度2 807cP，保持黏度1 838cP，稀懈值969cP，终黏度2 914cP，回升值1 076cP，峰值时间6.2min，糊化温度67.8℃；麦谷蛋白亚基组成：2*/7+8/2+12，Glu-A3a/Glu-B3g。

【已测分子标记结果】非1B/1R；八氢番茄红素合成酶（PSY）基因：YP7A标记/*PSY-A1a*；多酚氧化酶（PPO）基因：PPO33标记/*PPO-A1a*；抗白粉病基因*Pm4*的标记为阳性，*Pm8*、*Pm13*、*Pm21*的标记为阴性；抗叶锈病基因*Lr10*、*Lr19*、*Lr20*的标记均为阴性；光周期基因：Ppd标记/*Ppd-D1b*；春化基因：*vrn-A1*、*vrn-B1*、*vrn-B3*、*vrn-D1*；穗发芽相关基因：Vp1B3标记/*Vp1B3a*。

小白穗（3）

省库编号：LM 403　　国库编号：ZM 2096　　品种来源：山东滕县*

【生物学习性】幼苗匍匐；半弱冬性；抗寒性3⁻级；生育期244d；株高112cm；穗长9.7cm，纺锤形，长芒，白壳；红粒，角质，千粒重25.2g。

【品质特性】籽粒粗蛋白含量（干基）14.70%，赖氨酸0.38%，铁13.5mg/kg，锌16.2mg/kg，SKCS硬度指数42；面粉白度值76.4，沉降值（14%）48.3mL；面团流变学特性：形成时间3min，稳定时间1.2min，弱化度151BU，峰高590BU，衰弱角20°；淀粉糊化特性（RVA）：峰值黏度2 817cP，保持黏度1 803cP，稀懈值1 014cP，终黏度3 129cP，回升值1 326cP，峰值时间6.1min，糊化温度67.0℃；麦谷蛋白亚基组成：n/7+8/2+12，Glu-A3b/Glu-B3d。

【已测分子标记结果】非1B/1R；八氢番茄红素合成酶（PSY）基因：YP7A标记/*PSY-A1a*；多酚氧化酶（PPO）基因：PPO33标记/*PPO-A1b*；抗白粉病基因*Pm4*、*Pm8*、*Pm13*、*Pm21*的标记均为阴性；抗叶锈病基因*Lr10*、*Lr19*、*Lr20*的标记均为阴性；光周期基因：Ppd标记/*Ppd-D1b*；春化基因：*vrn-A1*、*vrn-D1*；穗发芽相关基因：Vp1B3标记/*Vp1B3b*。

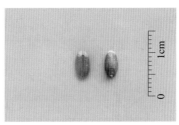

白气死雾

省库编号：LM 404　　国库编号：ZM 2036　　品种来源：山东临沂

【生物学习性】幼苗匍匐；弱冬性；抗寒性3˜级；生育期244d；株高112cm；穗长8.9cm，纺锤形，长芒，白壳；白粒，角质，千粒重26.0g。

【品质特性】籽粒粗蛋白含量（干基）15.30％，赖氨酸0.35％，铁19.1mg/kg，锌18.6mg/kg，SKCS硬度指数58；面粉白度值75.9，沉降值（14％）52.0mL；面团流变学特性：形成时间4.2min，稳定时间1.9min，弱化度120BU，峰高610BU，衰弱角35°；淀粉糊化特性（RVA）：峰值黏度2 837cP，保持黏度1 833cP，稀懈值1 004cP，终黏度3 013cP，回升值1 180cP，峰值时间6.3min，糊化温度68.7℃；麦谷蛋白亚基组成：n/7+8/2+12，Glu-A3b/Glu-B3d。

【已测分子标记结果】非1B/1R；八氢番茄红素合成酶（PSY）基因：YP7A标记/*PSY-A1a*；多酚氧化酶（PPO）基因：PPO33标记/*PPO-A1b*；抗白粉病基因*Pm4*、*Pm8*、*Pm13*、*Pm21*的标记均为阴性；抗叶锈病基因*Lr10*、*Lr19*、*Lr20*的标记均为阴性；光周期基因：Ppd标记/*Ppd-D1b*；春化基因：*vrn-A1*、*vrn-B3*、*vrn-D1*；穗发芽相关基因：Vp1B3标记/*Vp1B3c*。

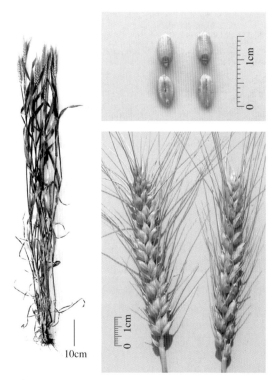

白穗红麦

省库编号：LM 405　　国库编号：ZM 2064　　品种来源：山东苍山

【生物学习性】幼苗匍匐；弱冬性；抗寒性3⁻级；生育期244d；株高119cm；穗长9.5cm，纺锤形，长芒，白壳；红粒，角质，千粒重23.7g。

【品质特性】籽粒粗蛋白含量（干基）15.45％，赖氨酸0.4％，铁15.2mg/kg，锌13.4mg/kg，SKCS硬度指数49；面粉白度值76.2，沉降值（14%）45.2mL；面团流变学特性：形成时间4.0min，稳定时间1.1min，弱化度102BU，峰高660BU，衰弱角41°；淀粉糊化特性（RVA）：峰值黏度2 661cP，保持黏度1 791cP，稀懈值870cP，终黏度3 025cP，回升值1 261cP，峰值时间6.3min，糊化温度67.1℃；麦谷蛋白亚基组成：n/7+8/4+12，Glu-A3b/Glu-B3d。

【已测分子标记结果】非1B/1R；八氢番茄红素合成酶（PSY）基因：YP7A标记/*PSY-A1a*；多酚氧化酶（PPO）基因：PPO33标记/*PPO-A1a*；抗白粉病基因*Pm4*、*Pm8*、*Pm13*、*Pm21*的标记均为阴性；抗叶锈病基因*Lr10*、*Lr19*、*Lr20*的标记均为阴性；光周期基因：Ppd标记/*Ppd-D1b*；春化基因：*vrn-B1*、*vrn-B3*；穗发芽相关基因：Vp1B3标记/*Vp1B3c*。

白 穗 红

省库编号：LM 406　　国库编号：ZM 1702　　品种来源：山东峄县[*]

【生物学习性】幼苗匍匐；弱冬性；抗寒性3级；生育期243d；株高112cm；穗长8.2cm，纺锤形，长芒，白壳；红粒，角质，千粒重25.3g。

【品质特性】籽粒粗蛋白含量（干基）16.10％，赖氨酸0.37％，铁31.6mg/kg，锌20.5mg/kg，SKCS硬度指数39；面粉白度值76.2，沉降值（14％）50.9mL；面团流变学特性：形成时间3.8min，稳定时间1.7min，弱化度106BU，峰高645BU，衰弱角33°；淀粉糊化特性（RVA）：峰值黏度2 609cP，保持黏度1 759cP，稀懈值850cP，终黏度2 963cP，回升值1 204cP，峰值时间6.3min，糊化温度69.4℃；麦谷蛋白亚基组成：n/7+8/2+12，Glu-A3b/Glu-B3d。

【已测分子标记结果】非1B/1R；八氢番茄红素合成酶（PSY）基因：YP7A标记/PSY-A1a；多酚氧化酶（PPO）基因：PPO33标记/PPO-A1a；抗白粉病基因Pm4、Pm8、Pm13、Pm21的标记均为阴性；抗叶锈病基因Lr10、Lr19、Lr20的标记均为阴性；光周期基因：Ppd标记/Ppd-D1a；春化基因：vrn-B1、vrn-B3；穗发芽相关基因：Vp1B3标记/Vp1B3c。

紫秸子（1）

省库编号：LM 407　　国库编号：ZM 1698　　品种来源：山东薛城

【生物学习性】幼苗匍匐；弱冬性；抗寒性3级；生育期243d；株高109cm；穗长9.0cm，纺锤形，长芒，白壳，红粒，角质，千粒重28.0g。

【品质特性】籽粒粗蛋白含量（干基）13.90%，赖氨酸0.37%，铁14.1mg/kg，锌16.0mg/kg，SKCS硬度指数21；面粉白度值81.8，沉降值（14%）49.4mL；面团流变学特性：形成时间3.5min，稳定时间2.3min，弱化度130BU，峰高595BU，衰弱角31°；淀粉糊化特性（RVA）：峰值黏度2 796cP，保持黏度1 866cP，稀懈值930cP，终黏度3 058cP，回升值1 192cP，峰值时间6.4min，糊化温度86.8℃；麦谷蛋白亚基组成：n/7+8/2+12，Glu-A3b/Glu-B3d。

【已测分子标记结果】非1B/1R；八氢番茄红素合成酶（PSY）基因：YP7A标记/PSY-A1a；多酚氧化酶（PPO）基因：PPO33标记/PPO-A1a；抗白粉病基因Pm4、Pm8、Pm13、Pm21的标记均为阴性；抗叶锈病基因Lr10、Lr19、Lr20的标记均为阴性；光周期基因：Ppd标记/Ppd-D1b；春化基因：vrn-B1、vrn-B3；穗发芽相关基因：Vp1B3标记/Vp1B3c。

三月黄小麦（2）

省库编号：LM 408　　国库编号：ZM 2076　　品种来源：山东金乡

【生物学习性】幼苗匍匐；弱冬性；抗寒性3级；生育期241d；株高120cm；穗长11.3cm，纺锤形，长芒，红壳；红粒，角质，千粒重26.0g。

【品质特性】籽粒粗蛋白含量（干基）16.00%，赖氨酸0.38%，铁10.8mg/kg，锌18.7mg/kg，SKCS硬度指数49；面粉白度值75.5，沉降值（14%）42.5mL；面团流变学特性：形成时间3.0min，稳定时间1.1min，弱化度150BU，峰高620BU，衰弱角43°；淀粉糊化特性（RVA）：峰值黏度2 533cP，保持黏度1 770cP，稀懈值763cP，终黏度3 004cP，回升值1 234cP，峰值时间6.3min，糊化温度67.8℃；麦谷蛋白亚基组成：n/7+8/2+12，Glu-A3d/Glu-B3b。

【已测分子标记结果】非1B/1R；八氢番茄红素合成酶（PSY）基因：YP7A标记/PSY-A1a；多酚氧化酶（PPO）基因：PPO33标记/PPO-A1b；抗白粉病基因Pm4、Pm8、Pm13、Pm21的标记均为阴性；抗叶锈病基因Lr10、Lr19、Lr20的标记均为阴性；光周期基因：Ppd标记/Ppd-D1b；春化基因：vrn-A1、vrn-B1、vrn-B3、vrn-D1；穗发芽相关基因：Vp1B3标记/Vp1B3a。

三月黄小麦（1）

省库编号：LM 409　　国库编号：ZM 2007　　品种来源：山东定陶

【生物学习性】幼苗匍匐；弱冬性；抗寒性3级；生育期241d；株高98cm；穗长9.5cm，纺锤形，长芒，红壳；白粒，角质，千粒重23.1g。

【品质特性】籽粒粗蛋白含量（干基）16.10%，赖氨酸0.37%，铁16.9mg/kg，锌17.8mg/kg，SKCS硬度指数47；面粉白度值75.4，沉降值（14%）42.0mL；面团流变学特性：形成时间2.7min，稳定时间1.0min，弱化度170BU，峰高670BU，衰弱角52°；淀粉糊化特性（RVA）：峰值黏度2 485cP，保持黏度1 761cP，稀懈值724cP，终黏度3 016cP，回升值1 255cP，峰值时间6.3min，糊化温度67.1℃；麦谷蛋白亚基组成：n/7+8/2+12，Glu-A3a/Glu-B3g。

【已测分子标记结果】非1B/1R；八氢番茄红素合成酶（PSY）基因：YP7A标记/PSY-A1a；多酚氧化酶（PPO）基因：PPO33标记/PPO-A1b；抗白粉病基因Pm4、Pm8、Pm13、Pm21的标记均为阴性；抗叶锈病基因Lr10、Lr19、Lr20的标记均为阴性；光周期基因：Ppd标记/Ppd-D1b；春化基因：vrn-A1、vrn-B1、vrn-B3、vrn-D1；穗发芽相关基因：Vp1B3标记/Vp1B3a。

小红芒（5）

省库编号：LM 410　　国库编号：ZM 2026　　品种来源：山东鄄城

【生物学习性】幼苗匍匐；弱冬性；抗寒性3级；生育期240d；株高111cm；穗长9.5cm，纺锤形，长芒，红壳；白粒，角质，千粒重25.4g。

【品质特性】籽粒粗蛋白含量（干基）16.20%，赖氨酸0.31%，铁14.7mg/kg，锌20.8mg/kg，SKCS硬度指数51；面粉白度值74.2，沉降值（14%）40.4mL；面团流变学特性：形成时间3.5min，稳定时间2.6min，弱化度125BU，峰高595BU，衰弱角40°；淀粉糊化特性（RVA）：峰值黏度2 359cP，保持黏度1 648cP，稀懈值711cP，终黏度2 856cP，回升值1 208cP，峰值时间6.3min，糊化温度67.8℃。

【已测分子标记结果】非1B/1R；八氢番茄红素合成酶（PSY）基因：YP7A标记/*PSY-A1a*；多酚氧化酶（PPO）基因：PPO33标记/*PPO-A1b*；抗白粉病基因*Pm4*、*Pm8*、*Pm13*、*Pm21*的标记均为阴性；抗叶锈病基因*Lr10*、*Lr20*的标记为阴性，*Lr19*的标记为阳性；光周期基因：Ppd标记/*Ppd-D1b*；春化基因：*vrn-B1*、*vrn-B3*；穗发芽相关基因：Vp1B3标记/*Vp1B3a*。

鱼鳞糙小麦

省库编号：LM 411　　国库编号：ZM 2039　　品种来源：山东临沂

【生物学习性】幼苗匍匐；弱冬性；抗寒性3级；生育期244d；株高114cm；穗长9.1cm，纺锤形，长芒，红壳；白粒，角质，千粒重23.0g。

【品质特性】籽粒粗蛋白含量（干基）15.10%，赖氨酸0.37%，铁10.9mg/kg，锌13.9mg/kg，SKCS硬度指数58；面粉白度值76.2，沉降值（14%）38.9mL；面团流变学特性：形成时间3.0min，稳定时间1.4min，弱化度137BU，峰高600BU，衰弱角32°；淀粉糊化特性（RVA）：峰值黏度2 536cP，保持黏度1 764cP，稀懈值772cP，终黏度2 995cP，回升值1 231cP，峰值时间6.3min，糊化温度68.6℃；麦谷蛋白亚基组成：n/7/2+12，Glu-A3a/Glu-B3g。

【已测分子标记结果】非1B/1R；八氢番茄红素合成酶（PSY）基因：YP7A标记/*PSY-A1a*；多酚氧化酶（PPO）基因：PPO33标记/*PPO-A1b*；抗白粉病基因*Pm4*、*Pm8*、*Pm13*、*Pm21*的标记均为阴性；抗叶锈病基因*Lr10*、*Lr19*、*Lr20*的标记均为阴性；光周期基因：Ppd标记/*Ppd-D1b*；春化基因：*vrn-A1*、*vrn-B1*、*vrn-B3*、*vrn-D1*；穗发芽相关基因：Vp1B3标记/*Vp1B3a*。

小红芒（4）

省库编号：LM 412　　国库编号：ZM 2008　　品种来源：山东定陶

【生物学习性】幼苗匍匐；弱冬性；抗寒性3级；生育期244d；株高110cm；穗长8.0cm，纺锤形，长芒，红壳；白粒，半角质，千粒重26.0g。

【品质特性】籽粒粗蛋白含量（干基）13.80％，赖氨酸0.36％，铁5.3mg/kg，锌11.4mg/kg，SKCS硬度指数37；面粉白度值78.4，沉降值（14％）46.7mL；面团流变学特性：形成时间4.1min，稳定时间2.9min，弱化度126BU，峰高645BU，衰弱角26°；淀粉糊化特性（RVA）：峰值黏度2 727cP，保持黏度1 814cP，稀懈值913cP，终黏度3 006cP，回升值1 192cP，峰值时间6.3min，糊化温度69.6℃；麦谷蛋白亚基组成：n/7+8/2+12，Glu-A3a/Glu-B3g。

【已测分子标记结果】非1B/1R；八氢番茄红素合成酶（PSY）基因：YP7A标记/PSY-A1a；多酚氧化酶（PPO）基因：PPO33标记/PPO-A1a；抗白粉病基因Pm4、Pm8、Pm13、Pm21的标记均为阴性；抗叶锈病基因Lr10、Lr19、Lr20的标记均为阴性；光周期基因：Ppd标记/Ppd-D1b；春化基因：vrn-B3；穗发芽相关基因：Vp1B3标记/Vp1B3a。

金 包 玉

省库编号：LM 413   国库编号：ZM 1700   品种来源：山东峄县[*]

【生物学习性】幼苗匍匐；弱冬性；抗寒性3[+]级；生育期245d；株高119cm；穗长9.2cm，纺锤形，长芒，红壳；白粒，角质，千粒重28.9g。

【品质特性】籽粒粗蛋白含量（干基）14.90%，赖氨酸0.36%，铁10.9mg/kg，锌14.8mg/kg，SKCS硬度指数59；面粉白度值73.1，沉降值（14%）46.73mL；面团流变学特性：形成时间2.8min，稳定时间3min，弱化度112BU，峰高615BU，衰弱角20°；淀粉糊化特性（RVA）：峰值黏度2 637cP，保持黏度1 749cP，稀懈值888cP，终黏度2 970cP，回升值1 221cP，峰值时间6.3min，糊化温度67.9℃；麦谷蛋白亚基组成：n/7+8/2+12，Glu-A3a/Glu-B3g。

【已测分子标记结果】非1B/1R；八氢番茄红素合成酶（PSY）基因：YP7A标记/PSY-A1a；多酚氧化酶（PPO）基因：PPO33标记/PPO-A1b；抗白粉病基因Pm4、Pm8、Pm13、Pm21的标记均为阴性；抗叶锈病基因Lr10、Lr20的标记为阴性，Lr19的标记为阳性；光周期基因：Ppd标记/Ppd-D1b；春化基因：vrn-B1、vrn-B3；穗发芽相关基因：Vp1B3标记/Vp1B3a。

红气死雾（2）

省库编号：LM 414   国库编号：ZM 2035   品种来源：山东临沂

【生物学习性】幼苗匍匐；弱冬性；抗寒性3级；生育期245d；株高119cm；穗长9.3cm，纺锤形，长芒，红壳；白粒，角质，千粒重24.2g。

【品质特性】籽粒粗蛋白含量（干基）14.50%，赖氨酸0.35%，铁13.5mg/kg，锌17.8mg/kg，SKCS硬度指数57；面粉白度值75，沉降值（14%）47.3mL；面团流变学特性：形成时间4.0min，稳定时间2.2min，弱化度142BU，峰高620BU，衰弱角26°；淀粉糊化特性（RVA）：峰值黏度2 640cP，保持黏度1 771cP，稀懈值869cP，终黏度2 998cP，回升值1 227cP，峰值时间6.3min，糊化温度67.8℃；麦谷蛋白亚基组成：n/7+8/2+12，Glu-A3a/Glu-B3g。

【已测分子标记结果】非1B/1R；八氢番茄红素合成酶（PSY）基因：YP7A标记/*PSY-A1a*；多酚氧化酶（PPO）基因：PPO33标记/*PPO-A1b*；抗白粉病基因*Pm4*、*Pm8*、*Pm13*、*Pm21*的标记均为阴性；抗叶锈病基因*Lr10*、*Lr19*、*Lr20*的标记均为阴性；春化基因：*vrn-B1*、*vrn-B3*；穗发芽相关基因：Vp1B3标记/*Vp1B3a*。

小红芒（3）

省库编号：LM 415　　国库编号：ZM 1998　　品种来源：山东阳谷

【生物学习性】幼苗匍匐；弱冬性；抗寒性3级；生育期245d；株高135cm；穗长8.7cm，纺锤形，长芒，红壳；白粒，角质，千粒重28.6g。

【品质特性】籽粒粗蛋白含量（干基）13.30%，赖氨酸0.33%，铁16.7mg/kg，锌16.8mg/kg，SKCS硬度指数65；面粉白度值74.1，沉降值（14%）39.9mL；面团流变学特性：形成时间3.0min，稳定时间1.7min，弱化度146BU，峰高570BU，衰弱角20°；淀粉糊化特性（RVA）：峰值黏度2 607cP，保持黏度1 716cP，稀懈值891cP，终黏度2 897cP，回升值1 181cP，峰值时间6.3min，糊化温度67.8℃；麦谷蛋白亚基组成：n/7/2+12，Glu-A3a/Glu-B3d。

【已测分子标记结果】非1B/1R；八氢番茄红素合成酶（PSY）基因：YP7A标记/*PSY-A1a*；多酚氧化酶（PPO）基因：PPO33标记/*PPO-A1b*；抗白粉病基因*Pm4*、*Pm8*、*Pm13*、*Pm21*的标记均为阴性；抗叶锈病基因*Lr10*、*Lr19*、*Lr20*的标记均为阴性；光周期基因：Ppd标记/*Ppd-D1b*；春化基因：*vrn-A1*、*vrn-B3*、*vrn-D1*；穗发芽相关基因：Vp1B3标记/*Vp1B3a*。

三 变 色

省库编号：LM 416　　国库编号：ZM 1810　　品种来源：山东益都*

【生物学习性】幼苗匍匐；弱冬性；抗寒性3级；生育期245d；株高132cm；穗长8.8cm，纺锤形，长芒，红壳；白粒，角质，千粒重28.0g。

【品质特性】籽粒粗蛋白含量（干基）14.30%，赖氨酸0.41%，铁18.4mg/kg，锌22.7mg/kg，SKCS硬度指数61；面粉白度值72.4，沉降值（14%）47.3mL；面团流变学特性：形成时间3.3min，稳定时间2.7min，弱化度114BU，峰高6405BU，衰弱角29°；淀粉糊化特性（RVA）：峰值黏度2 576cP，保持黏度1 706cP，稀懈值870cP，终黏度2 871cP，回升值1 165cP，峰值时间6.3min，糊化温度67.8℃；麦谷蛋白亚基组成：n/7+8/2+12，Glu-A3a/Glu-B3g。

【已测分子标记结果】非1B/1R；八氢番茄红素合成酶（PSY）基因：YP7A标记/*PSY-A1a*；多酚氧化酶（PPO）基因：PPO33标记/*PPO-A1b*；抗白粉病基因*Pm4*、*Pm8*、*Pm13*、*Pm21*的标记均为阴性；抗叶锈病基因*Lr10*、*Lr19*、*Lr20*的标记均为阴性；光周期基因：Ppd标记/*Ppd-D1b*；春化基因：*vrn-A1*、*vrn-D1*；穗发芽相关基因：Vp1B3标记/*Vp1B3a*。

红 小 麦

省库编号：LM 417　　国库编号：ZM 1856　　品种来源：山东临朐

【生物学习性】幼苗匍匐；弱冬性；抗寒性3级；生育期244d；株高132cm；穗长8.7cm，纺锤形，长芒，红壳；白粒，角质，千粒重26.5g。

【品质特性】籽粒粗蛋白含量（干基）13.80%，赖氨酸0.42%，SKCS硬度指数63；面粉白度值70；面团流变学特性：形成时间4.5min，稳定时间3.4min，弱化度116BU；麦谷蛋白亚基组成：n/7+8/2+12，Glu-A3a/Glu-B3g。

【已测分子标记结果】非1B/1R；八氢番茄红素合成酶（PSY）基因：YP7A标记/PSY-A1a；多酚氧化酶（PPO）基因：PPO33标记/PPO-A1b；抗白粉病基因Pm4、Pm8、Pm13、Pm21的标记均为阴性；抗叶锈病基因Lr10、Lr19、Lr20的标记均为阴性；光周期基因：Ppd标记/Ppd-D1b；春化基因：vrn-A1、vrn-D1；穗发芽相关基因：Vp1B3标记/Vp1B3a。

红火麦（3）

省库编号：LM 418　国库编号：ZM 1857　品种来源：山东临朐

【生物学习性】幼苗匍匐；弱冬性；抗寒性3级；生育期243d；株高125cm；穗长9.8cm，纺锤形，长芒，红壳；白粒，角质，千粒重23.5g。

【品质特性】籽粒粗蛋白含量（干基）13.80%，赖氨酸0.32%，铁14.3mg/kg，锌21.1mg/kg，SKCS硬度指数59；面粉白度值75.4，沉降值（14%）42.5mL；面团流变学特性：形成时间3.6min，稳定时间5.3min，弱化度85BU，峰高660BU，衰弱角22°；淀粉糊化特性（RVA）：峰值黏度2 558cP，保持黏度1 775cP，稀懈值783cP，终黏度2 993cP，回升值1 218cP，峰值时间6.3min，糊化温度67.8℃；麦谷蛋白亚基组成：2*/7+8/12，Glu-A3a/Glu-B3g。

【已测分子标记结果】非1B/1R；八氢番茄红素合成酶（PSY）基因：YP7A标记/PSY-$A1a$；多酚氧化酶（PPO）基因：PPO33标记/PPO-$A1a$；抗白粉病基因$Pm4$、$Pm8$、$Pm13$、$Pm21$的标记均为阴性；抗叶锈病基因$Lr10$、$Lr19$、$Lr20$的标记均为阴性；春化基因：vrn-$B1$、vrn-$B3$；穗发芽相关基因：Vp1B3标记/$Vp1B3c$。

沙 沟 芒

省库编号：LM 419　　国库编号：ZM 1766　　品种来源：山东即墨

【生物学习性】幼苗匍匐；弱冬性；抗寒性3级；生育期245d；株高130cm；穗长9.2cm，纺锤形，长芒，红壳；白粒，角质，千粒重29.3g。

【品质特性】籽粒粗蛋白含量（干基）14.00％，赖氨酸0.28％，铁11.7mg/kg，锌15.3mg/kg，SKCS硬度指数60；面粉白度值72.5，沉降值（14％）48.2mL；面团流变学特性：形成时间3.5min，稳定时间2.8min，弱化度68BU，峰高670BU，衰弱角27°；淀粉糊化特性（RVA）：峰值黏度2 593cP，保持黏度1 681cP，稀懈值912cP，终黏度2 869cP，回升值1 188cP，峰值时间6.1min，糊化温度67.1℃；麦谷蛋白亚基组成：n/7+8/2+12，Glu-A3a/Glu-B3g。

【已测分子标记结果】非1B/1R；八氢番茄红素合成酶（PSY）基因：YP7A标记/*PSY-A1a*；多酚氧化酶（PPO）基因：PPO33标记/*PPO-A1b*；抗白粉病基因*Pm4*、*Pm8*、*Pm13*、*Pm21*的标记均为阴性；抗叶锈病基因*Lr10*、*Lr19*、*Lr20*的标记均为阴性；光周期基因：Ppd标记/*Ppd-D1b*；春化基因：*vrn-B3*；穗发芽相关基因：Vp1B3标记/*Vp1B3a*。

火麦（1）

省库编号：LM 420　　国库编号：ZM 1699　　品种来源：山东峄县*

【生物学习性】幼苗匍匐；弱冬性；抗寒性3级；生育期239d；株高111cm；穗长9.7cm，纺锤形，长芒，红壳；红粒，角质，千粒重23.7g。

【品质特性】籽粒粗蛋白含量（干基）13.80%，赖氨酸0.37%，铁12.6mg/kg，锌21.8mg/kg，SKCS硬度指数60；面粉白度值74.4，沉降值（14%）45.5mL；面团流变学特性：形成时间3.8min，稳定时间3.2min，弱化度92BU，峰高585BU，衰弱角29°；淀粉糊化特性（RVA）：峰值黏度2 458cP，保持黏度1 668cP，稀懈值790cP，终黏度2 915cP，回升值1 247cP，峰值时间6.2min，糊化温度67.8℃；麦谷蛋白亚基组成：n/7+8/2+12，Glu-A3a/Glu-B3g。

【已测分子标记结果】非1B/1R；八氢番茄红素合成酶（PSY）基因：YP7A标记/*PSY-A1a*；多酚氧化酶（PPO）基因：PPO33标记/*PPO-A1a*；抗白粉病基因*Pm4*、*Pm8*、*Pm13*、*Pm21*的标记均为阴性；抗叶锈病基因*Lr10*、*Lr19*、*Lr20*的标记均为阴性；光周期基因Ppd标记/*Ppd-D1b*；春化基因：*vrn-B1*、*vrn-B3*；穗发芽相关基因：Vp1B3标记/*Vp1B3a*。

鱼鳞糙（1）

省库编号：LM 421　　国库编号：ZM 1706　　品种来源：山东峄县[*]

【生物学习性】幼苗匍匐；弱冬性；抗寒性3级；生育期239d；株高100cm；穗长9.0cm，纺锤形，长芒，红壳；红粒，角质，千粒重23.5g。

【品质特性】籽粒粗蛋白含量（干基）15.10％，赖氨酸0.38％，铁11.2mg/kg，锌9.5mg/kg，SKCS硬度指数64；面粉白度值73.5，沉降值（14％）43.9mL；面团流变学特性：形成时间3.3min，稳定时间2.2min，弱化度123BU，峰高640BU，衰弱角29°；淀粉糊化特性（RVA）：峰值黏度2 617cP，保持黏度1 773cP，稀懈值844cP，终黏度3 018cP，回升值1 245cP，峰值时间6.3min，糊化温度67.9℃；麦谷蛋白亚基组成：n/7+8/2+12，Glu-A3c/Glu-B3g。

【已测分子标记结果】非1B/1R；八氢番茄红素合成酶（PSY）基因：YP7A标记/*PSY-A1a*；多酚氧化酶（PPO）基因：PPO33标记/*PPO-A1a*；抗白粉病基因*Pm4*、*Pm8*、*Pm13*、*Pm21*的标记均为阴性；抗叶锈病基因*Lr10*、*Lr19*、*Lr20*的标记均为阴性；光周期基因：Ppd标记/*Ppd-D1b*；春化基因：*vrn-B1*、*vrn-B3*；穗发芽相关基因：Vp1B3标记/*Vp1B3a*。

腰子红（2）

省库编号：LM 422　　国库编号：ZM 2087　　品种来源：山东汶上

【生物学习性】幼苗匍匐；弱冬性；抗寒性3级；生育期240d；株高107cm；穗长8.8cm，纺锤形，长芒，红壳；红粒，角质，千粒重25.0g。

【品质特性】籽粒粗蛋白含量（干基）14.00％，赖氨酸0.4％，铁22.2mg/kg，锌16.8mg/kg，SKCS硬度指数55；面粉白度值73.5，沉降值（14％）44.9mL；面团流变学特性：形成时间3.6min，稳定时间2.9min，弱化度105BU，峰高685BU，衰弱角29°；淀粉糊化特性（RVA）：峰值黏度2 543cP，保持黏度1 715cP，稀懈值828cP，终黏度3 034cP，回升值1 319cP，峰值时间6.2min，糊化温度67.0℃；麦谷蛋白亚基组成：n/7+8/2+12，Glu-A3c/Glu-B3g。

【已测分子标记结果】非1B/1R；八氢番茄红素合成酶（PSY）基因：YP7A标记/*PSY-A1a*；多酚氧化酶（PPO）基因：PPO33标记/*PPO-A1a*；抗白粉病基因*Pm4*、*Pm8*、*Pm13*、*Pm21*的标记均为阴性；抗叶锈病基因*Lr10*、*Lr19*、*Lr20*的标记均为阴性；光周期基因：Ppd标记/*Ppd-D1b*；春化基因：*vrn-B1*、*vrn-B3*；穗发芽相关基因：Vp1B3标记/*Vp1B3a*。

红芒白麦（3）

省库编号：LM 423　　国库编号：ZM 1701　　品种来源：山东峄县[*]

【生物学习性】幼苗匍匐；弱冬性；抗寒性3级；生育期244d；株高114cm；穗长8.8cm，纺锤形，长芒，红壳；红粒，角质，千粒重26.1g。

【品质特性】籽粒粗蛋白含量（干基）13.50%，赖氨酸0.4%，铁12.3mg/kg，锌24.4mg/kg，SKCS硬度指数59；面粉白度值72.6，沉降值（14%）44.1mL；面团流变学特性：形成时间3.4min，稳定时间1.8min，弱化度124BU，峰高630BU，衰弱角35°；淀粉糊化特性（RVA）：峰值黏度2 469cP，保持黏度1 692cP，稀懈值777cP，终黏度2 781cP，回升值1 089cP，峰值时间6.3min，糊化温度68.6℃；麦谷蛋白亚基组成：n/7+8/2+12，Glu-A3a/Glu-B3g。

【已测分子标记结果】非1B/1R；八氢番茄红素合成酶（PSY）基因：YP7A标记/*PSY-A1a*；多酚氧化酶（PPO）基因：PPO33标记/*PPO-A1a*；抗白粉病基因*Pm4*、*Pm8*、*Pm13*、*Pm21*的标记均为阴性；抗叶锈病基因*Lr10*、*Lr19*、*Lr20*的标记均为阴性；光周期基因：Ppd标记/*Ppd-D1b*；春化基因：*vrn-B1*；穗发芽相关基因：Vp1B3标记/*Vp1B3a*。

鱼鳞糙（3）

省库编号：LM 424　　国库编号：ZM 2075　　品种来源：山东金乡

【生物学习性】幼苗匍匐；弱冬性；抗寒性3级；生育期243d；株高112cm；穗长10.0cm，纺锤形，长芒，红壳，红粒，角质，千粒重26.9g。

【品质特性】籽粒粗蛋白含量（干基）13.30%，赖氨酸0.34%，铁20.3mg/kg，锌19.3mg/kg，SKCS硬度指数61；面粉白度值72.1，沉降值（14%）42.5mL；面团流变学特性：形成时间3.8min，稳定时间5min，弱化度81BU，峰高585BU，衰弱角48°；淀粉糊化特性（RVA）：峰值黏度2 527cP，保持黏度1 655cP，稀懈值872cP，终黏度2 790cP，回升值1 135cP，峰值时间6.3min，糊化温度68.7℃；麦谷蛋白亚基组成：n/7+8/2+12，Glu-A3a/Glu-B3c′。

【已测分子标记结果】非1B/1R；八氢番茄红素合成酶（PSY）基因：YP7A标记/*PSY-A1a*；多酚氧化酶（PPO）基因：PPO33标记/*PPO-A1b*；抗白粉病基因*Pm4*、*Pm8*、*Pm13*、*Pm21*的标记均为阴性；抗叶锈病基因*Lr10*、*Lr19*、*Lr20*的标记均为阴性；光周期基因：Ppd标记/*Ppd-D1b*；春化基因：*vrn-B3*；穗发芽相关基因：Vp1B3标记/*Vp1B3a*。

五 花 头

省库编号：LM 425　　国库编号：ZM 2009　　品种来源：山东定陶

【生物学习性】幼苗匍匐；弱冬性；抗寒性2⁺级；生育期244d；株高100cm；穗长7.5cm，纺锤形，长芒，红壳；白粒，角质，千粒重28.0g。

【品质特性】籽粒粗蛋白含量（干基）13.20%，赖氨酸0.37%，铁18.4mg/kg，锌23.4mg/kg，SKCS硬度指数60；面粉白度值70.7，沉降值（14%）30.5mL；面团流变学特性：形成时间2.1min，稳定时间1.0min，弱化度214BU，峰高580BU，衰弱角51°；淀粉糊化特性（RVA）：峰值黏度2 300cP，保持黏度1 507cP，稀懈值793cP，终黏度2 645cP，回升值1 138cP，峰值时间6.1min，糊化温度68.6℃；麦谷蛋白亚基组成：n/23+22/2+12，Glu-A3a/Glu-B3g。

【已测分子标记结果】非1B/1R；八氢番茄红素合成酶（PSY）基因：YP7A标记/PSY-A1a；多酚氧化酶（PPO）基因：PPO33标记/PPO-A1a；抗白粉病基因Pm4、Pm8、Pm13、Pm21的标记均为阴性；抗叶锈病基因Lr10、Lr19、Lr20的标记均为阴性；光周期基因：Ppd标记/Ppd-D1b；春化基因：vrn-A1、vrn-B1、vrn-B3、vrn-D1；穗发芽相关基因：Vp1B3标记/Vp1B3a。

摇 头 红

省库编号：LM 426　　国库编号：ZM 2077　　品种来源：山东曲阜

【生物学习性】幼苗匍匐；弱冬性；抗寒性3级；生育期245d；株高117cm；穗长10.0cm，纺锤形、长芒、红壳、红粒、角质、千粒重30.5g。

【品质特性】籽粒粗蛋白含量（干基）13.10%，赖氨酸0.39%，铁26.5mg/kg，锌18.4mg/kg，SKCS硬度指数57；面粉白度值73.9，沉降值（14%）36.8mL；面团流变学特性：形成时间3.5min，稳定时间2.3min，弱化度130BU，峰高615BU，衰弱角24°；淀粉糊化特性（RVA）：峰值黏度2 589cP，保持黏度1 680cP，稀懈值909cP，终黏度2 774cP，回升值1 094cP，峰值时间6.2min，糊化温度68.7℃；麦谷蛋白亚基组成：n/7+8/2+12，Glu-A3a/Glu-B3g。

【已测分子标记结果】非1B/1R；八氢番茄红素合成酶（PSY）基因：YP7A标记/*PSY-A1a*；多酚氧化酶（PPO）基因：PPO33标记/*PPO-A1b*；抗白粉病基因*Pm4*、*Pm8*、*Pm13*、*Pm21*的标记均为阴性；抗叶锈病基因*Lr10*、*Lr19*、*Lr20*的标记均为阴性；光周期基因：Ppd标记/*Ppd-D1b*；春化基因：*vrn-B1*、*vrn-B3*；穗发芽相关基因：Vp1B3标记/*Vp1B3c*。

红大青壳麦

省库编号：LM 427　　国库编号：ZM 2098　　品种来源：山东滕县[*]

【生物学习性】幼苗匍匐；弱冬性；抗寒性3级；生育期245d；株高113cm；穗长9.7cm，纺锤形，长芒，红壳；红粒，角质，千粒重28.0g。

【品质特性】籽粒粗蛋白含量（干基）13.50%，赖氨酸0.46%，铁12.7mg/kg，锌21.2mg/kg，SKCS硬度指数53；面粉白度值73.6，沉降值（14%）47.8mL；面团流变学特性：形成时间5.5min，稳定时间5.5min，弱化度85BU，峰高595BU，衰弱角12°；淀粉糊化特性（RVA）：峰值黏度2 600cP，保持黏度1 756cP，稀懈值844cP，终黏度2 895cP，回升值1 139cP，峰值时间6.3min，糊化温度68.7℃；麦谷蛋白亚基组成：n/7+8/2+12，Glu-A3a/Glu-B3g。

【已测分子标记结果】非1B/1R；八氢番茄红素合成酶（PSY）基因：YP7A标记/PSY-A1a；多酚氧化酶（PPO）基因：PPO33标记/PPO-A1a；抗白粉病基因Pm4、Pm8、Pm13、Pm21的标记均为阴性；抗叶锈病基因Lr10、Lr19、Lr20的标记均为阴性；光周期基因：Ppd标记/Ppd-D1b；春化基因：vrn-B1、vrn-B3；穗发芽相关基因：Vp1B3标记/Vp1B3a。

碱麦（1）

省库编号：LM 428　　国库编号：ZM 1978　　品种来源：山东平原

【生物学习性】幼苗匍匐；弱冬性；抗寒性3级；生育期245d；株高122cm；穗长9.0cm，纺锤形，长芒，红壳；红粒，角质，千粒重28.6g。

【品质特性】籽粒粗蛋白含量（干基）13.50%，赖氨酸0.36%，铁11.0mg/kg，锌12.4mg/kg，SKCS硬度指数60；面粉白度值73.4，沉降值（14%）36.2mL；面团流变学特性：形成时间3.1min，稳定时间2.3min，弱化度120BU，峰高595BU，衰弱角26°；淀粉糊化特性（RVA）：峰值黏度2 482cP，保持黏度1 631cP，稀懈值851cP，终黏度2 733cP，回升值1 102cP，峰值时间6.2min，糊化温度68.6℃；麦谷蛋白亚基组成：n/7+8/2+12，Glu-A3a/Glu-B3g。

【已测分子标记结果】非1B/1R；八氢番茄红素合成酶（PSY）基因：YP7A标记/*PSY-A1a*；多酚氧化酶（PPO）基因：PPO33标记/*PPO-A1a*；抗白粉病基因*Pm4*、*Pm8*、*Pm13*、*Pm21*的标记均为阴性；抗叶锈病基因*Lr10*、*Lr19*、*Lr20*的标记均为阴性；光周期基因：Ppd标记/*Ppd-D1b*；春化基因：*vrn-A1*、*vrn-B1*、*vrn-B3*、*vrn-D1*；穗发芽相关基因：Vp1B3标记/*Vp1B3c*。

10cm

碱麦（2）

省库编号：LM 429　　国库编号：ZM 2029　　品种来源：山东梁山

【生物学习性】幼苗匍匐；弱冬性；抗寒性3级；生育期245d；株高121cm；穗长9.5cm，纺锤形，长芒，红壳；红粒，角质，千粒重26.8g。

【品质特性】籽粒粗蛋白含量（干基）13.90%，赖氨酸0.43%，铁11.6mg/kg，锌18.8mg/kg，SKCS硬度指数65；面粉白度值73.5，沉降值（14%）36.8mL；面团流变学特性：形成时间3.5min，稳定时间2.0min，弱化度120BU，峰高580BU，衰弱角25°；淀粉糊化特性（RVA）：峰值黏度2 518cP，保持黏度1 701cP，稀懈值817cP，终黏度2 838cP，回升值1 137cP，峰值时间6.37min，糊化温度68.6℃；麦谷蛋白亚基组成：n/7+8/2+12，Glu-A3a/Glu-B3g。

【已测分子标记结果】非1B/1R；八氢番茄红素合成酶（PSY）基因：YP7A标记/*PSY-A1a*；多酚氧化酶（PPO）基因：PPO33标记/*PPO-A1a*；抗白粉病基因*Pm4*、*Pm8*、*Pm13*、*Pm21*的标记均为阴性；抗叶锈病基因*Lr10*、*Lr19*、*Lr20*的标记均为阴性；光周期基因：Ppd标记/*Ppd-D1b*；春化基因：*vrn-A1*、*vrn-B1*、*vrn-B3*、*vrn-D1*；穗发芽相关基因：Vp1B3标记/*Vp1B3c*。

碱麦（3）

省库编号：LM 430 国库编号：ZM 2030 品种来源：山东梁山

【生物学习性】幼苗匍匐；弱冬性；抗寒性3级；生育期245d；株高130cm；穗长9.6cm，纺锤形，长芒，红壳；红粒，角质，千粒重27.6g。

【品质特性】籽粒粗蛋白含量（干基）13.80%，赖氨酸0.39%，铁13.1mg/kg，锌20.8mg/kg，SKCS硬度指数65；面粉白度值74.2，沉降值（14%）39.9mL；面团流变学特性：形成时间3.0min，稳定时间1.7min，弱化度120BU，峰高620BU，衰弱角30°；淀粉糊化特性（RVA）：峰值黏度2 518cP，保持黏度1 683cP，稀懈值835cP，终黏度2 771cP，回升值1 088cP，峰值时间6.3min，糊化温度68.7℃；麦谷蛋白亚基组成：n/7+8/2+12，Glu-A3e/Glu-B3g。

【已测分子标记结果】非1B/1R；八氢番茄红素合成酶（PSY）基因：YP7A标记/*PSY-A1a*；多酚氧化酶（PPO）基因：PPO33标记/*PPO-A1a*；抗白粉病基因*Pm4*、*Pm8*、*Pm13*、*Pm21*的标记均为阴性；抗叶锈病基因*Lr10*、*Lr19*、*Lr20*的标记均为阴性；光周期基因：Ppd标记/*Ppd-D1b*；春化基因：*vrn-B1*、*vrn-B3*；穗发芽相关基因：Vp1B3标记/*Vp1B3c*。

火麦（5）

省库编号：LM 431　　国库编号：ZM 1976　　品种来源：山东济阳

【生物学习性】幼苗匍匐；弱冬性；抗寒性2⁺级；生育期246d；株高114cm；穗长10.1cm，纺锤形，长芒，红壳；红粒，角质，千粒重27.7g。

【品质特性】籽粒粗蛋白含量（干基）14.20%，赖氨酸0.38%，铁24.1mg/kg，锌29.4mg/kg，SKCS硬度指数63；面粉白度值73.8，沉降值（14%）40.4mL；面团流变学特性：形成时间3.5min，稳定时间1.3min，弱化度135BU，峰高620BU，衰弱角24°；淀粉糊化特性（RVA）：峰值黏度2 410cP，保持黏度1 634cP，稀懈值776cP，终黏度2 754cP，回升值1 120cP，峰值时间6.3min，糊化温度68.7℃；麦谷蛋白亚基组成：n/7+8/2+12，Glu-A3a/Glu-B3g。

【已测分子标记结果】非1B/1R；八氢番茄红素合成酶（PSY）基因：YP7A标记/*PSY-A1a*；多酚氧化酶（PPO）基因：PPO33标记/*PPO-A1a*；抗白粉病基因*Pm4*、*Pm8*、*Pm13*、*Pm21*的标记均为阴性；抗叶锈病基因*Lr10*、*Lr19*、*Lr20*的标记均为阴性；光周期基因：Ppd标记/*Ppd-D1b*；春化基因：*vrn-B1*、*vrn-B3*；穗发芽相关基因：Vp1B3标记/*Vp1B3a*。

小红芒（1）

省库编号：LM 432　　国库编号：ZM 1819　　品种来源：山东潍县*

【生物学习性】幼苗匍匐；弱冬性；抗寒性3级；生育期246d；株高113cm；穗长8cm，纺锤形，长芒，红壳；白粒，角质，千粒重26.0g。

【品质特性】籽粒粗蛋白含量（干基）14.90%，赖氨酸0.3%，铁10.2mg/kg，锌17.2mg/kg，SKCS硬度指数49；面粉白度值75.6，沉降值（14%）25.2mL；面团流变学特性：形成时间1.3min，稳定时间1.0min，弱化度163BU，峰高560BU，衰弱角39°；淀粉糊化特性（RVA）：峰值黏度2 506cP，保持黏度1 751cP，稀懈值755cP，终黏度2 990cP，回升值1 239cP，峰值时间6.3min，糊化温度67.8℃；麦谷蛋白亚基组成：n/7/2，Glu-A3c/Glu-B3g。

【已测分子标记结果】非1B/1R；八氢番茄红素合成酶（PSY）基因：YP7A标记/*PSY-A1a*；多酚氧化酶（PPO）基因：PPO33标记/*PPO-A1a*；抗白粉病基因*Pm4*、*Pm8*、*Pm13*、*Pm21*的标记均为阴性；抗叶锈病基因*Lr10*、*Lr19*、*Lr20*的标记均为阴性；光周期基因：Ppd标记/*Ppd-D1b*；春化基因：*vrn-A1*、*vrn-B1*、*vrn-D1*；穗发芽相关基因：Vp1B3标记/*Vp1B3a*。

白 芒 红

省库编号：LM 433　　国库编号：ZM 2031　　品种来源：山东菏泽

【生物学习性】幼苗半匍匐；弱冬性；抗寒性4级；生育期241d；株高104cm；穗长8.9cm，纺锤形，长芒，红壳，白粒，角质，千粒重39.0g。

【品质特性】籽粒粗蛋白含量（干基）12.70%，赖氨酸0.29%，铁18.6mg/kg，锌19.5mg/kg，SKCS硬度指数24；面粉白度值81.4，沉降值（14%）44.1mL；面团流变学特性：形成时间2.5min，稳定时间2.1min，弱化度161BU，峰高675BU，衰弱角30°；淀粉糊化特性（RVA）：峰值黏度2 441cP，保持黏度1 768cP，稀懈值673cP，终黏度2 999cP，回升值1 231cP，峰值时间6.3min，糊化温度86.7℃；麦谷蛋白亚基组成：2*/7+8/4+12，Glu-A3a/Glu-B3f。

【已测分子标记结果】非1B/1R；八氢番茄红素合成酶（PSY）基因：YP7A标记/*PSY-A1a*；多酚氧化酶（PPO）基因：PPO33标记/*PPO-A1a*；抗白粉病基因*Pm4*、*Pm8*、*Pm13*、*Pm21*的标记均为阴性；抗叶锈病基因*Lr10*、*Lr19*、*Lr20*的标记均为阴性；光周期基因：Ppd标记/*Ppd-D1a*；春化基因：*vrn-A1*、*vrn-B1*、*vrn-D1*；穗发芽相关基因：Vp1B3标记/*Vp1B3a*。

红 蚰 子

省库编号：LM 434　　国库编号：ZM 1993　　品种来源：山东冠县

【生物学习性】幼苗匍匐；弱冬性；抗寒性3级；生育期241d；株高110cm；穗长7.5cm，棍棒形，短芒，红壳；白粒，角质，千粒重30.0g。

【品质特性】籽粒粗蛋白含量（干基）14.60%，赖氨酸0.35%，铁14.7mg/kg，锌13.9mg/kg，SKCS硬度指数58；面粉白度值76.3，沉降值（14%）40.4mL；面团流变学特性：形成时间2.3min，稳定时间1.1min，弱化度153BU，峰高640BU，衰弱角28°；淀粉糊化特性（RVA）：峰值黏度2 547cP，保持黏度1 778cP，稀懈值769cP，终黏度3 037cP，回升值1 259cP，峰值时间6.3min，糊化温度66.2℃；麦谷蛋白亚基组成：n/7+8/2+12，Glu-A3a/Glu-B3g。

【已测分子标记结果】非1B/1R；八氢番茄红素合成酶（PSY）基因：YP7A标记/PSY-A1a；多酚氧化酶（PPO）基因：PPO33标记/PPO-A1a；抗白粉病基因Pm4、Pm8、Pm13、Pm21的标记均为阴性；抗叶锈病基因Lr10、Lr19、Lr20的标记均为阴性；光周期基因：Ppd标记/Ppd-D1a；春化基因：Vrn-B1；穗发芽相关基因：Vp1B3标记/Vp1B3a。

红芒垛麦

省库编号：LM 435　　国库编号：ZM 2085　　品种来源：山东邹县

【生物学习性】幼苗匍匐；弱冬性；抗寒性3级；生育期245d；株高104cm；穗长7.2cm，棍棒形，长芒，红壳；白粒，角质，千粒重26.4g。

【品质特性】籽粒粗蛋白含量（干基）13.80%，赖氨酸0.36%，铁9.1mg/kg，锌13.5mg/kg，SKCS硬度指数50；面粉白度值76.7，沉降值（14%）42.0mL；面团流变学特性：形成时间2.7min，稳定时间1min，弱化度155BU，峰高680BU，衰弱角28°；淀粉糊化特性（RVA）：峰值黏度2 455cP，保持黏度1 712cP，稀懈值743cP，终黏度2 987cP，回升值1 275cP，峰值时间6.3min，糊化温度67.0℃；麦谷蛋白亚基组成：n/7+8/2+12，Glu-A3c/Glu-B3g。

【已测分子标记结果】非1B/1R；八氢番茄红素合成酶（PSY）基因：YP7A标记/PSY-A1a；多酚氧化酶（PPO）基因：PPO33标记/PPO-A1a；抗白粉病基因Pm4、Pm8、Pm13、Pm21的标记均为阴性；抗叶锈病基因Lr10、Lr19、Lr20的标记均为阴性；光周期基因：Ppd标记/Ppd-D1a；春化基因：vrn-B1；穗发芽相关基因：Vp1B3标记/Vp1B3a。

435

鹞子红

省库编号：LM 436　　国库编号：ZM 2093　　品种来源：山东滋阳[*]

【生物学习性】幼苗匍匐；弱冬性；抗寒性3[+]级；生育期244d；株高106cm；穗长9.6cm，纺锤形，长芒，红壳；红粒，角质，千粒重22.7g。

【品质特性】籽粒粗蛋白含量（干基）14.50%，赖氨酸0.42%，铁12.9mg/kg，锌17.9mg/kg；面粉白度值74.8，沉降值（14%）44.6mL；面团流变学特性：形成时间4.3min，稳定时间3.5min，弱化度100BU，峰高650BU，衰弱角27°；淀粉糊化特性（RVA）：峰值黏度2 878cP，保持黏度1 690cP，稀懈值1 188cP，终黏度2 806cP，回升值1 116cP，峰值时间6.1min，糊化温度69.4℃；麦谷蛋白亚基组成：n/7+8/2+12，Glu-A3c/Glu-B3g。

【已测分子标记结果】非1B/1R；穗发芽相关基因：Vp1B3标记/*Vp1B3a*。

仙　麦

省库编号：LM 437　　国库编号：ZM 2103　　品种来源：山东峄山*

【生物学习性】幼苗匍匐；春性；抗寒性3⁺级；生育期241d；株高113cm；穗长9.8cm，纺锤形，长芒，白壳；红粒，角质，千粒重26.6g。

【品质特性】籽粒粗蛋白含量（干基）14.30%，赖氨酸0.3%，铁7.3mg/kg，锌8.3mg/kg，SKCS硬度指数66；面粉白度值75.7，沉降值（14%）48.3mL；面团流变学特性：形成时间3.7min，稳定时间2.8min，弱化度118BU，峰高620BU，衰弱角29°；淀粉糊化特性（RVA）：峰值黏度2 858cP，保持黏度1 742cP，稀懈值1 116cP，终黏度2 822cP，回升值1 080cP，峰值时间6.1min，糊化温度68.7℃；麦谷蛋白亚基组成：2*/7+8/2+12，Glu-A3e/Glu-B3g。

【已测分子标记结果】非1B/1R；八氢番茄红素合成酶（PSY）基因：YP7A标记/PSY-A1a；多酚氧化酶（PPO）基因：PPO33标记/PPO-A1a；抗白粉病基因Pm4、Pm8、Pm13、Pm21的标记均为阴性；抗叶锈病基因Lr10、Lr19、Lr20的标记均为阴性；光周期基因：Ppd标记/Ppd-D1b；春化基因：vrn-B1、vrn-B3；穗发芽相关基因：Vp1B3标记/Vp1B3a。

春 麦

省库编号：LM 438   国库编号：ZM 1892   品种来源：山东平阴

【生物学习性】幼苗匍匐；春性；抗寒性4级；生育期241d；株高115cm；穗长8.9cm，纺锤形，长芒，白壳；红粒，角质，千粒重29.8g。

【品质特性】籽粒粗蛋白含量（干基）12.40％，赖氨酸0.24％，铁7mg/kg，锌7.7mg/kg，SKCS硬度指数51；面粉白度值74.5，沉降值（14％）43.3mL；面团流变学特性：形成时间3.8min，稳定时间2min，弱化度110BU，峰高620BU，衰弱角37°；淀粉糊化特性（RVA）：峰值黏度2 596cP，保持黏度1 796cP，稀懈值800cP，终黏度3 066cP，回升值1 270cP，峰值时间6.2min，糊化温度66.1℃；麦谷蛋白亚基组成：n/7+8/2+12，Glu-A3b/Glu-B3d。

【已测分子标记结果】非1B/1R；八氢番茄红素合成酶（PSY）基因：YP7A标记/PSY-A1a；抗白粉病基因Pm4、Pm8、Pm13、Pm21的标记均为阴性；抗叶锈病基因Lr10、Lr19、Lr20的标记均为阴性；光周期基因：Ppd标记/Ppd-D1b；春化基因标记：vrn-B1、vrn-B3；穗发芽相关基因：Vp1B3标记/Vp1B3a。

蚂蚱头（1）

省库编号：LM 439　国库编号：ZM 1756　品种来源：山东莱阳

【生物学习性】幼苗匍匐；弱冬性；抗寒性3级；生育期242d；株高110cm；穗长7.5cm，纺锤形，长芒，白壳；白粒，半角质，千粒重24.1g。

【品质特性】籽粒粗蛋白含量（干基）13.30%，赖氨酸0.35%，铁14.2mg/kg，锌22.2mg/kg，SKCS硬度指数42；面粉白度值76.6，沉降值（14%）58.8mL；面团流变学特性：形成时间6.2min，稳定时间4.6min，弱化度98BU，峰高670BU，衰弱角24°；淀粉糊化特性（RVA）：峰值黏度2 569cP，保持黏度1 787cP，稀懈值782cP，终黏度3 018cP，回升值1 231cP，峰值时间6.2min，糊化温度67.1℃；麦谷蛋白亚基组成：2*/7+8/2+12，Glu-A3c/Glu-B3d。

【已测分子标记结果】非1B/1R；八氢番茄红素合成酶（PSY）基因：YP7A标记/*PSY-A1a*；多酚氧化酶（PPO）基因：PPO33标记/*PPO-A1a*；抗白粉病基因*Pm4*、*Pm8*、*Pm13*、*Pm21*的标记均为阴性；抗叶锈病基因*Lr10*、*Lr19*、*Lr20*的标记均为阴性；光周期基因：Ppd标记/*Ppd-D1a*；春化基因：*vrn-B1*、*vrn-B3*；穗发芽相关基因：Vp1B3标记/*Vp1B3b*。

10cm

花头子

省库编号：LM 440　　国库编号：ZM 2070　　品种来源：山东临沭

【生物学习性】幼苗匍匐；弱冬性；抗寒性4⁻级；生育期245d；株高106cm；穗长9.2cm，纺锤形，短曲芒，白壳；红粒，角质，千粒重29.1g。

【品质特性】籽粒粗蛋白含量（干基）15.00%，赖氨酸0.33%，铁6.8mg/kg，锌7.3mg/kg，SKCS硬度指数70；面粉白度值73.0，沉降值（14%）44.1mL；面团流变学特性：形成时间4.0min，稳定时间3.2min，弱化度110BU，峰高660BU，衰弱角27°；淀粉糊化特性（RVA）：峰值黏度2 102cP，保持黏度1 613cP，稀懈值489cP，终黏度2 735cP，回升值1 122cP，峰值时间6.3min，糊化温度67.9℃；麦谷蛋白亚基组成：n/7+8/2+12，Glu-A3e/Glu-B3g。

【已测分子标记结果】非1B/1R；八氢番茄红素合成酶（PSY）基因：YP7A标记/*PSY-A1a*；多酚氧化酶（PPO）基因：PPO33标记/*PPO-A1b*；抗白粉病基因*Pm4*、*Pm8*、*Pm13*、*Pm21*的标记均为阴性；抗叶锈病基因*Lr10*、*Lr19*、*Lr20*的标记均为阴性；光周期基因：Ppd标记/*Ppd-D1b*；春化基因：*vrn-A1*、*vrn-B1*、*vrn-B3*、*vrn-D1*；穗发芽相关基因：Vp1B3标记/*Vp1B3c*。

二四芒

省库编号：LM 441　　国库编号：ZM 2107　　品种来源：山东泗水

【生物学习性】幼苗匍匐；弱冬性；抗寒性4⁻级；生育期245d；株高121cm；穗长10.3cm，纺锤形，短曲芒，白壳；红粒，角质，千粒重30.2g。

【品质特性】籽粒粗蛋白含量（干基）14.60％，赖氨酸0.37％，铁14.1mg/kg，锌16.1mg/kg,SKCS硬度指数70；面粉白度值72.4，沉降值（14％）40.4mL；面团流变学特性：形成时间4.2min，稳定时间2.7min，弱化度110BU，峰高645BU，衰弱角35°；淀粉糊化特性（RVA）：峰值黏度2 043cP，保持黏度1 553cP，稀懈值490cP，终黏度2 627cP，回升值1 074cP，峰值时间6.3min，糊化温度67.8℃；麦谷蛋白亚基组成：n/7+8/2+12，Glu-A3e/Glu-B3g。

【已测分子标记结果】非1B/1R；八氢番茄红素合成酶（PSY）基因：YP7A标记/*PSY-A1a*；多酚氧化酶（PPO）基因：PPO33标记/*PPO-A1b*；抗白粉病基因*Pm4*、*Pm8*、*Pm13*、*Pm21*的标记均为阴性；抗叶锈病基因*Lr10*、*Lr19*、*Lr20*的标记均为阴性；光周期基因：Ppd标记/*Ppd-D1b*；春化基因：*vrn-A1*、*vrn-B1*、*vrn-B3*、*vrn-D1*；穗发芽相关基因：Vp1B3标记/*Vp1B3c*。

10cm

红芒扁穗

省库编号：LM 442　　国库编号：ZM 1784　　品种来源：山东文登

【生物学习性】幼苗半匍匐；冬性；抗寒性3⁺级；生育期246d；株高120cm；穗长8.8cm，长方形，长芒，红壳；白粒，角质，千粒重33.0g。

【品质特性】籽粒粗蛋白含量（干基）12.80%，赖氨酸0.30%，铁23.0mg/kg，锌14.9mg/kg，SKCS硬度指数62；面粉白度值73.6，沉降值（14%）32.6mL；面团流变学特性：形成时间2.0min，稳定时间1.0min，弱化度188BU，峰高620BU，衰弱角32°；淀粉糊化特性（RVA）：峰值黏度2 188cP，保持黏度1 505cP，稀懈值683cP，终黏度2 668cP，回升值1 163cP，峰值时间6.1min，糊化温度68.7℃；麦谷蛋白亚基组成：n/7+8/2+12，Glu-A3a/Glu-B3g。

【已测分子标记结果】非1B/1R；八氢番茄红素合成酶（PSY）基因：YP7A标记/*PSY-A1a*；多酚氧化酶（PPO）基因：PPO33标记/*PPO-A1a*；抗白粉病基因*Pm4*、*Pm8*、*Pm13*、*Pm21*的标记均为阴性；抗叶锈病基因*Lr10*、*Lr19*、*Lr20*的标记均为阴性；春化基因：*vrn-A1*、*vrn-B1*、*vrn-D1*；穗发芽相关基因：Vp1B3标记/*Vp1B3a*。

佛 手 麦

省库编号：LM 443　　国库编号：ZM 2011　　品种来源：山东巨野

【生物学习性】幼苗半直立；弱冬性；抗寒性5⁻级；生育期249d；株高106cm；穗长8.7cm，分枝形，黑长芒，红壳；白粒，粉质，千粒重35.6g。

【品质特性】面粉白度值64.2，沉降值（14%）19.43mL；面团流变学特性：峰高560BU，衰弱角9°；淀粉糊化特性（RVA）：峰值黏度2 152cP，保持黏度1 395cP，稀懈值757cP，终黏度2 403cP，回升值1 008cP，峰值时间6.1min，糊化温度86.7℃；麦谷蛋白亚基组成：n/23+22/2，Glu-A3d/Glu-B3f。

【已测分子标记结果】非1B/1R；八氢番茄红素合成酶（PSY）基因：YP7A标记/*PSY-A1a*；春化基因：*vrn-A1*、*vrn-B1*、*vrn-B3*、*vrn-D1*；穗发芽相关基因：Vp1B3标记/*Vp1B3a*。

土 耳 其

省库编号：LM 444　品种来源：山东黄县*

【生物学习性】幼苗半匍匐；冬性；抗寒性5级；株高152cm；生育期248d左右；穗长14.5cm，纺锤形，长芒，白壳；红粒，角质，千粒重45.5g。

【品质特性】籽粒铁含量44.1mg/kg，锌38.0mg/kg；面粉白度值65.1；面团流变学特性：形成时间2.5min，稳定时间1.5min，弱化度110BU，峰高595BU，衰弱角40°；麦谷蛋白亚基组成：n/7，Glu-A3d/Glu-B3d。

【已测分子标记结果】非1B/1R；抗白粉病基因 *Pm4*、*Pm8*、*Pm13*、*Pm21* 的标记均为阴性；抗叶锈病基因 *Lr10*、*Lr19*、*Lr20* 的标记均为阴性。

东 12

省库编号：LM 12006　　国库编号：ZM 1881　　品种来源：山东汶口

【特征特性】冬春性：冬性；株高：117cm；穗长：9.5cm；穗型：长方形；壳色：白；粒色：白；芒：长芒。

黄县大粒半芒

省库编号：LM 12007　　国库编号：ZM 1742　　品种来源：山东黄县[*]

【特征特性】冬春性：冬性；抗寒性：3；株高：118cm；穗长：10cm；穗型：纺锤形；壳色：白；粒色：白；千粒重：33g；芒：短芒；籽粒粗蛋白含量：12.4%；籽粒赖氨酸含量：0.37%。

三 月 黄

省库编号：LM 140287　国库编号：ZM 11093　品种来源：山东莘县

【特征特性】冬春性：弱冬性；株高：100cm；穗型：纺锤形；穗长：6.9cm；穗粒数：29粒；壳色：白；粒色：白；千粒重：23.0g；芒：长芒。

小白穗（4）

省库编号：LM 140288　　国库编号：ZM 11094　　品种来源：山东临沂

【特征特性】冬春性：冬性；株高：101cm；穗型：长方形；穗长：8.7cm；穗粒数：34粒；壳色：白；粒色：白；千粒重：40.0g；芒：长芒。

小红芒（7）

省库编号：LM 140290　　国库编号：ZM 11096　　品种来源：山东费县

【特征特性】冬春性：弱冬性；株高：118cm；穗型：纺锤形；穗长：8.2cm；穗粒数：31粒；壳色：红；粒色：红；千粒重：23.0g；芒：长芒。

小蚰子麦

省库编号：LM 140291　　国库编号：ZM 11097　　品种来源：山东诸城

【特征特性】冬春性：弱冬性；株高：103cm；穗型：纺锤形；穗长：5.9cm；穗粒数：40粒；壳色：白；粒色：白；千粒重：29.0g；芒：长芒。

火麦（7）

省库编号：LM 140293　　国库编号：ZM 11099　　品种来源：山东齐河

【特征特性】冬春性：弱冬性；株高：111cm；穗型：纺锤形；穗长：7.1cm；穗粒数：29粒；壳色：红；粒色：红；千粒重：26.0g；芒：长芒。

白 穗 子

省库编号：LM 140299　　国库编号：ZM 11105　　品种来源：山东费县

【特征特性】冬春性：弱冬性；株高：86cm；穗型：棍棒形；穗长：6.8cm；穗粒数：34粒；壳色：白；粒色：白；千粒重：34.0g；芒：长芒。

红半芒小麦

省库编号：LM 140301　　国库编号：ZM 11107　　品种来源：山东昌邑

【特征特性】冬春性：冬性；株高：110cm；穗型：纺锤形；穗长：8.4cm；穗粒数：36粒；壳色：白；粒色：红；千粒重：25.0g；芒：短芒。

红 垛 麦

省库编号：LM 140304　　国库编号：ZM 11110　　品种来源：山东蒙阴

【特征特性】冬春性：冬性；株高：80cm；穗型：棍棒形；穗长：7.5cm；穗粒数：35粒；壳色：红；粒色：白；千粒重：37.0g；芒：长。

红秃头（18）

省库编号：LM 140305　　国库编号：ZM 11111　　品种来源：山东蒙阴

【特征特性】冬春性：冬性；株高：90cm；穗型：纺锤形；穗长：7.9cm；穗粒数：34粒；壳色：红；粒色：红；千粒重：30.0g；芒：顶芒。

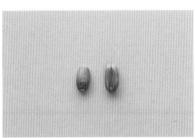

勃　录

省库编号：LM 140306　　国库编号：ZM 11112　　品种来源：山东平度

【特征特性】冬春性：冬性；株高：119cm；穗型：棍棒形；穗长：9.7cm；穗粒数：41粒；壳色：白；粒色：白；千粒重：33.0g；芒：长芒。

重负农

省库编号：LM 140307　　国库编号：ZM 11113　　品种来源：山东昌潍[*]

【特征特性】冬春性：弱冬性；株高：97cm；穗型：棍棒形；穗长：8.2cm；穗粒数：35粒；壳色：白；粒色：白；千粒重：47.0g；芒：长芒。

野鸡红小麦

省库编号：LM 140308　　国库编号：ZM 11114　　品种来源：山东庆云

【特征特性】冬春性：冬性；株高：110cm；穗型：圆锥形；穗长：9.4cm；穗粒数：37粒；壳色：红；粒色：白；千粒重：25.0g；芒：无芒。

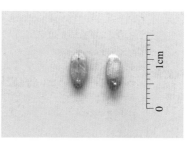

解放麦子（2）

省库编号：LM 140309　　国库编号：ZM 11115　　品种来源：山东福山

【特征特性】冬春性：冬性；株高：119cm；穗型：棍棒形；穗长：8.6cm；穗粒数：39粒；壳色：红；粒色：白；千粒重：32.0g；芒：顶芒。

图书在版编目（CIP）数据

山东小麦图鉴. 第1卷：地方品种/黄承彦，楚秀生等
编著. —北京：中国农业出版社，2015.12
ISBN 978-7-109-21222-0

Ⅰ. ①山… Ⅱ. ①黄… ②楚… Ⅲ. ①小麦-品种-
山东省-图集 Ⅳ. ①S512. 1-64

中国版本图书馆CIP数据核字（2015）第289695号

中国农业出版社出版
（北京市朝阳区麦子店街18号楼）
（邮政编码 100125）
责任编辑 孟令洋 夏之翠 郭晨茜

北京通州皇家印刷厂印刷 新华书店北京发行所发行
2016年4月第1版 2016年4月北京第1次印刷

开本：787mm×1092mm 1/16 印张：29.75
字数：800千字
定价：300.00元
（凡本版图书出现印刷、装订错误，请向出版社发行部调换）